儿童服装标准汇编

中国质检出版社第一编辑室　编

中国质检出版社
中国标准出版社

北　京

图书在版编目（CIP）数据

儿童服装标准汇编/中国质检出版社第一编辑室编.
—北京：中国标准出版社，2011
ISBN 978-7-5066-6326-7

Ⅰ.①儿… Ⅱ.①中… Ⅲ.①童服-标准-汇编-中国
Ⅳ.①TS941.716.1-65

中国版本图书馆 CIP 数据核字（2011）第 096322 号

中国质检出版社
中国标准出版社 出版发行
北京市朝阳区和平里西街甲 2 号(100013)
北京市西城区复外三里河北街 16 号(100045)

网址：www. spc. net. cn
电话：(010)64275360 68523946
中国标准出版社秦皇岛印刷厂印刷
各地新华书店经销

*

开本 880×1230 1/16 印张 20.75 字数 600 千字
2011 年 7 月第一版 2011 年 7 月第一次印刷

*

定价 110.00 元

如有印装差错 由本社发行中心调换
版权专有 侵权必究
举报电话：(010)68510107

出版说明

儿童服装不仅应做到设计合理、美观，更应保证生产符合标准规范要求，确保儿童穿着安全。为此，我国陆续发布和实施了与儿童服装有关的国家标准和行业标准。为便于企业、检测部门和相关研究单位等使用，同时使标准内容公开化、透明化，以利于广大消费者了解和监督，本汇编收录了截至2011年4月底由国家标准化行政主管部门和相关行业标准主管部门批准发布的儿童服装行业常用的现行国家标准、行业标准19项，供儿童服装行业生产、流通、监督检验单位有关人员使用，也可为相关管理部门、科研单位、设计人员以及消费者提供参考。

本书由中国质检出版社第一编辑室选编。

编　者

2011年4月

目　　录

综合标准

安全要求标准

产品标准

综合标准

ICS 61.020
Y 75

中华人民共和国国家标准

GB/T 1335.3—2009
代替 GB/T 1335.3—1997

服装号型　儿童

Standard sizing systems for garments—Children

2009-03-19 发布　　2010-01-01 实施

中华人民共和国国家质量监督检验检疫总局
中国国家标准化管理委员会　发布

前　言

GB/T 1335 分为如下三个部分：

——《服装号型　男子》；

——《服装号型　女子》；

——《服装号型　儿童》。

本部分为 GB/T 1335.3《服装号型　儿童》。

本部分代替 GB/T 1335.3—1997《服装号型　儿童》。

本部分与 GB/T 1335.3—1997 相比主要变化如下：

——修改了标准的英文名称；

——修改了标准的规范性引用文件。

本部分的附录 A 和附录 B 为规范性附录，附录 C 为资料性附录。

本部分由中国纺织工业协会提出。

本部分由全国服装标准化技术委员会(SAC/TC 219)归口。

本部分由全国服装标准化技术委员会负责解释。

本部分主要起草单位：上海市服装研究所、中国服装协会、中国标准化研究院、中国科学院系统所、红黄蓝集团有限公司。

本部分主要起草人：张广闽、许鉴、聂雅渊、肖惠、叶显东、施琴、冯士雍。

本部分所代替标准的历次版本发布情况为：

——GB 1335.3—1981、GB 1335.3—1991、GB/T 1335.3—1997。

服装号型　儿童

1　范围

GB/T 1335 的本部分规定了婴幼儿和儿童服装的号型定义、号型标志、号型应用和号型系列。

本部分适用于成批生产的婴幼儿及儿童服装。

2　规范性引用文件

下列文件中的条款通过 GB/T 1335 的本部分的引用而成为本标准的条款。凡是注日期的引用文件，其随后所有的修改单(不包括勘误的内容)或修订版均不适用于本部分，然而，鼓励根据本部分达成协议的各方研究是否可使用这些文件的最新版本。凡是不注日期的引用文件，其最新版本适用于本部分。

GB/T 16160　服装用人体测量的部位与方法

3　术语和定义

GB/T 16160 确立的以及下列术语和定义适用于 GB/T 1335 的本部分。

3.1

号　height

人体的身高，以厘米为单位表示，是设计和选购服装长短的依据。

3.2

型　girth

人体的胸围或腰围，以厘米为单位表示，是设计和选购服装肥瘦的依据。

4　要求

4.1　号型系列

4.1.1　身高 52 cm～80 cm 婴儿，身高以 7 cm 分档，胸围以 4 cm 分档，腰围以 3 cm 分档，分别组成 7·4和 7·3 系列。

4.1.2　身高 80 cm～130 cm 儿童，身高以 10 cm 分档，胸围以 4 cm 分档，腰围以 3 cm 分档，分别组成 10·4 和 10·3 系列。

4.1.3　身高 135 cm～155 cm 女童，135 cm～160 cm 男童，身高以 5 cm 分档，胸围以 4 cm 分档，腰围以 3 cm 分档，分别组成 5·4 和 5·3 系列。

4.1.4　身高 52 cm～80 cm 婴儿上装号型系列见表 1。

表 1　　单位为厘米

号	型		
52	40		
59	40	44	
66	40	44	48
73		44	48
80			48

4.1.5　身高 52 cm～80 cm 婴儿下装号型系列见表 2。

表 2

单位为厘米

号	型		
52	41		
59	41	44	
66	41	44	47
73		44	47
80			47

4.1.6　身高 80 cm～130 cm 儿童上装号型系列见表 3。

表 3

单位为厘米

号	型				
80	48				
90	48	52	56		
100	48	52	56		
110		52	56		
120		52	56	60	
130			56	60	64

4.1.7　身高 80 cm～130 cm 儿童下装号型系列见表 4。

表 4

单位为厘米

号	型				
80	47				
90	47	50	53		
100	47	50	53		
110		50	53		
120		50	53	56	
130			53	56	59

4.1.8　身高 135 cm～160 cm 男童上装号型系列见表 5。

表 5

单位为厘米

号	型					
135	60	64	68			
140	60	64	68			
145		64	68	72		
150		64	68	72		
155			68	72	76	
160				72	76	80

4.1.9　身高 135 cm～160 cm 男童下装号型系列见表 6。

表 6

单位为厘米

号	型					
135	54	57	60			
140	54	57	60			
145		57	60	63		
150		57	60	63		
155			60	63	66	
160				63	66	69

4.1.10 身高 135 cm～155 cm 女童上装号型系列见表 7。

表 7

单位为厘米

号	型					
135	56	60	64			
140		60	64			
145			64	68		
150			64	68	72	
155				68	72	76

4.1.11 身高 135 cm～155 cm 女童下装号型系列见表 8。

表 8

单位为厘米

号	型					
135	49	52	55			
140		52	55			
145			55	58		
150			55	58	61	
155				58	61	64

4.2 分档数值

服装号型各系列分档数值见附录 A。

4.3 控制部位数值

控制部位数值是指人体主要部位的数值(系净体数值),是设计服装规格的依据。服装号型各系列控制部分数值见附录 B。

4.4 号型覆盖率

服装号型覆盖率参见附录 C。

4.5 号型标志

4.5.1 上、下装分别表明号型。

4.5.2 号型表示方法

号与型之间用斜线分开。

例:上装 150/68。其中:150 代表号,68 代表型。下装 150/60。其中,150 代表号,60 代表型。

附 录 A
（规范性附录）
服装号型各系列分档数值

A.1 身高 80 cm～130 cm 儿童服装号型各系列分档数值见表 A.1。

表 A.1

单位为厘米

部位	计算数	采用数	身高[a]、胸围[b]、腰围[c] 每增减 1 cm	
			计算数	采用数
身高	10	10	1	1
坐姿颈椎点高	3.30	4	0.33	0.40
全臂长	3.40	3	0.34	0.30
腰围高	7.40	7	0.74	0.70
胸围	4	4	1	1
颈围	0.90	0.80	0.20	0.20
总肩宽	2.30	1.80	0.58	0.45
腰围	2.56	3	0.64	0.75
臀围	5.96	5	1.99	1.67

[a] 身高所对应的高度部位是坐姿颈椎点高、全臂长、腰围高。

[b] 胸围所对应的围度部位是颈围、总肩宽。

[c] 腰围所对应的围度部位是臀围。

A.2 身高 135 cm～160 cm 男童服装号型各系列分档数值见表 A.2。

表 A.2

单位为厘米

部位	计算数	采用数	身高[a]、胸围[b]、腰围[c] 每增减 1 cm	
			计算数	采用数
身高	5	5	1	1
坐姿颈椎点高	1.78	2	0.36	0.40
全臂长	1.87	1.50	0.37	0.30
腰围高	3.39	3	0.68	0.60
胸围	4	4	1	1
颈围	1.28	1	0.32	0.25
总肩宽	1.27	1.20	0.32	0.30
腰围	2.74	3	0.69	0.75
臀围	4.50	4.50	1.50	1.50

[a、b、c] 同表 A.1 注。

A.3 身高 135 cm～155 cm 女童服装号型各系列分档数值见表 A.3。

表 A.3

单位为厘米

部位	计算数	采用数	身高[a]、胸围[b]、腰围[c]每增减 1 cm	
			计算数	采用数
身高	5	5	1	1
坐姿颈椎点高	1.89	2	0.38	0.40
全臂长	1.70	1.50	0.34	0.30
腰围高	3.47	3	0.69	0.60
胸围	4	4	1	1
颈围	1.17	1	0.29	0.25
总肩宽	1.51	1.20	0.38	0.30
腰围	2.40	3	0.60	0.75
臀围	4.76	4.50	1.59	1.50

a、b、c 同表 A.1 注。

附 录 B
（规范性附录）
服装号型各系列控制部位数值

B.1 身高 80 cm～130 cm 儿童控制部位的数值见表 B.1、表 B.2、表 B.3。

表 B.1 单位为厘米

号		80	90	100	110	120	130
长度部位	身高	80	90	100	110	120	130
	坐姿颈椎点高	30	34	38	42	46	50
	全臂长	25	28	31	34	37	40
	腰围高	44	51	58	65	72	79

表 B.2 单位为厘米

上装型		48	52	56	60	64
围度部位	胸围	48	52	56	60	64
	颈围	24.20	25	25.80	26.60	27.40
	总肩宽	24.40	26.20	28	29.80	31.60

表 B.3 单位为厘米

下装型		47	50	53	56	59
围度部位	腰围	47	50	53	56	59
	臀围	49	54	59	64	69

B.2 身高 135 cm～160 cm 男童控制部位的数值见表 B.4、表 B.5、表 B.6。

表 B.4 单位为厘米

号		135	140	145	150	155	160
长度部位	身高	135	140	145	150	155	160
	坐姿颈椎点高	49	51	53	55	57	59
	全臂长	44.50	46	47.50	49	50.50	52
	腰围高	83	86	89	92	95	98

表 B.5 单位为厘米

上装型		60	64	68	72	76	80
围度部位	胸围	60	64	68	72	76	80
	颈围	29.50	30.50	31.50	32.50	33.50	34.50
	总肩宽	34.50	35.80	37	38.20	39.40	40.60

表 B.6 单位为厘米

下装型		54	57	60	63	66	69
围度部位	腰围	54	57	60	63	66	69
	臀围	64	68.50	73	77.50	82	86.50

B.3 身高 135 cm～155 cm 女童控制部位的数值见表 B.7、表 B.8、表 B.9。

表 B.7

单位为厘米

号		135	140	145	150	155
长度部位	身高	135	140	145	150	155
	坐姿颈椎点高	50	52	54	56	58
	全臂长	43	44.50	46	47.50	49
	腰围高	84	87	90	93	96

表 B.8

单位为厘米

上装型		60	64	68	72	76
围度部位	胸围	60	64	68	72	76
	颈围	28	29	30	31	32
	总肩宽	33.80	35	36.20	37.40	38.60

表 B.9

单位为厘米

下装型		52	55	58	61	64
围度部位	腰围	52	55	58	61	64
	臀围	66	70.50	75	79.50	84

附 录 C
（资料性附录）
服装号型覆盖率

C.1 北方地区2岁～6岁儿童号型覆盖率见表C.1。

表 C.1

胸围/cm	身高/cm					
	80	90	100	110	120	130
	比例/%					
48	1.88	14.77	6.15	0.85		
52		7.51	22.63	17.38	1.59	
56			1.97	12.90	6.45	0.17
60				0.26	1.92	0.35
注：北方地区包括我国东北地区、华北地区、中西部地区。						

C.2 南方地区2岁～6岁儿童号型覆盖率见表C.2。

表 C.2

胸围/cm	身高/cm					
	80	90	100	110	120	130
	比例/%					
44	1.60	1.03				
48	2.85	16.15	6.97	1.14		
52		7.91	20.81	17.10	1.49	
56			1.91	11.64	6.84	
60				0.30	1.69	0.17
注：南方地区包括我国长江中下游地区、广东、广西、福建地区以及云、贵、川地区。						

C.3 北方地区7岁及以上男童号型覆盖率见表C.3。

表 C.3

胸围/cm	身高/cm								
	110	120	130	135	140	145	150	155	160
	比例/%								
52	0.87	1.54	0.15						
56	0.67	8.61	4.19	0.40					
60		6.87	14.22	5.30	1.53	0.23			
64		1.17	7.17	2.81	7.59	2.83	0.48		
68			0.24	1.95	5.50	5.98	2.72	0.52	
72				0.04	0.54	3.49	2.73	3.08	0.29
76							0.45	0.70	0.39
80									0.09
注：内容同表C.1注。									

C.4　南方地区7岁及以上男童号型覆盖率见表C.4。

表 C.4

胸围/cm	身高/cm								
	110	120	130	135	140	145	150	155	160
	比例/%								
48	0.11								
52	1.50	1.79	0.14						
56	1.47	13.16	4.79	0.42					
60			15.62	6.07	1.71	0.24			
64			4.86	9.09	7.82	2.96	0.50		
68			0.11	1.27	4.32	5.18	2.46	0.48	0.22
72					0.28	1.27	1.90	1.05	0.23
76						0.23	0.38		
注：内容同表C.2注。									

C.5　北方地区7岁及以上女童号型覆盖率见表C.5。

表 C.5

胸围/cm	身高/cm								
	110	120	130	135	140	145	150	155	160
	比例/%								
48	0.45	0.15							
52	1.61	4.98	0.60						
56	0.36	13.39	7.26	1.12	0.21				
60		2.94	10.82	7.17	3.09	0.66			
64			1.78	5.36	7.30	4.52	1.07	0.13	
68				0.38	2.38	5.20	3.92	0.96	0.38
72					0.12	1.05	2.76	2.14	0.69
76							0.40	1.00	0.33
80								0.10	
注：内容同表C.1注。									

C.6　南方地区7岁及以上女童号型覆盖率见表C.6。

表 C.6

胸围/cm	身高/cm								
	110	120	130	135	140	145	150	155	160
	比例/%								
48	0.56	0.16							
52	2.68	6.01	0.75						
56	0.49	15.05	9.10	1.44	0.32				

表 C.6（续）

胸围/cm	身高/cm								
	110	120	130	135	140	145	150	155	160
	比例/%								
60		2.42	9.46	7.63	3.70	0.84			
64			1.15	4.42	7.11	5.01	1.05		
68				0.22	1.82	5.01	3.80	0.61	
72						0.88	2.64	1.54	0.84
76							0.39	0.96	0.32
80								0.10	0.14
注：内容同表 C.2 注。									

前　言

本标准是以 ISO/IEC 37 号指南《消费品使用说明》(1995 版)的规定为指导原则对 GB 5296.4—1987 进行的第一次修订。

本次修订更加明确了本标准的适用范围,对纺织品和服装使用说明的标注内容、标注要求和表述方法作了更具体的规定,并给出了部分示例,增强了本标准的可操作性。本标准的附录 A"纺织品和服装成分含量的标注示例"参考了澳大利亚标准 AS 2622—1987《纺织产品——纤维含量标识》;附录 B"干洗符号中不同字母所表示的干洗剂类型"参考了 ISO 3758:1991《纺织品——维护标签图形符号》。

本标准是消费品使用说明系列标准之一,该系列标准包括:

GB 5296.1—1997　消费品使用说明　总则

GB 5296.2—1987　消费品使用说明　家用和类似用途电器的使用说明

GB 5296.3—1995　消费品使用说明　化妆品通用标签

GB 5296.4—1998　消费品使用说明　纺织品和服装使用说明

GB 5296.5—1996　消费品使用说明　玩具使用说明

本标准从生效之日起,代替 GB 5296.4—1987。

本标准的附录 A、附录 B 都是标准的附录。

本标准由中国标准化与信息分类编码研究所提出。

本标准由中国标准化与信息分类编码研究所、全国纺织品标准化技术委员会和全国服装标准化技术委员会归口。

本标准起草单位:中国标准化与信息分类编码研究所、上海服装研究所、中国纺织科学研究院标准化研究所、国家毛纺织产品质量监督检测中心(北京)、国家服装产品质量监督检验中心(天津)、天津针织技术研究所、国内贸易部纺织服装产品质量监督检测中心(天津)。

本标准起草人:刘文、许鉴、郑宇英、左佩兰、孔丽萍、陈菱珠、王淑容、邢志贵、陈继红、孟广森。

本标准于 1987 年首次发布,1998 年第一次修订。

中华人民共和国国家标准

消费品使用说明 纺织品和服装使用说明

GB 5296.4—1998

代替 GB 5296.4—1987

Instructions for use of products of consumer interest —Instructions for use of textiles and apparel

1 范围

本标准规定了纺织品和服装使用说明的基本原则、标注内容和标注要求。

本标准适用于在国内销售的纺织品和服装的使用说明。

2 引用标准

下列标准所包含的条文,通过在本标准中引用而构成为本标准的条文。本标准出版时,所示版本均为有效。所有标准都会被修订,使用本标准的各方应探讨使用下列标准最新版本的可能性。

GB/T 1335.1～1335.3—1997 服装号型

GB 5296.1—1997 消费品使用说明 总则

GB/T 8685—1988 纺织品和服装使用说明的图形符号

GB/T 15557—1995 服装术语

FZ/T 01053—1998 纺织品 纤维含量的标识

3 定义

本标准采用下列定义。

3.1 纺织品 textiles

经过纺织、印染或复制等加工,可供直接使用,或需进一步加工的纺织工业产品的总称。如纱、线、绳、织物、毛巾、被单、毯、袜子、台布等。

3.2 服装 garments;clothing;apparel

穿于人体起保护和装饰作用的制品。(GB/T 15557—1995 中 2.2)

3.3 使用说明 instructions for use

向使用者传达如何正确、安全使用产品的信息工具。通常以使用说明书、标签、标志等形式表达。

3.4 耐久性标签 permanent label

一直附着在产品本身上,并能承受该产品使用说明中规定的使用过程,保持字迹清楚易读的标签。

4 基本原则

4.1 使用说明是交付产品的组成部分(见 GB 5296.1—1997 中 4.1)。

4.2 使用说明的所有内容应符合国家有关法律和法规的规定。

4.3 使用说明的所有内容应简明、准确、科学、通俗易懂。

4.4 使用说明应如实介绍产品,不应有夸大虚假的内容。

国家质量技术监督局 1998-08-24 批准　　2000-01-01 实施

5 使用说明的内容

5.1 制造者的名称和地址

应标明纺织品和服装制造者依法登记注册的名称和地址。

进口纺织品和服装应用中文标明该产品的原产地(国家或地区)以及代理商或进口商或销售商在中国依法登记注册的名称和地址。

5.2 产品名称

产品名称应表明产品的真实属性,并符合下列要求:

5.2.1 国家标准、行业标准对产品名称有规定的,应采用国家标准、行业标准规定的名称;

5.2.2 国家标准、行业标准对产品名称没有规定的,应使用不会引起消费者误解和混淆的常用名称或者俗名;

5.2.3 如标注“奇特名称”、“商标名称”时,应在同一部位明显标注 5.2.1 和 5.2.2 规定的一个名称。

5.3 产品号型和规格

纺织品的号型或规格的标注应符合有关国家标准、行业标准的规定。服装产品应按 GB/T 1335.1～1335.3 的要求标明服装号型。

5.4 采用原料的成分和含量

应标明产品采用原料的成分名称及其含量,纺织纤维含量的标注应符合 FZ/T 01053 的规定,标注示例见附录 A(标准的附录)。皮革服装应标明皮革的种类名称,种类名称应表明产品的真实属性,有标准规定的应符合有关国家、行业或企业标准。

5.5 洗涤方法[1)]

5.5.1 应按 GB/T 8685 规定的图形符号表述洗涤方法,可同时加注与图形符号相对应的简单说明性文字。

5.5.2 当图形符号满足不了需要时,可用简练文字予以说明,但不得与图形符号含义的注解并列。

5.5.3 干洗符号中可分别添加字母 A、P、F 以说明干洗剂的类型。〔见附录 B(标准的附录)〕

5.6 使用和贮藏条件的注意事项

使用不当,容易造成产品本身损坏的产品,应标明使用注意事项。有贮藏要求的产品应简要标明贮藏方法。

5.7 产品使用期限

需限期使用的产品,应标明生产日期和有效使用期(按年、月、日顺序标注日期)。

5.8 产品标准编号

应标明所执行的产品国家标准、行业标准或企业标准的编号。

5.9 产品质量等级

产品标准中明确规定质量(品质)等级的产品,应按有关产品标准的规定标明产品质量等级。

5.10 产品质量检验合格证明

国内生产的合格产品,每单件产品(销售单元)应有产品出厂质量检验合格证明。

6 使用说明的形式

6.1 根据产品的特点采用以下形式:

a) 直接印刷或织造在产品上的使用说明;

b) 缝合、粘贴或悬挂在产品上的标签;

c) 直接印刷在产品包装上的使用说明;

---

1) 洗涤方法包括水洗、氯漂、熨烫、水洗后干燥和干洗等方法。

d）粘贴在产品包装上的标签；

e）随同产品提供的资料。

6.2 产品的号型或规格、采用原料的成分和含量、洗涤方法等内容应采用耐久性标签（见3.4）。其中采用原料的成分和含量、洗涤方法宜组合标注在一张标签上。如采用耐久性标签对产品的使用有影响时，例如布匹、绒线和缝纫线、袜子等产品，则可不采用耐久性标签。

6.3 如果产品被包装、陈列或卷折，消费者不易发现产品本身上使用说明标注的信息，则还应采取其他形式的使用说明标注该信息。

6.4 当几种形式的使用说明同时出现时，应保证其内容的一致性。

7 使用说明的安放位置

7.1 使用说明应附在产品上或包装上的明显部位或适当部位。

7.2 使用说明应按单件产品或销售单元为单位提供。

7.3 耐久性标签的位置

7.3.1 应将耐久性标签永久性地附在产品上，且位置要适宜。

7.3.2 服装产品的标签位置

7.3.2.1 服装产品的号型标志或规格等标签一般可缝在后衣领居中。其中大衣、西服等也可缝在门襟里袋上沿或下沿；裤子、裙子可缝在腰头里子下沿。

7.3.2.2 衣衫类产品的原料成分和含量、洗涤方法等标签一般可缝在左摆缝中下部。裙、裤类产品可缝在腰头里子下沿或左边裙侧缝、裤侧缝上部。

7.3.3 围巾、披肩类产品的标签可缝在边角处。

7.3.4 领带的标签可缝在背面宽头接缝或窄头接缝处。

7.3.5 家用纺织品（桌布、床单、浴巾、床罩、毯子等）上的标签可缝在边角处。

7.4 布匹、绒线和缝纫线、袜子及其他纺织产品上使用说明的位置

7.4.1 布匹的使用说明可用下列方式之一放置：

a）将标签或吊牌附着在织物卷包末端上；

b）刷印或织造在织边上。

7.4.2 绒线和缝纫线使用说明内容可标注在吊牌上或线卷、线球和线束的箍带上。

7.4.3 袜子的使用说明内容可标注在袜口处标签上。

7.4.4 其他纺织产品的标签可置于适当位置。

7.5 特殊工艺产品上标签的安放位置，可根据需要设置。

8 基本要求

8.1 使用说明上的文字应清晰、醒目。图形、符号应直观、规范。文字、图形符号的颜色与背景色或底色应为对比色。

8.2 使用说明所用文字应为国家规定的规范汉字。可同时使用相应的汉语拼音、外文或少数民族文字，但汉语拼音和外文的字体大小应不大于相应的汉字。

8.3 使用说明应由适当材料和方式制作，在产品使用寿命期内保持清晰易读。

8.4 缝制在产品上的标签，若缝边多于一边，所用材料应具有与基础物相近的缩率。

附 录 A

（标准的附录）

纺织品和服装成分含量的标注示例

A1 由一种类型纤维加工制成的纺织品和服装

产品纤维含量标明为“100%”或“纯”时，应符合相应产品标准（国家标准、行业标准）的规定。

例1：

100% 棉

或

纯棉

A2 由两种及两种以上的纤维加工制成的纺织品和服装

A2.1 一般情况下，可按照含量比例递减的顺序，列出每种纤维的通用名称，并在每种纤维名称前列出该种纤维占产品总体含量的百分率。

例2：

85%	锦纶
15%	粘纤

例3：

55%	羊毛
35%	涤纶
10%	粘纤

A2.2 如果有一种或一种以上纤维的含量不足5%，则按下列方法之一标明其纤维含量：

a）列出该纤维名称和含量；

b）集中标明为“其他纤维”字样和这些纤维含量的总量；

c）若这些纤维含量的总量不超过5%，则可不提及。

例4：

50%	粘纤
46%	涤纶
4%	羊毛

例5：

90%	羊毛
10%	其他纤维

例6：

92%	醋纤
4%	氨纶
4%	粘纤

或

92%	醋纤
8%	其他纤维

A3 由底组织和绒毛组成的纺织品和服装

应分别标明产品中每种纤维的含量，或分别标明绒毛和基布中每种纤维的含量。

例7：

60%	棉
30%	涤纶
10%	锦纶

例8：

绒毛	90%	棉
	10%	锦纶
基布	100%	涤纶

A4 有里料的纺织品和服装

含有里料的产品应标明里料的纤维含量。

例9：

面料	纯毛	
里料	100%	涤纶

A5 含有填充物的纺织品和服装

含有填充物的产品，应标明填充物的种类和含量。羽绒填充物应标明含绒量和充绒量。

例 10：

套	65%	涤纶
	35%	棉
填充物	100%	木棉

例 11：

面料	65%	棉
	35%	涤纶
里料	100%	涤纶
填充物	100%	灰鸭绒
含绒量	80%	
充绒量	200 g	

A6 由两种或两种以上不同质地的面料构成的单件纺织品和服装

应分别标明每部分面料的纤维名称及含量。

例 12：

身	100%	丙纶
袖	100%	锦纶

附 录 B

（标准的附录）

干洗符号中不同字母所表示的干洗剂类型

Ⓐ	可使用所有常规干洗剂。包括符号 P 代表的所有溶剂以及三氯乙烯和三氯乙烷。
Ⓟ	可使用四氯乙烯、一氟三氯乙烷和符号 F 代表的所有溶剂，不可使用三氯乙烯和三氯乙烷。
Ⓕ	仅可使用三氟三氯乙烷和白酒精（蒸馏温度在 150℃和 210℃之间，燃点为 38℃至 60℃）。

ICS 59.080.01
W 04

中华人民共和国国家标准

GB/T 8685—2008
代替 GB/T 8685—1988

纺织品 维护标签规范 符号法

Textiles—Care labelling code using symbols

(ISO 3758:2005,MOD)

2008-06-18 发布 2009-03-01 实施

中华人民共和国国家质量监督检验检疫总局
中国国家标准化管理委员会 发布

前　言

本标准修改采用 ISO 3758:2005《纺织品　使用符号的维护标签规范》,并参考了 2008 年对 ISO 3758:2005 的最新修订草案的内容。

本标准根据 ISO 3758:2005 重新起草,与 ISO 3758:2005 的差异为:

1. 对纺织产品的定义进行了修改,与相关标准的定义一致。

2. 翻转干燥和自然干燥作为干燥的具体方法,不宜作为基本符号,根据 ISO 的修订草案删去了 ISO 3758:2005 中 3.1.3.1 和 3.1.3.2 关于翻转干燥和自然干燥的条款。

3. 根据 ISO 的修订草案,删除了表 1 中 95℃缓和水洗的符号。

4. 根据 ISO 的修订草案,增加了平摊滴干的自然干燥符号,对自然干燥符号作了修改。

5. 附录 A 和参考文献的 ISO 标准替换为对应的国家标准,没有国家标准的仍直接引用 ISO 标准。

6. 根据 ISO 的修订草案,将附录 C 内容调整为规范性条文,并入相应的 2.4 和 3.4 内,删除附录 C。

7. 将附录 D 编号顺延为附录 C,删去补充说明用语中有关自然干燥的内容。

本标准代替 GB/T 8685—1988《纺织品和服装使用说明的图形符号》,主要内容变化如下:

1. 标准名称改为《纺织品　维护标签规范　符号法》。

2. 范围由“适用于各种纺织品和服装”改为“适用于提供给最终用户的所有纺织产品”。

3. 删除了引用标准一章。

4. 增加了相关术语及其定义。

5. 修改了三角形和圆圈两个基本符号的含义,洗涤槽内的横线改为波浪线,明确了四个附加符号的含义和表示。

6. 水洗符号中删除了 95℃缓和程序,增加了 40℃和 30℃的非常缓和程序;取消不可拧干符号,将其作为文字描述列入附录 C 内。

7. 漂白符号增加了氧漂/非氯漂。

8. 熨烫符号取消了内加高、中、低汉字的表示,取消了垫布熨烫以及蒸汽熨烫符号。

9. 增加了具体的干洗和湿洗符号,翻转干燥符号增加了以点表示温度。

10. 删除了自然干燥中的衣服外形的符号,修改了正方形符号。

11. 维护符号排列顺序由水洗、氯漂、熨烫、干洗、水洗后干燥改为水洗、漂白、干燥、熨烫和专业维护。

12. 取消了符号的颜色规定。

13. 增加了附录 A 和附录 B。

提请注意,执行本标准中可能会涉及到关于维护标签的专利。

本标准的附录 A、附录 B 和附录 C 为资料性附录。

本标准由中国纺织工业协会提出。

本标准由全国纺织品标准化技术委员会基础分会(SAC/TC 209/SC 1)归口。

本标准主要起草单位:纺织工业标准化研究所、中纺标(北京)检验认证中心有限公司。

本标准主要起草人:郑宇英、徐路、斯颖。

本标准所代替标准的历次版本发布情况为:

——GB/T 8685—1988。

引　言

随着纺织产品中的各类纤维、材料及整理剂以及洗涤和维护方法的发展，使得人们很难或不可能对每件纺织产品仅通过简单的判定来选择出适当的清洗和维护方法。为了帮助消费者、洗涤者和专业干洗者选择适当的维护方法，国际标准化组织1991年发布了国际标准ISO 3758，建立了纺织产品耐久性标志上维护方法信息的符号体系，切实可行地对相关符号的类型和数量进行了限制，使全球范围的使用者对符号“易懂和易认”。

1991年发布的第一版和2005年发布的第二版国际标准综合考虑了两种要求，一是符号要尽量简单，以使各国使用者易于理解，不管使用者的语言是哪种；二是提供的信息尽可能多一些，以防止在维护过程中造成不可回复的损伤。该国际标准具有充分的适应性，通过提供维护方法的较大选择空间，让使用者可以从中选择出最适用的方法，满足了符号使用者的实际要求。

本标准的修订版反映了目前的实际清洗方法，包括技术的发展，新的漂白方法，以及可选的水溶性常规干洗方法。另外，对维护过程的描述进行了修订，以避免阻碍工艺的发展。

本标准规定了维护说明，其符号按水洗、漂白、干燥、熨烫及专业维护的顺序排列。

附录A中给出了维护方法涉及到的产品特性及其试验方法，以保证正确选用维护符号。

附录B的内容涉及到添加圆点表示水洗温度的方法。

有必要时，除符号外还可以使用文字说明。附录C给出了示例。

纺织品　维护标签规范　符号法

1　范围

本标准建立了纺织产品标签上使用的符号体系，提供了不会对制品造成不可回复损伤的最剧烈的维护程序的信息；规定了这些符号在维护标签中的使用方法。

本标准包括了水洗、漂白、干燥和熨烫的家庭维护方法，也包括干洗和湿洗的专业纺织品维护方法，但不包括工业洗涤。家庭维护方法的4种符号提供的信息也可对专业洗熨人员提供帮助。

本标准适用于提供给最终用户的所有纺织产品。

2　术语和定义

下列术语和定义适用于本标准。

2.1

纺织产品　textile products

以天然纤维和化学纤维为主要原料，经纺、织、染等加工工艺或再经缝制、复合等工艺而制成的产品，如纱线、织物及其制成品。

2.2

水洗　washing

在容器中用水洗涤纺织产品的程序。

注：水洗包括下列所有或部分操作的相关组合：

——浸渍、预洗、常规水洗（通常要加热、施加机械作用，添加洗涤剂或其他制品）和冲洗。

——脱水，即在上述操作过程中或完成时进行的甩干或拧干。

这些操作可以用机器也可以用手工进行。

2.3

漂白　bleaching

为了提高去污力和提高白度，在水洗之前、水洗过程中或水洗之后，在溶剂水中要求使用含氯或含氧（非氯）的氧化剂的程序。

2.3.1

氯漂剂　chlorine bleach

在溶液中释放出次氯酸根离子的试剂，例如次氯酸钠。

2.3.2

氧/非氯漂白剂　oxygen/non-chlorine bleach

在溶液中释放出过氧化物的试剂。

注：氧漂白剂的活性范围较广，包括不同活性的活性漂白物和非活性漂白物。漂白催化剂是在较低的水洗温度下可促使漂白发生的试剂。

2.4

干燥　drying

去除水洗后的纺织产品中残留水分的程序。

2.4.1

自然干燥　natural drying

以去除水洗后纺织产品上的残留水分为目的，采用在阴凉处或不在阴凉处进行悬挂晾干、悬挂滴干、平摊晾干或平摊滴干的处理程序。

2.4.1.1

悬挂晾干　line drying

将水洗和脱水后的纺织产品竖直方向悬挂在绳(杆)上或衣架上去除残留水分的程序。

2.4.1.2

悬挂滴干　drip line drying

将水洗后但不脱水的纺织产品竖直方向悬挂在绳(杆)上或衣架上去除(残留)水分的程序。

2.4.1.3

平摊晾干　flat drying

将水洗和脱水后的纺织产品铺在平面上去除残留水分的程序。

2.4.1.4

平摊滴干　drip flat drying

将水洗后但不脱水的纺织产品铺在平面上去除残留水分的程序。

2.4.2

翻转干燥　tumble drying

以去除水洗和脱水后的纺织产品上的残留水分为目的,借助于旋转滚筒中的热空气对其进行的处理程序。

2.5

熨烫　ironing and pressing

为恢复纺织产品的形态和外观,借助于适当工具对其进行的加热加压或蒸汽的处理程序。

2.6

专业纺织品维护　professional textile care

不包括工业洗涤的专业干洗和专业湿洗。

2.6.1

专业干洗　professional dry cleaning

采用专用干洗的有机溶剂,由专业人员对纺织产品进行清洁的过程。

注:干洗包括清洁、冲洗和脱液过程,干洗后采用适当的方法进行干燥和外观恢复整理。

2.6.2

专业湿洗　professional wet cleaning

采用专用技术(清洁、冲洗和脱水)、洗涤剂和为降低副作用的添加剂,由专业人员在水中清洁纺织产品的程序。

注:湿洗后采用适当的方法进行干燥和外观恢复整理。

3　符号

3.1　基本符号和具体描述符号

提供了5个基本符号和一些附加的具体描述符号。

3.1.1　水洗

用洗涤槽表示水洗程序,见图1。

图1

3.1.2 漂白

用三角形表示漂白程序,见图2。

图2

3.1.3 干燥

用正方形表示干燥程序,见图3。

图3

3.1.4 熨烫

用手工熨斗表示熨烫程序,见图4。

图4

3.1.5 专业纺织品维护

用圆圈表示(不包括工业洗涤的)专业干洗和专业湿洗的维护程序,见图5。

图5

3.1.6 不允许的处理

在五个基本符号上叠加的叉号"×"(见图6),表示不允许进行这些符号代表的处理程序。

图6

3.1.7 缓和处理

在基本符号下面添加的一条横线(见图7),表示与未加横线的相应符号相比,该程序的处理条件较为缓和,例如,减少搅拌。

图 7

3.1.8 非常缓和处理

在基本符号下面添加的两条横线(见图 8),表示其处理条件应更加缓和,例如,进一步减少搅拌。

图 8

3.1.9 处理温度

不带“℃”的数字(30,40,50,60,70 或 95)与 3.1.1 的水洗符号一起使用表示洗涤的摄氏温度。

在 3.1.3 干燥和 3.1.4 熨烫的 2 个符号中的圆点(见图 9)用来表示处理程序的温度。不同数量的点所代表的温度在表 4 和表 5 中给出。

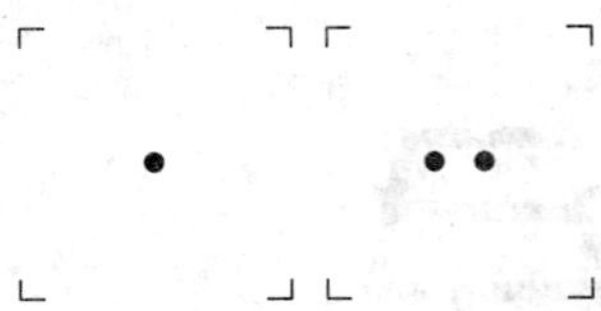 或更多至4个点。

图 9

3.2 水洗

洗涤槽代表手洗或机洗的家庭洗涤程序(见图 1),用于表达允许的最高的洗涤温度和最剧烈的洗涤条件,见表 1。

表 1 水洗符号

符 号	水 洗 程 序
	——最高洗涤温度 95℃ ——常规程序
	——最高洗涤温度 70℃ ——常规程序
	——最高洗涤温度 60℃ ——常规程序
	——最高洗涤温度 60℃ ——缓和程序
	——最高洗涤温度 50℃ ——常规程序
	——最高洗涤温度 50℃ ——缓和程序

表 1（续）

符　　号	水　洗　程　序
	——最高洗涤温度 40℃ ——常规工艺
	——最高洗涤温度 40℃ ——缓和程序
	——最高洗涤温度 40℃ ——非常缓和程序
	——最高洗涤温度 30℃ ——常规程序
	——最高洗涤温度 30℃ ——缓和程序
	——最高洗涤温度 30℃ ——非常缓和程序
	——手洗 ——最高洗涤温度 40℃
	——不可水洗

3.3　漂白

三角形代表漂白程序（见图 2 和表 2）。

表 2　漂白符号

符　　号	漂　白　程　序
	——允许任何漂白剂
	——仅允许氧漂/非氯漂
	——不可漂白

3.4　干燥

正方形代表干燥程序（见图 3、表 3 和表 4）。

3.4.1　自然干燥

在正方形内添加竖线表示悬挂自然干燥程序，横线表示平摊自然干燥程序，左上角再添加一条斜线表示在阴凉处自然干燥程序（见表 3）。

表 3　自然干燥符号

符　　号	自然干燥程序	符　　号	自然干燥程序
	——悬挂晾干		——在阴凉处悬挂晾干
	——悬挂滴干		——在阴凉处悬挂滴干
	——平摊晾干		——在阴凉处平摊晾干
	——平摊滴干		——在阴凉处平摊滴干

3.4.2　**翻转干燥**

用正方形里的圆来表示水洗后翻转干燥程序，在符号里添加一个或两个圆点表示该程序所允许的最高温度，见表 4。

表 4　翻转干燥符号

符　　号	翻转干燥程序
	——可使用翻转干燥 ——常规温度，排气口最高温度 80℃
	——可使用翻转干燥 ——较低温度，排气口最高温度 60℃
	——不可翻转干燥

3.5　**熨烫**

熨斗代表家庭熨烫程序（见图 4），可带蒸汽或不带蒸汽，在符号里添加一、二或三个圆点分别表示熨斗底板的最高温度，见表 5。

表 5　熨烫符号

符　　号	熨　烫　程　序
	——熨斗底板最高温度 200℃
	——熨斗底板最高温度 150℃
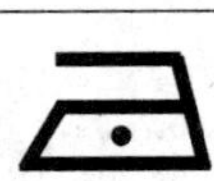	——熨斗底板最高温度 110℃ ——蒸汽熨烫可能造成不可回复的损伤
	——不可熨烫

3.6 专业纺织品维护

圆圈(见图5)代表由专业人员对纺织产品(不包括真皮和毛皮)的专业干洗和湿洗程序。表6提供了不同维护程序的信息。专业湿洗符号供选择使用。

表6 纺织品专业维护程序符号

符 号	纺织品维护程序
	——使用四氯乙烯和符号F代表的所有溶剂的专业干洗 ——常规干洗
	——使用四氯乙烯和符号F代表的所有溶剂的专业干洗 ——缓和干洗
	——使用碳氢化合物溶剂(蒸馏温度在150℃～210℃之间,闪点为38℃～70℃)的专业干洗 ——常规干洗
	——使用碳氢化合物溶剂(蒸馏温度在150℃～210℃之间,闪点为38℃～70℃)的专业干洗 ——缓和干洗
	——不可干洗
	——专业湿洗 ——常规湿洗
	——专业湿洗 ——缓和湿洗
	——专业湿洗 ——非常缓和湿洗

4 符号的应用和使用

4.1 符号的应用

第3章中规定的符号应尽可能地直接标注在制品上或标签上。在不适当的情况下,也可仅在包装上表明维护说明。

应使用适当的材料制作标签,该材料能承受标签上标明的维护处理程序。

标签和符号应足够大,以使符号易于辨认,并在制品的整个寿命期内保持易于辨认。

标签应永久地固定在纺织产品上,且符号不被掩藏,使消费者可以很容易地发现和辨认。

4.2 选择适当符号的特性和试验方法

相关的特性和试验方法在附录A中给出。

4.3 符号的用法

符号应按水洗、漂白、干燥、熨烫和专业维护的顺序排列。应使用足够的和适当的符号,以维护制品而不造成不可回复的损伤。

符号所代表的处理程序适用于整件纺织产品,有特殊说明的除外。

附 录 A
（资料性附录）
正确选用维护符号采用的产品特性和试验方法

A.1 定义

A.1.1 特性

对纺织产品的可用性非常重要，并且维护处理时有可能对其造成负面影响的特征性能。

建议在选择维护标签之前，获取与洗涤处理相关的纺织产品性能及其成分等信息。

A.1.2 试验方法

A.1.2.1 实验室方法

使用模拟实际程序的实验室设备进行试验的方法。

A.1.2.2 实物方法

应用与实际相似的标准化程序进行试验的方法。

A.1.2.3 感官评定

仅借助于人的感官进行评定的方法。

A.2 特性

A.2.1 实验室方法试验的特性

——色牢度：GB/T 6151 制定了试验方法通则，GB 250 和 GB 251 中分别规定了评定变色和沾色用灰卡。

A.2.2 实物方法试验的特性

——水洗、翻转干燥和干洗性能：可采用标准试验方法或感官评定测定其相关特性。

相关特性在表 A.1 的第 1 列给出。

A.3 试验方法

表 A.1 列出了相关的试验方法。表 A.2 至表 A.6 列出了用于标准化的维护符号的实验室方法和实物方法。

根据材料、结构和制品的实际使用情况，可以考虑其他特性。

表 A.1 特性和试验方法

特 性	试 验 方 法	评 定 方 法
色牢度 （见表 A.2，表 A.3，表 A.4，表 A.5）	实验室方法	GB 250，GB 251
尺寸变化	实物方法 水洗，翻转干燥：GB/T 8629 干洗：GB/T 19981.2、ISO 3175-3、ISO 3175-4	GB/T 8628，GB/T 8630
接缝外观		GB/T 13771 或 GB/T 19980
耐久性褶裥的保持性		GB/T 13770 或 GB/T 19980
耐久压烫制品的起皱		GB/T 13769 或 GB/T 19980
外观表面		GB/T 21196.4，GB/T 19980
起毛起球		GB/T 4802.2，GB/T 4802.3
植绒损失		FZ/T 64011
天鹅绒和人造毛皮的起毛		—
涂层织物的硬化		—
涂层和层压织物的分层		—

表 A.1（续）

特　　性	试　验　方　法	评　定　方　法
热熔性夹层的分离	实物方法 水洗，翻转干燥：GB/T 8629 干洗：GB/T 19981.2、ISO 3175-3、ISO 3175-4	—
手感变化		—
纱线滑移、接缝的磨损		GB/T 13772-1、GB/T 13772-2、GB/T 13772-3
注：采用第 2 列的实验室或实物方法试验后，按第 3 列的相应方法评估试样的性能。		

表 A.2　水洗

符　　号	实 物 方 法	色牢度实验室方法
	GB/T 8629	GB/T 12490 或 ISO 105-C08
	GB/T 8629	GB/T 12490 或 ISO 105-C08
	GB/T 8629	GB/T 12490 或 ISO 105-C08
	GB/T 8629	GB/T 12490 或 ISO 105-C08
	GB/T 8629	GB/T 12490 或 ISO 105-C08
	GB/T 8629	GB/T 12490 或 ISO 105-C08
	GB/T 8629	GB/T 12490 或 ISO 105-C08
	GB/T 8629	GB/T 12490 或 ISO 105-C08
	GB/T 8629	GB/T 12490
	GB/T 8629	GB/T 12490
	GB/T 8629	GB/T 12490
	GB/T 8629	GB/T 12490

表 A.3　漂白

符　　号	实 物 方 法	色牢度实验室方法
	—	GB/T 7069
	GB/T 8629	ISO 105-C09

表 A.4 翻转干燥

符　号	实　物　方　法
	GB/T 8629
	GB/T 8629

表 A.5 熨烫

符　号	试验方法	色牢度方法	沾色/变色		
			干	潮	湿
	—	GB/T 6152(200℃)	+	—	+
	—	GB/T 6152(150℃)	—	+	+
	—	GB/T 6152(110℃)	—	—	+
＋　应检测；—　不检测。					

表 A.6 专业纺织品维护

在 GB/T 19981.1 中列出了评价的基本原则及测试性能，同时还需要给出有关纤维含量的信息，以便对纺织品专业维护符号做出选择和解释。

符　号	实 物 方 法	色牢度实验室方法[a]
	GB/T 19981.2	GB/T 5711
	GB/T 19981.2	GB/T 5711
	ISO 3175-3	GB/T 5711，可修改方法，使用适当的溶剂
	ISO 3175-3	GB/T 5711，可修改方法，使用适当的溶剂
	ISO 3175-4	GB/T 12490
	ISO 3175-4	GB/T 12490
	ISO 3175-4	GB/T 12490
[a] 评价可能发生的沾色或变色问题的其他试验，干洗按 GB/T 5712(摩擦色牢度——有机溶剂)，湿洗按 GB/T 3920(耐摩擦色牢度——湿摩)。		

附 录 B
（资料性附录）
国外维护标签的准则惯例

B.1 概要

国际上某些国家和地区对纺织品的维护标签和维护符号有相关的法规或具体要求，以下为相关要求的具体信息。

B.2 GINETEX 要求

GINETEX（纺织品维护标签国际协会）制定了不受语言限制的符号体系。该符号体系包括经 WIPO 注册的国际商标（No. 2R211 247，No. 461 470 和 No. 492 423）。GINETEX 在维护其知识产权的同时，同意 ISO 接受该体系，并在国际标准中包含其内容。详细信息见网址 www.ginetex.org。

B.3 美国要求

B.3.1 在美国，在标签上仅用符号表示维护说明时，应使用点表示水洗温度。水洗温度可以用点和摄氏温度表示。可以给出一种或两种维护方法，洗涤（水洗、漂白、干燥和熨烫）或专业维护（干洗），或洗涤和专业维护（干洗）。进一步的信息见 www.ftc.gov。

B.3.2 与水洗符号同时使用的、用于确定温度的圆点符号的描述和定义如下：

B.3.2.1 很高的温度，最高 60℃。

●●●●

图 B.1

B.3.2.2 高温，最高 50℃。

●●●

图 B.2

B.3.2.3 中温，最高 40℃。

●●

图 B.3

B.3.2.4 低温，最高 30℃，最低 20℃。

●

图 B.4

表 B.1 带圆点的水洗符号

符 号	水 洗 程 序
	——最高洗涤温度 60℃ ——常规程序
	——最高洗涤温度 60℃ ——缓和程序
	——最高洗涤温度 50℃ ——常规程序
	——最高洗涤温度 50℃ ——缓和程序
	——最高洗涤温度 40℃ ——常规程序
	——最高洗涤温度 40℃ ——缓和程序
	——最高洗涤温度 40℃ ——非常缓和程序
	——最高洗涤温度 30℃ ——常规程序
	——最高洗涤温度 30℃ ——缓和程序
	——最高洗涤温度 30℃ ——非常缓和程序

附　录　C
（资料性附录）
补充说明用语示例

C.1　定义

补充说明用语是可以与维护符号同时使用的附加维护说明，是非常必要的信息。采用补充说明用语提供的方法维护纺织产品，使得在制品整新过程中不会受到损伤。

C.2　补充说明用语示例

表C.1中列出了常用的补充说明用语。

当某项常规的维护程序是消费者或专业清洗人员有可能使用的，但该程序又会对产品造成损伤时，补充说明术语可能是必需的。

标签上宜尽可能少地使用补充说明用语。

表C.1　补充说明用语示例

——水洗前去除……	——垫布熨烫
——分开水洗	——不使用荧光增白剂
——与相似颜色的制品一同水洗	——使用水洗网
——使用前水洗	——不可蒸汽熨烫
——反面水洗	——仅用蒸汽熨烫
——不可甩干或绞拧	——不可浸泡
——仅潮湿擦拭	——建议蒸汽熨烫
——干燥后尽快(从设备中)取出	——干燥时远离直接热源
——不要添加织物调节剂	——潮湿时整形
——仅反面熨烫	——整形后平摊干燥
——不可熨烫装饰品	——手洗，最高温度30℃

参 考 文 献

[1] GB 250 评定变色用灰色样卡

[2] GB 251 评定沾色用灰色样卡

[3] GB/T 3920 纺织品 色牢度试验 耐摩擦色牢度

[4] GB/T 4802.2 纺织品 织物起毛起球性能的测定 第2部分:改型马丁代尔仪法

[5] GB/T 4802.3 纺织品 织物起毛起球性能的测定 第3部分:起球箱法

[6] GB/T 5711 纺织品 色牢度试验 耐干洗色牢度

[7] GB/T 5712 纺织品 色牢度试验 耐有机溶剂摩擦色牢度

[8] GB/T 5713 纺织品 色牢度试验 耐水色牢度

[9] GB/T 6151 纺织品 色牢度试验 试验通则

[10] GB/T 6152 纺织品 色牢度试验 耐热压色牢度

[11] GB/T 7069 纺织品 色牢度试验 耐次氯酸盐漂白色牢度

[12] GB/T 8628 纺织品 测定尺寸变化的试验中织物试样和服装的准备、标记和测量

[13] GB/T 8629 纺织品 试验用家庭洗涤及干燥程序

[14] GB/T 8630 纺织品 洗涤和干燥后尺寸变化的测定

[15] GB/T 12490 纺织品 色牢度试验 耐家庭和商业洗涤色牢度

[16] GB/T 13769 纺织品 耐久压烫织物经家庭洗涤和干燥后外观的评定方法

[17] GB/T 13770 纺织品 耐久压烫产品经家庭洗涤和干燥后褶裥外观的评定方法

[18] GB/T 13771 纺织品 耐久压烫产品经家庭洗涤和干燥后接缝外观的评定方法

[19] GB/T 13772.1 纺织品 机织物抗接缝纱线滑移性能的测定 第1部分:定滑移量法

[20] GB/T 13772.2 纺织品 机织物抗接缝纱线滑移性能的测定 第2部分:定负荷法

[21] GB/T 13772.3 纺织品 机织物抗接缝纱线滑移性能的测定 第3部分:针夹法

[22] GB/T 19980—2005 纺织品 服装及其他纺织最终产品经家庭洗涤和干燥后外观的评价方法

[23] GB/T 19981.1 纺织品 织物和服装的专业维护、干洗和湿洗 第1部分:干洗和整烫后性能的评价

[24] GB/T 19981.2 纺织品 织物和服装的专业维护、干洗和湿洗 第2部分:使用四氯乙烯干洗和整烫时性能试验的程序

[25] GB/T 21196.4 纺织品 马丁代尔法织物耐磨性的测定 第4部分:外观变化的评定

[26] FZ/T 64011—2001 静电植绒织物

[27] ISO 105-C08 纺织品 色牢度试验 使用含低温漂白活化剂的无磷洗涤剂的耐家庭和商业洗涤色牢度

[28] ISO 105-C09 纺织品 色牢度试验 耐家庭和商业洗涤色牢度 使用含低温漂白活化剂的无磷洗涤剂的氧化漂白反应

[29] ISO 3175-3 纺织品 织物和服装的专业维护、干洗和湿洗 第3部分:使用碳氢化合物溶剂洗涤和整理时测定性能的程序

[30] ISO 3175-4 纺织品 织物和服装的专业维护、干洗和湿洗 第4部分:使用模拟湿洗进行洗涤和整理时测定性能的程序

ICS 61.020
Y 75

中华人民共和国国家标准

GB/T 15557—2008
代替 GB/T 15557—1995

服 装 术 语

Standard terminology relating to apparel

2008-06-18 发布　　2009-03-01 实施

中华人民共和国国家质量监督检验检疫总局
中国国家标准化管理委员会　发布

前　言

本标准代替 GB/T 15557—1995《服装术语》。

本标准与 GB/T 15557—1995 相比主要变化如下：

——修改了标准的适用范围。

——在第 2 章中增加了 21 个术语，分别是：中式服装、西式服装、民族服装、上装、下装、连身装、内衣、外衣、少男服装、少女服装、功能性服装、运动服、休闲服、礼服、舞台服、家居服、孕妇装、针织服装、机织服装、麻类服装、人造革服装。

——变更了第 2 章 4 个术语的名称，分别是：

"男式服装"变更为"男装"；

"女式服装"变更为"女装"；

"婴儿服装"变更为"婴幼儿服装"；

"裘革服装"拆分为"毛皮服装"和"皮革服装"。

——将第 3 章中的牛仔服、棉袄、羽绒服、防寒服、套装、职业服、劳动保护服等 7 项术语移至第 2 章，且将"牛仔服"、"棉袄"、"职业装"和"劳动保护服"的名称分别变更为"牛仔服装"、"棉服装"、"职业服"和"防护服"。

——对"2.21　婴幼儿服装"的解释做了修改。将"适合周岁以内婴儿"改为"适合于年龄在 24 个月及以内的婴幼儿"。

——取消了第 3 章中第二级"上装"、"下装"、"全身装"和"礼服"的分类。

——在第 3 章中增加了 10 个术语，分别是：文胸、超短裤、雨裤、内裤、三角裤、沙滩裤、比基尼、泳装、紧身服、雨衣。

——在第 3 章中删除了术语"背心裙"。

——将第 3 章中术语"夜礼服"名称变更为"晚礼服"。

——在第 4 章中增加了 4 个术语，分别是：翻折领、下盘头、袖底缝、前裆缝。

——将第 4 章中术语"袖口衬"名称变更为"袖头衬"。

——将第 4 章 4.2.2 中的袖山、袖口、衬衫袖口、橡筋袖口、罗纹袖口等 5 项术语移至第 4 章 4.1.1 中。

——在第 5 章中增加了 2 个术语，分别是：基础线、示意图。

——将第 5 章中术语"款式设计图"名称变更为"款式图"。

——将"6.3 中式服装"大类并入"6.1　上装"中。将 6.3 与 6.1 重复的术语统一，如此并入 6.1 的 6.3 术语有(7 个)：腹围线、前身中心线、前领宽线、抬裉线、裉缝弧线、大襟斜线、大襟弧线。

——在第 7 章中增加了 6 个术语，分别是：服装 CAM、服装 CAD、版样、纸样、板样、布样。

——在第 7 章中删除了 2 个术语，分别是：冲领角薄膜、领角薄膜定位。

——变更了第 7 章 2 个大类术语的名称，分别是：

"7.3　缝纫"更名为"7.3　缝制"；

"7.4　各类缝子"更名为"7.4　缝型"。

——变更了第 7 章 5 个术语的名称，分别是：

"推门"更名为"归拔前片"；

"压衬"更名为"粘衬"；

"滚挂面"更名为"挂面滚边"；

“坐烫里子缝”更名为“倒烫里子缝”；

“夹翻领”更名为“夹下领”；

“合袖头”更名为“钩袖头”；

“杨树花针”更名为“柳树花针”。

——将第7章7.3.3中的“镶边”术语移至第7章7.3.4中。

——变更了第8章3个术语的名称，分别是：

“底领探出”变更为“领里探出”；

“底领缩进”变更为“领里缩进”；

“后背不方登”变更为“后背下沉”。

——增加了“汉语拼音索引”和“英语对应词索引”。

本标准由中国纺织工业协会提出。

本标准由全国服装标准化技术委员会(SAC/TC 219)归口。

本标准负责起草单位：上海市服装研究所、东华大学、总后军需装备研究所。

本标准主要起草人：许鉴、张文斌、王德钧、聂雅渊、丁锡强、施琴、秦威、王宏明。

本标准由全国服装标准化技术委员会负责解释。

本标准所代替标准的历次版本发布情况为：

——GB/T 15557—1995。

服 装 术 语

1 范围

本标准规定了服装及服饰工业常用的术语、定义或说明。

本标准适用于服装和服饰设计、生产、技术、教学、贸易及其相关的领域。

2 综合

2.1

服饰 apparel and accessories

衣着

装饰和保护人体的物品总称，包括服装、帽子、围巾、领带、手套、袜子等。

2.2

服装 apparel；garments；clothes

衣裳

穿于人体起保护和装饰作用的制品，又称为衣服。

2.3

时装 fashion

在一定时间、地域内，为一大部分人所接受的新款流行服装。

2.4

成衣 ready-to-wear

按照规定的尺寸，以批量生产方式制作的服装。

2.5

定制服装 tailor made

根据个人量体尺寸，剪裁、制作的服装。

2.6

中式服装 Chinese costume

中国传统样式的服装，如旗袍、长衫等。

2.7

西式服装 Western costume

西方样式的服装。

2.8

民族服装 ethnic costume

具有民族特色的服装。

2.9

上装 tops

穿着于人体上身的服装。

2.10

下装 bottoms

穿着于人体下身的服装。

2.11

套装 suits

上装与下装配套穿着的服装，一般由同色同料或造型格调一致的衣、裤、裙等相配而成。

2.12

连身装 cover all

上装与下装连成一件式的服装。

2.13

内衣 underwear

贴身穿着的服装。

2.14

外衣 outerwear

穿着于内衣外面的服装。

2.15

男装 Young Men's wear

适合于成年男子穿着的服装。

2.16

女装 Misses' wear

适合于成年女子穿着的服装。

2.17

少男服装 boy's clothes

适合于少男穿着的服装。

2.18

少女服装 girl's clothes

适合于少女穿着的服装。

2.19

儿童服装 children's wear

适合于儿童穿着的服装。

2.20

婴幼儿服装 infant's wear

适合于年龄在24个月及以内的婴幼儿穿着的服装。

2.21

功能性服装 functional garments

具有各种特殊功能的服装，如抗静电服装、防辐射服装等。

2.22

职业服 work wear

社团或行业成员在工作时，为展示整体形象需要和劳动动作需求所穿着的服装。职业服可以分为三大类：职业标志服、防护服和职业时装。

2.23

防护服 protective work wear

为特殊行业人员在工作时提供便利和防护伤害的服装，如矿工服、炼钢服等。

2.24

运动服 sportswear

适合于运动时穿着的服装，又称为运动装，如登山服、滑雪服等。

2.25

休闲服　casual wear

人们在闲暇生活中从事各种活动所穿的服装。与运动服有相当大比例的重合部分。

2.26

礼服　formal wear

适合于正式场合或典礼时穿着的服装。

2.27

舞台服　stage costume

适合于舞台演出时穿着的服装，又称为演出服。

2.28

家居服　dressing gown

适合于家居室内穿着的服装。

2.29

孕妇装　maternity dress

适合于孕妇穿着的服装。

2.30

针织服装　knitted garments

以针织织物为主要面料制成的服装。

2.31

机织服装　woven garments

以机织织物为主要面料制成的服装，又称为梭织服装。

2.32

毛呢服装　woollen garments

由纯毛、毛混纺、交织织物为主要面料制成的服装。

2.33

棉类服装　cotton garments

以全棉、棉混纺、交织织物为主要面料制成的服装。

2.34

麻类服装　bast garments

以全麻、麻混纺、交织织物为主要面料制成的服装。

2.35

丝绸服装　silk garments

以丝绸为主要面料制成的服装。

2.36

化纤类服装　synthetic-made garments

以各种化学纤维为主要面料制成的服装。

2.37

毛皮服装　fur garments

以毛皮(裘皮)为主要面料制成的服装。

2.38

皮革服装　leather garments

以革皮为主要面料制成的服装。

2.39

人造毛皮服装　fake fur garment

以天然纤维或化学纤维仿制成的毛皮为主要原料制成的服装。

2.40

人造革服装　fake leather garment

以天然纤维或化学纤维仿制成的皮革为主要原料制成的服装。

2.41

牛仔服装　jeans wear

原美国西部早期垦拓者(牛仔)穿着的服装,一般用纯棉、棉纤维为主混纺、交织的色织牛仔布制作。

2.42

防寒服　cold protective clothing

具有防寒和保暖功能的服装。

2.42.1

棉服装　padded garments

以各种天然纤维、化学纤维、动物绒毛(羽绒除外)等为填充物,或以动物毛皮、人造毛皮等制成活里的服装。

2.42.2

羽绒服装　down wear

以羽绒为填充物(含绒量不低于50%)的服装。

3　服装成品

3.1

西服　tailored suit

西式上衣,也称为西装,按钉钮扣不同,可分为单排扣西服、双排扣西服等;按驳头不同,可分为平驳头西服、戗驳头西服等。

3.2

中山装　Zhongshan Zhuang

根据孙中山先生曾穿着的立领、前身有四个明贴袋的衣服式样演变而成的上衣,又称为中山服。

3.3

军便装　military jacket

仿军服式样的上衣。

3.4

青年装　young men's jacket

立领、三开袋或三贴袋式样的上衣,又称为五四青年学生服。

3.5

茄克衫　jacket

衣长较短,宽胸围、紧袖口、紧下摆式样的上衣。

3.6

猎装　safari jacket

原打猎时穿的服装,现在已发展为日常生活穿的收腰、多口袋、开背叉式样上衣。

3.7

衬衫 shirts(男);blouses(女)

穿在内外上衣之间,也可单独穿用的上衣,男衬衫通常胸前有口袋,袖口有袖头。

3.8

中西式上衣　Chinese and Western-style coat

中式，装袖的上衣，门襟可盘扣也可锁扣眼、钉扣，是在中国传统款式的基础上演变而来的款式。

3.9

中式上衣　Chinese style coat

中式领，连袖的上衣。

3.10

背心　vest

仅有前后衣身的无袖上衣，又称为“马甲”。

3.11

文胸　brassiere

穿着于胸部，承托女性乳房的内衣。

3.12

连衣裙　dress

上衣与裙子连成一件式的连裙装，见图1。

3.13

旗袍裙　Qipao style skirt

左右侧缝开叉的裙子，见图2。

3.14

斜裙　A-line skirt

由腰部至下摆斜向展开呈“A”字形的裙子。

3.15

喇叭裙　flare skirt

裙体上部与人体腰臀紧贴附，由臀线斜向下展开，形状如喇叭的裙子。

3.16

超短裙　miniskirt

一种下摆在大腿中部或以上的短裙，又称为迷你裙。

3.17

褶裙　pleated skirt

整个裙身由有规则的褶形组成的裙子，见图3。

3.18

节裙　tiered skirt

裙体以多层次的横向多片剪接，外形如塔状的裙子，又称为塔裙，见图4。

3.19

筒裙　straight skirt

从腰开始自然垂落的筒状或管状裙子，又称为统裙、直裙。

3.20

西服裙　tailored skirt

与西服上衣配套，通常采用收省、打褶等方法使裙体合身，长度在膝盖上下的裙子，见图5。

3.21

西裤　tailored trousers

裤管有侧缝，穿着分前后，且与体型协调的裤子，见图6。

3.22

西短裤 tailored shorts

工艺上与西裤基本相同,裤长在膝盖以上的短裤。

3.23

中式裤 Chinese style slack

传统的大裤腰,无侧缝,无前后之分的裤子,见图 7。

3.24

背带裤 overall

有背带的裤子,见图 8。

3.25

马裤 riding breeches

骑马时穿着的大腿部位较宽松、裤腿收紧的裤子,见图 9。

3.26

灯笼裤 knickerbockers

裤管宽大、脚口收紧似灯笼状的裤子,见图 10。

3.27

裙裤 culottes

裤管展宽、外观似裙的裤子,见图 11。

3.28

牛仔裤 jeans

原美国西部早期垦拓者(牛仔)穿着的工装裤子,一般用纯棉、棉纤维为主混纺、交织的色织牛仔布制作。

3.29

连衣裤 jumpsuit

上衣与裤子相连成一件式的裤装,见图 12。

3.30

喇叭裤 bell-bottom trousers

裤腿呈喇叭状的裤子。

3.31

棉裤 padded pants

内絮棉花、化纤、驼毛等保暖材料的裤子。

3.32

羽绒裤 down pants

以羽绒为填充物(含绒量不低于 50%)的裤子。

3.33

超短裤 mini shorts

一种裤长至大腿中部或以上的短裤。

3.34

雨裤 rain-proof pants

具有防雨功能的裤子。

3.35

内裤 underpants

贴身穿着的裤子。

3.36

三角裤　briefs

贴身穿着,形状呈倒三角形的短内裤。

3.37

沙滩裤　beach shorts

适合于沙滩上运动时穿着的较宽松的裤子。

3.38

比基尼　bikini

一种女子穿的游泳衣,由遮蔽面积很小的裤衩和乳罩组成 ,也称为“三点式游泳衣”。

3.39

泳装　swimming wear

适合于游泳时穿着的服装。

3.40

紧身服　body fitting garments

紧束身体的服装。

3.41

风雨衣　all-weather coat

既防风又防雨的长外衣,见图 13。

3.42

风衣　trench coat

防风的长外衣。

3.43

雨衣　raincoat

具有防雨功能的服装。

3.44

披风　cape

无袖,披在肩上的防风外衣,见图 14。

3.45

斗篷　mantle

有帽子的披风,见图 15。

3.46

大衣　overcoat

穿在一般衣服外面具有防御风寒功能的外衣,见图 16。

3.47

旗袍　Qipao

立领,右大襟,紧腰身,下摆开叉的中国女性的传统袍服,见图 17。

3.48

睡衣套　pyjamas

适合于就寝时穿着的服装,见图 18。

3.49

睡袍　nightgown

卧室中穿着的宽松而较长的袍服。

3.50

新娘礼服　wedding gown

新娘行婚礼时穿着的礼服,见图 19。

3.51

晚礼服　evening wear

在晚上社交场合中穿着的有华丽感的礼服,见图 20。

3.52

燕尾服　morning coat

为男士在特定场合穿着的礼服,前身短,后身如燕尾形呈二片开叉,见图 21。

图 1

图 2

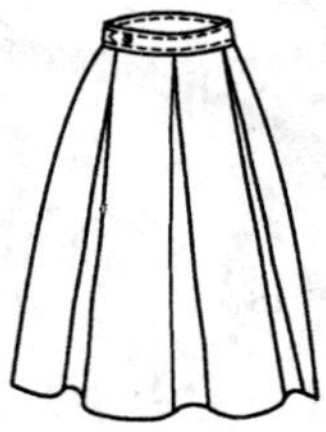

图 3

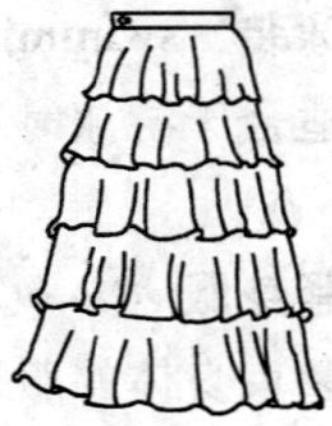

图 4

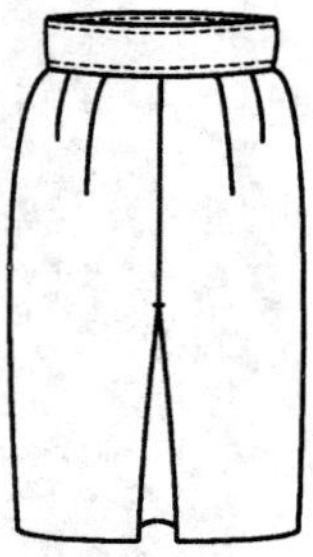

图 5

图 6

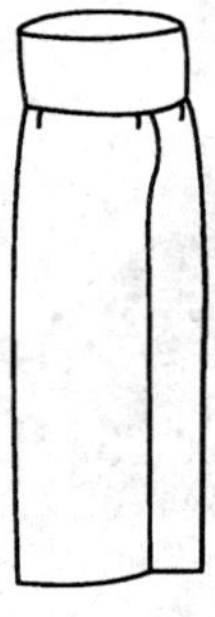

图 7

图 8

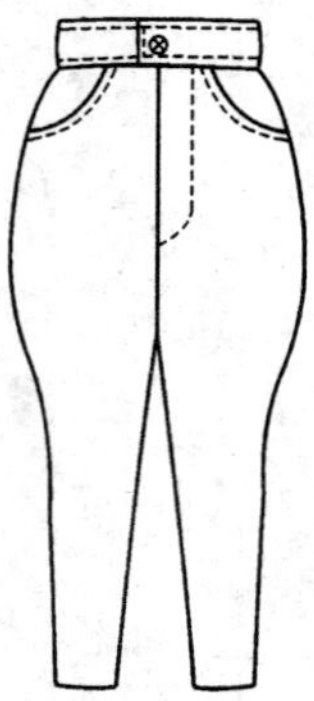

图 9

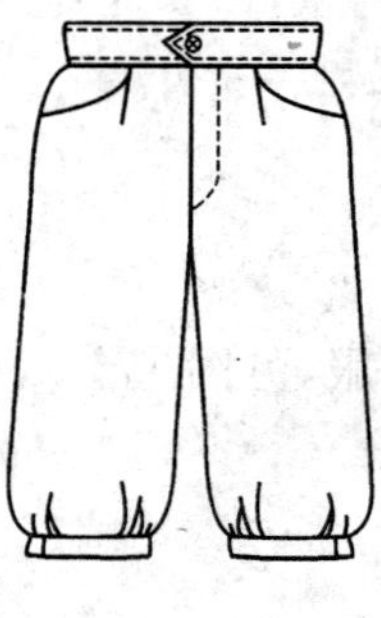

图 10

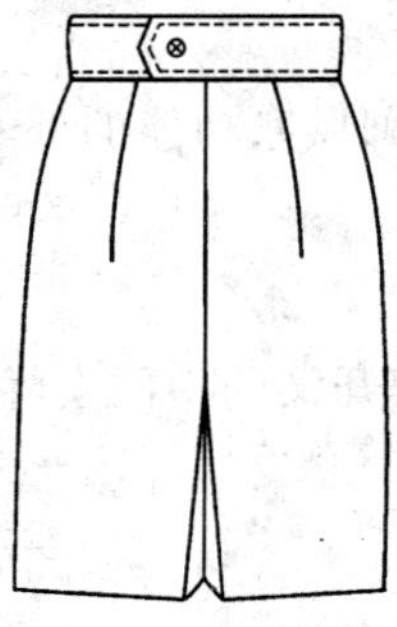

图 11

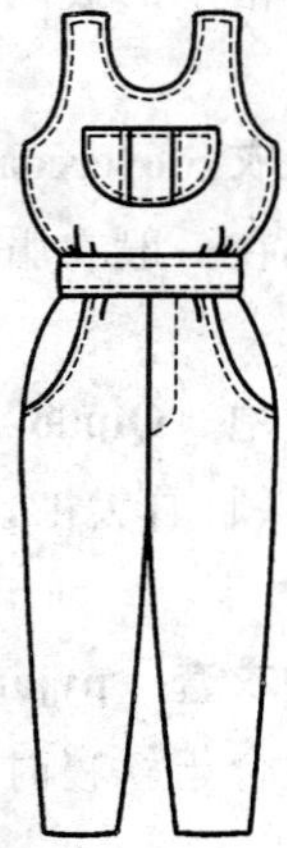

图 12

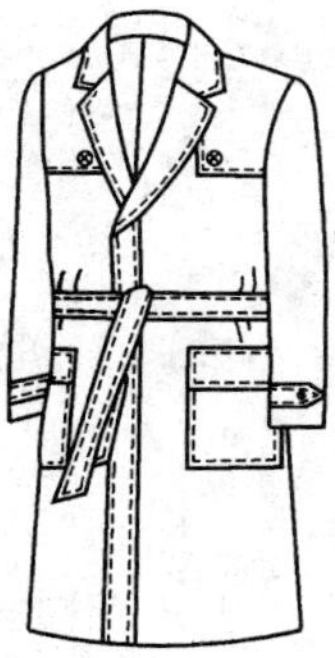
图 13

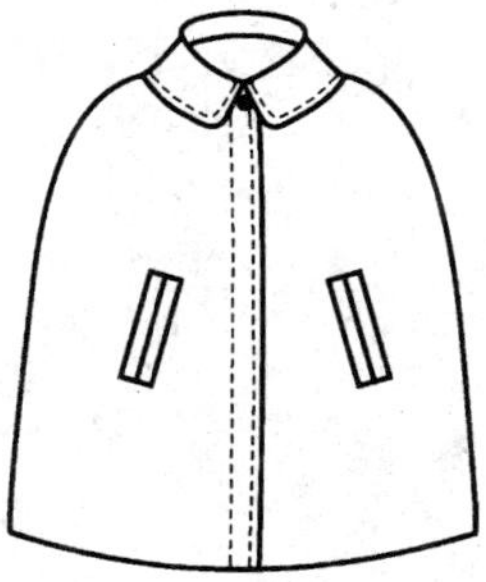
图 14

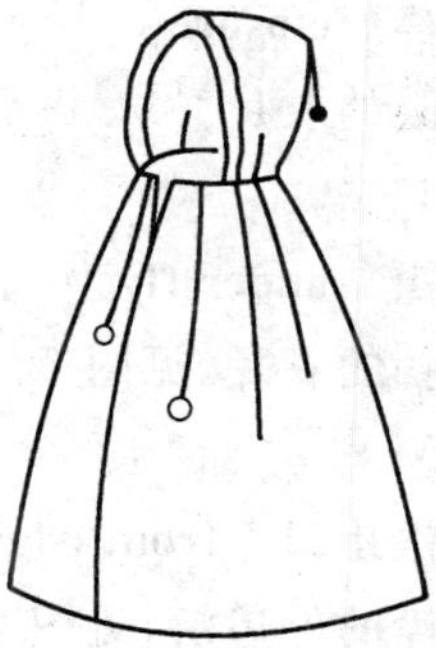
图 15

图 16

图 17

图 18

图 19

图 20

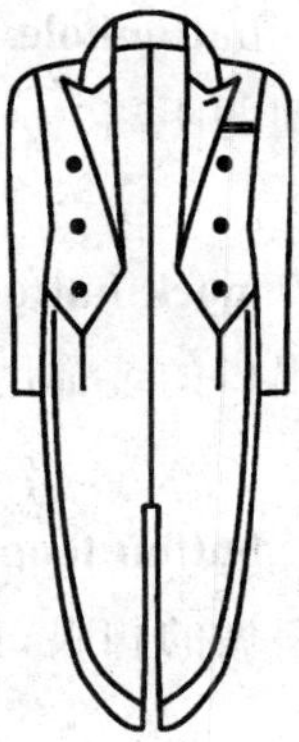
图 21

4 服装部位、部件

4.1 上装部位 tops

4.1.1 前身 front

4.1.1.1

肩缝 shoulder seam

连接前后肩的部位，见图 22。

4.1.1.2

领嘴 collar notch

领底口末端至衣襟止口的部位，见图 22。

4.1.1.3

门襟　closure

锁眼的衣片。

4.1.1.4

里襟　under fly

钉扣的衣片，见图 22。

4.1.1.5

门襟止口　front edge

门襟的外边沿，见图 22。

4.1.1.6

门襟翻边　placket

外翻的门襟边，见图 26。

4.1.1.7

止口圆角　front cut

门襟下部的圆头，见图 24。

4.1.1.8

搭门　overlap

门襟、里襟重叠的部位，见图 22。

4.1.1.9

扣眼　buttonhole

钮扣的眼孔。

4.1.1.10

眼距　buttonhole spacing

扣眼间的距离。

4.1.1.11

假眼　mock button hole

不开眼口的装饰用扣眼。

4.1.1.12

滚眼　button loop

用面料做的扣眼，见图 25。

4.1.1.13

扣位　button placement

钮扣的位置。

4.1.1.14

单排扣　single breasted

里襟钉一排钮扣。

4.1.1.15

双排扣　double breasted

门襟里襟各钉一排钮扣。

4.1.1.16

驳头　lapel

门襟里襟上部翻折部位，见图 23。

4.1.1.16.1

平驳头　notch lapel

与上领片的夹角呈三角形缺口的方角驳头。

4.1.1.16.2

戗驳头　peak lapel

驳角向上形成尖角的驳头。

4.1.1.17

驳口　roll line

驳头翻折部位，见图 24。

4.1.1.18

串口　gorge

领面与驳头面缝合的部位，见图 23。

4.1.1.19

下盘头　stand collar head

衬衫领的下领的两头部位。

4.1.1.20

袖窿　armhole

上衣大身装袖的部位，又称为袖孔，见图 23。

4.1.1.21

袖山　sleeve top

袖片上呈凸出状，与衣身的袖窿处相缝合的部位。

4.1.1.22

袖口　cuff

衣袖下口边沿部位。

4.1.1.22.1

衬衫袖口　shirt sleeve cuff

装袖头的小袖口。

4.1.1.22.2

橡筋袖口　elastic cuff

装橡筋的袖口。

4.1.1.22.3

罗纹袖口　rib cuff

装罗纹的袖口。

4.1.1.23

胸部　chest

衣服前胸丰满处。

4.1.1.24

腰节　waist line

衣服腰部最细处。

4.1.1.25

摆缝　side seam

袖窿下面连接前后衣身的缝，见图 22。

4.1.1.26

底边　hem

衣服下部的边沿部位，见图 23。

4.1.1.27

前后披肩　shoulder piece

覆盖在肩部前后的部件，见图 25。

4.1.1.28

前过肩　front yoke

连接前身与肩缝合的部件，见图 26。

4.1.1.29

领省　neckline dart

领窝部位的省道。

4.1.1.30

前肩省　bust dart

前身肩部的省道。

4.1.1.31

胁省　pocket dart

衣服两侧腋下处的省道。

4.1.1.32

前腰省　front waist dart

衣服前身腰部的省道。

4.1.1.33

横省　side dart

腋下摆缝处至胸部的省道。

4.1.1.34

肚省　fish dart

大袋口部位的横省。

4.1.1.35

前身通省　front open dart

从肩缝到前身下摆的开刀缝。

4.1.1.36

刀背缝　princess seam

弯形的开刀缝。

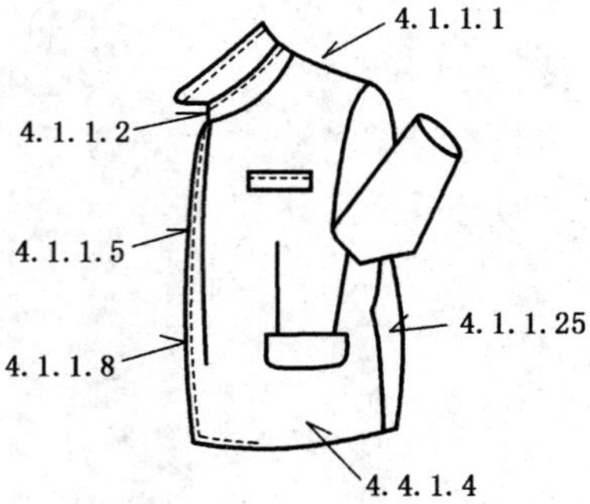

图 22

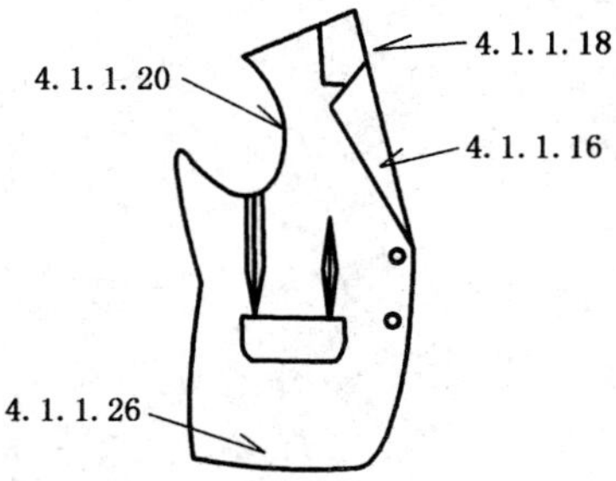

图 23

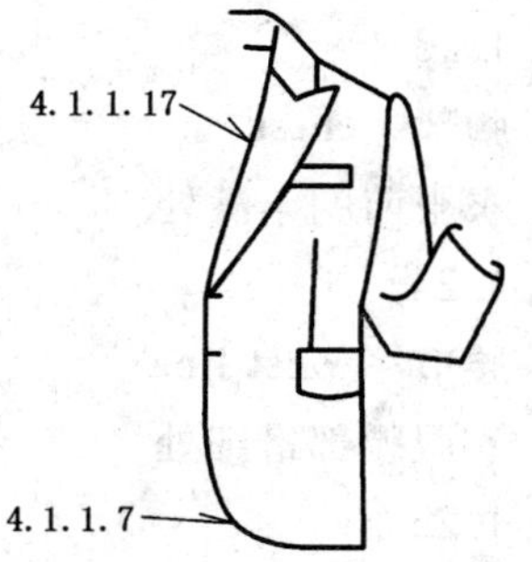

图 24

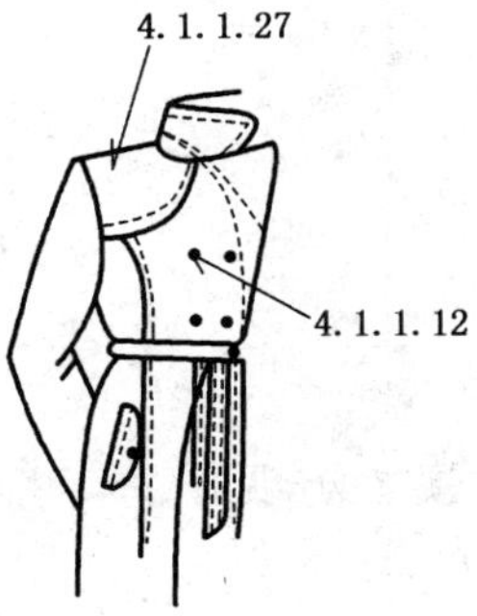

图 25

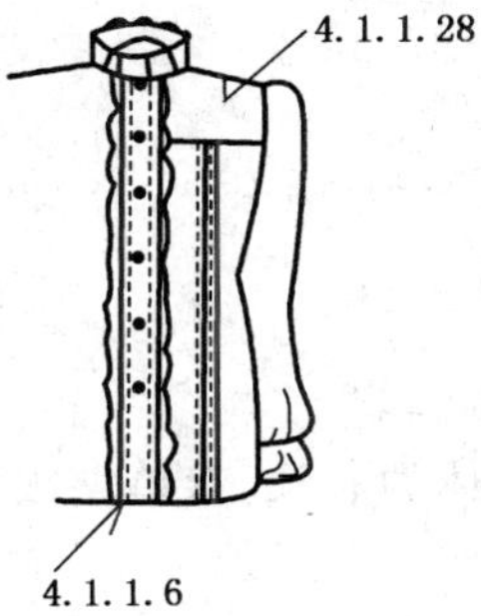

图 26

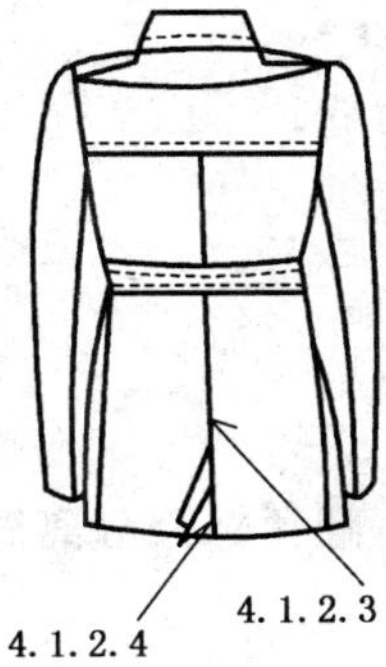

图 27

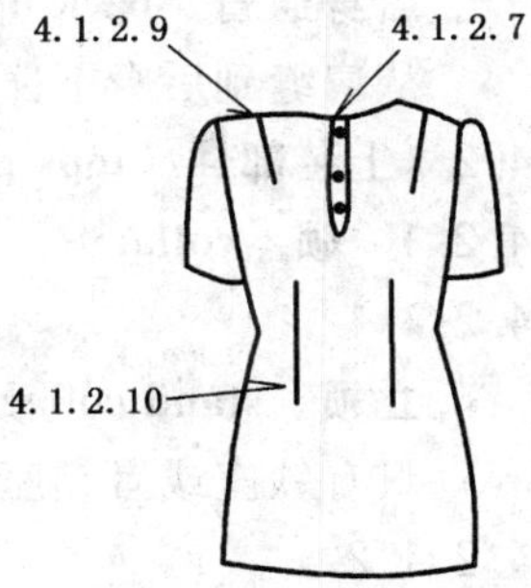

图 28

4.1.2 **后身 back**

4.1.2.1

总肩 across back shoulder

从左肩端到右肩端的部位。

4.1.2.2

后过肩 back yoke

连接后身与肩缝合的部位。

4.1.2.3

背缝 center back seam

后身中间缝合的缝，见图 27。

4.1.2.4

背叉 vent

背缝下部的开叉，见图 27。

4.1.2.5

摆叉 side vent

摆缝下部开叉。

4.1.2.6

后搭门 back overlap

开在后背处的门襟里襟重叠部位。

4.1.2.7

领窝 neck line

前后衣身与领子缝合的部位，见图 28。

4.1.2.8

后领省 back neck dart

后领窝处呈现八字形的省道。

4.1.2.9

后肩省 back shoulder dart

后身肩部的省道，见图 28。

4.1.2.10

后腰省 back waist dart

后身腰部的省道，见图 28。

4.1.2.11

后身通省　back open dart

从肩缝到后身下摆的开刀缝。

4.2　上装部件　tops parts

4.2.1　领　collar

4.2.1.1

立领　stand collar

只有领座或者领座部分与翻领部分分离缝合成一体的衣领，有单立领和翻立领之分，见图 29。

4.2.1.2

翻折领　fold-over collar

领座与翻领部分连成一体的衣领。

4.2.1.3

底领　collar stand

翻折领里侧的领身，又称为领座，见图 30。

4.2.1.4

翻领　lapel

翻折领外侧的领身。

4.2.1.5

领上口　roll line

领外翻的连折处，见图 49。

4.2.1.6

领下口　collar neckline

领子与领窝缝合处，见图 49。

4.2.1.7

领里口　collar stand line

领上口至领下口之间的部位，见图 49。

4.2.1.8

领外口　style line

领子外侧的边沿，见图 49。

4.2.1.9

领豁口　collar notch

一般指领嘴至驳角间的距离，衬衫领豁口指扣好的领角间距，见图 49。

4.2.1.10

倒挂领　Ulster collar

领角向下的领型，见图 31。

4.2.1.11

中山服领　Zhongshan collar

由底领、翻领组成，领角成八字形，领尖为小圆头的领型，属翻折领，见图 32。

4.2.1.12

中式领　mandarin collar

源于中式服装，圆领角关门的立领，见图 33。

4.2.1.13

衬衫领　shirt collar

由上领、下领组成，衬衫专有的领型，见图 34。

4.2.1.14

两用领　convertible collar

领子可敞可关的领型，见图 35。

4.2.1.15

尖领　V-neck

领角呈尖形的领型，见图 36。

4.2.1.16

圆领　crew neck

领角呈圆形的领型，见图 37。

4.2.1.17

方领　square neck

领角呈方形的领型，见图 38。

4.2.1.18

青果领　shawl collar

领似青果形状的领型，见图 39。

4.2.1.19

燕子领　wing collar

领似燕子飞翔时翅膀形状的领型，见图 40。

4.2.1.20

荷叶边领　ruffled collar

领片呈荷叶边形状的领型，见图 41。

4.2.1.21

海军领　sailor collar

前领为尖形，领片在后身呈方形，前身呈披巾形的领型，见图 42。

4.2.1.22

扎结领　tie collar

长条形领片，在前身处可以扎结的领型，见图 43。

4.2.1.23

圆形领口　round neckline

领圈呈圆弧形的领口，见图 44。

4.2.1.24

方形领口　square neckline

领圈呈方形的领口，见图 45。

4.2.1.25

V 形领口　V-neckline

领圈呈 V 形的领口，见图 46。

4.2.1.26

一字形领口　boat neckline

前、后领圈呈水平状态的领口，见图 47。

4.2.1.27

鸡心领领口　sweetheart neckline

领圈似鸡心形的领口，见图 48。

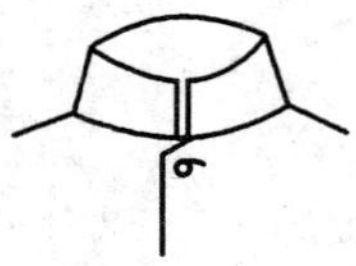

图 29

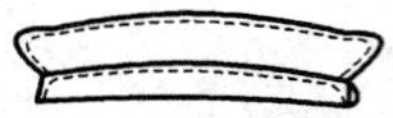

图 30

图 31

图 32

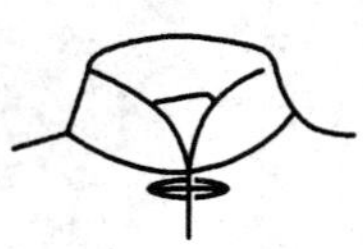

图 33

图 34

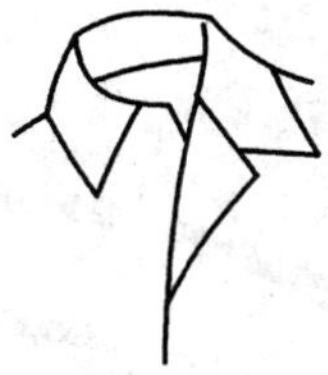

图 35

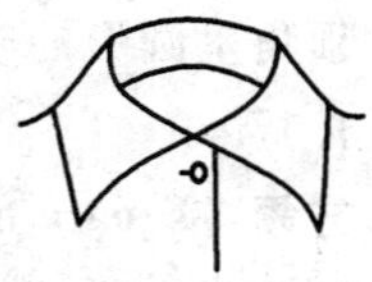

图 36

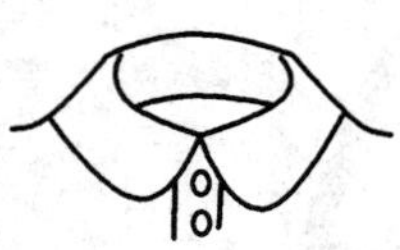

图 37

图 38

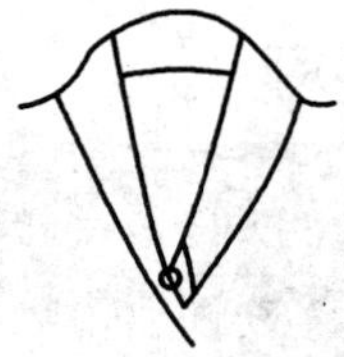

图 39

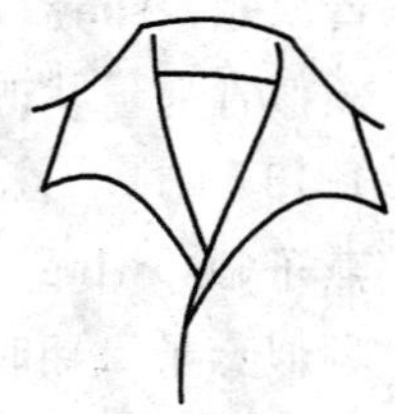

图 40

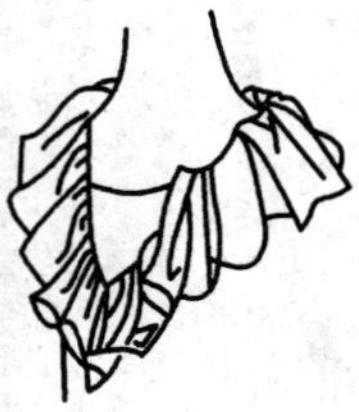

图 41

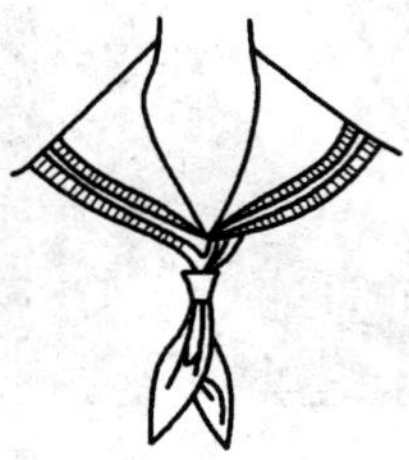

图 42

图 43

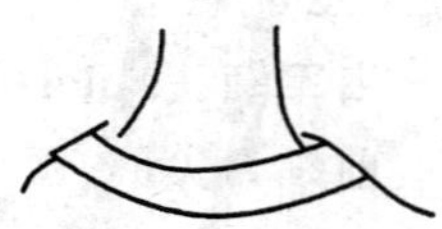

图 44

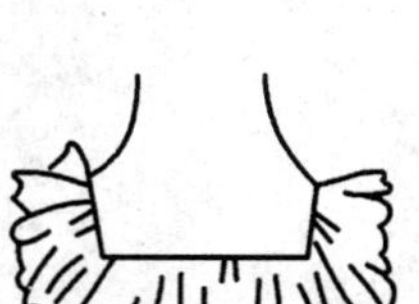

图 45

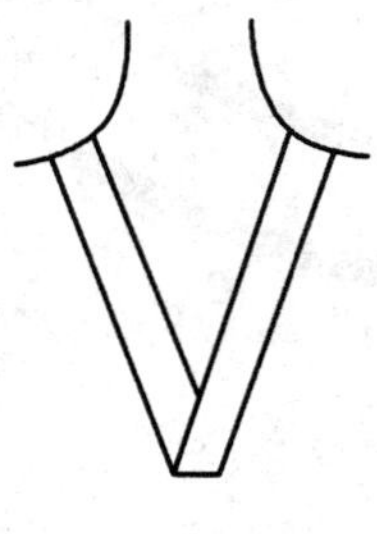

图 46

图 47

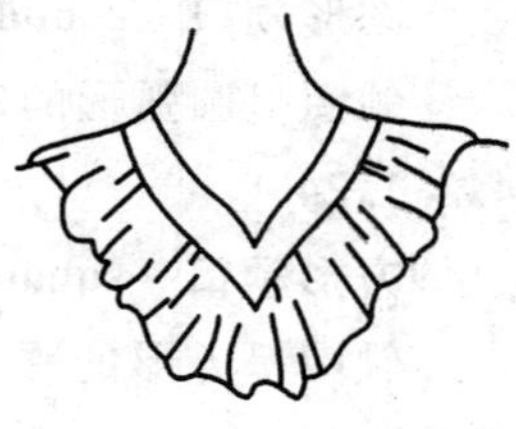

图 48

4.2.2 **袖 sleeve**

4.2.2.1

袖头 cuff button

缝在袖口的部件，又称为袖卡夫，见图 50。

4.2.2.2

双袖头 folding cuff

两翻的袖头，见图 51。

4.2.2.3

袖叉 sleeve vent

袖口部位的开叉,见图50。

4.2.2.4

袖叉条 sleeve placket

缝在袖叉上的条料,见图50。

4.2.2.5

大袖 top sleeve

衣袖的大片,见图52。

4.2.2.6

小袖 under sleeve

衣袖的小片,见图52。

4.2.2.7

袖中缝 sleeve center line

大袖片中间的开刀缝,见图52。

4.2.2.8

前袖缝 inseam

衣袖前边的缝,见图52。

4.2.2.9

后袖缝 elbow seam

衣袖后边的缝,见图52。

4.2.2.10

袖底缝 sleeve line

一片袖的袖缝,见图52。

4.2.2.11

衬衫袖 shirt sleeve

一片袖,长袖有袖头,见图53。

4.2.2.12

圆袖 set-in sleeve

在臂根围与衣身接合的袖型,见图54。

4.2.2.13

连袖 kimono sleeve

衣袖相连,有中缝的袖型,见图55。

4.2.2.14

连肩袖 raglan sleeve

袖与肩相连的袖型,又称为插肩袖,见图56。

4.2.2.15

中缝圆袖 raglan sleeve with center seam

中间有缝的圆袖,又称为连肩袖,见图57。

4.2.2.16

喇叭袖 flare sleeve

袖口似喇叭形状的袖型,见图58。

4.2.2.17

灯笼袖　puff sleeve

似灯笼形鼓起的袖型,见图 59。

4.2.2.18

蝙蝠袖　batwing sleeve

袖窿底部深及腰部似蝙蝠翅膀张开状的袖型,见图 60。

4.2.2.19

泡泡袖　bishop sleeve

在袖山或者袖口处抽碎褶而呈蓬起状的袖型,见图 61。

4.2.2.20

花瓣袖　petal sleeve

袖片交叠如花瓣的袖型,见图 62。

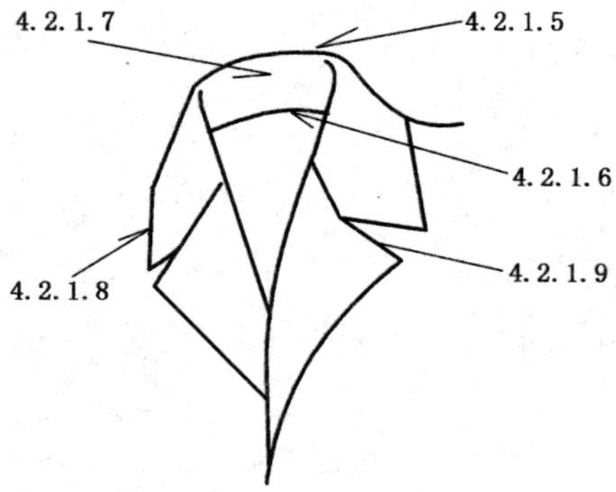

图 49

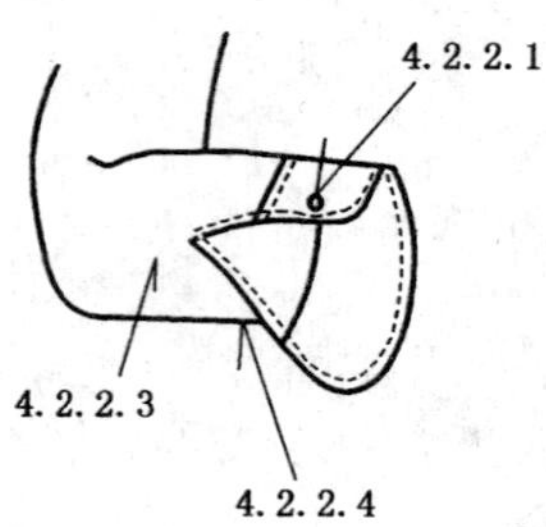

图 50

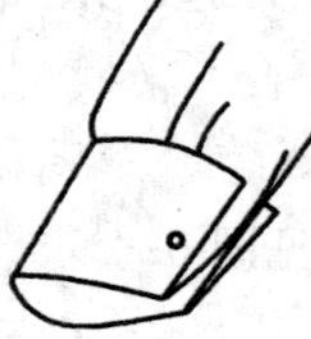

图 51

图 52

图 53

图 54

图 55

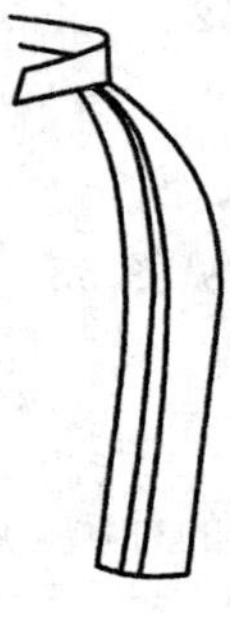

图 56

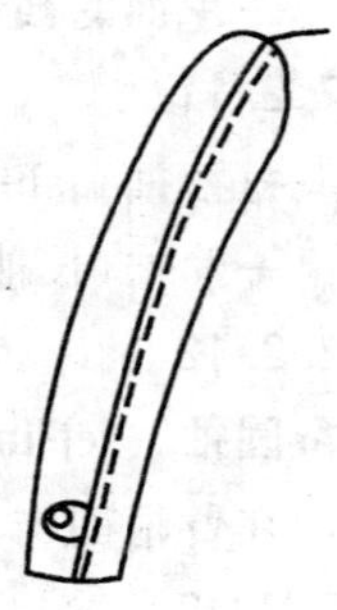

图 57

图 58

图 59

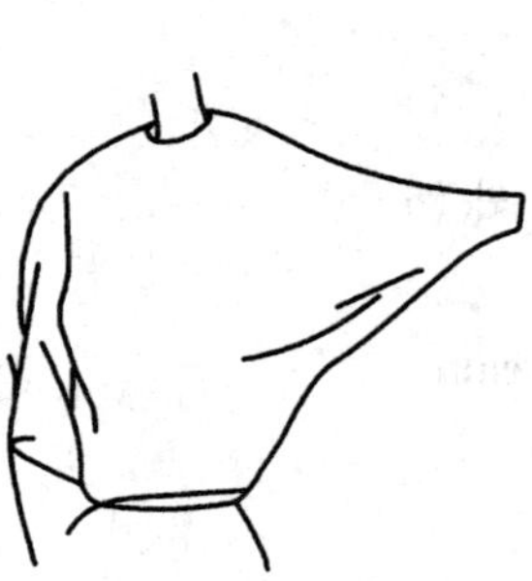

图 60

图 61

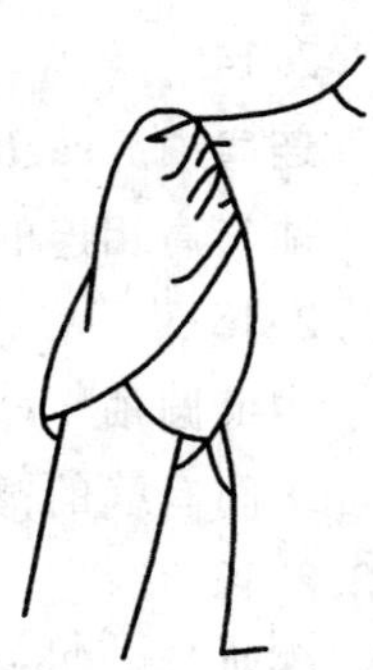

图 62

4.2.3 **口袋　pocket**

4.2.3.1

插袋　vertical pocket

在衣身裁片剪接处，留出袋口的隐蔽性口袋，见图 63。

4.2.3.2

贴袋　patch pocket

直接在衣服表面车缉或者手缝袋布做成的口袋，见图 64。

4.2.3.3

开袋　slit pocket

袋口由切开衣身而得，袋布置于衣服内侧的口袋，见图 65。

4.2.3.4

双嵌线袋　double jet pocket

袋口装有两根嵌线的口袋，见图 66。

4.2.3.5

单嵌线袋　single jet pocket

袋口装有一根嵌线的口袋，见图 67。

4.2.3.6

卡袋　card pocket

放名片、卡片的小袋，见图 68。

4.2.3.7

手巾袋　breast pocket

胸部的开袋，见图 69。

4.2.3.8

袋爿袋　welt pocket

装有袋爿的开袋，见图 70。

4.2.3.9

眼镜袋　glasses pocket

放眼镜的口袋，见图 71。

4.2.3.10

里袋　inside pocket

衣服前身里布上的口袋。

4.2.3.11

锯齿形里袋　saw-tooth edge trimmed inside pocket

装有锯齿形袋口的里袋。又称为三角形里袋，见图 72。

4.2.3.12

有盖贴袋　flapped patch pocket

贴袋口上有盖的口袋，见图 73。

4.2.3.13

压爿贴袋　patch pocket with topstitched box pleat

贴袋上有明线缉袋爿的口袋，见图 74。

4.2.3.14

吊袋　Zhongshan Zhuang pocket

袋边沿活口的袋，又称为老虎袋，见图 75。

4.2.3.15

风琴袋 bellow pocket

袋边沿似手风琴伸缩形的口袋，见图 76。

4.2.3.16

暗裥袋 patch pocket with inverted pleat

袋中间活口的袋，见图 77。

4.2.3.17

明裥袋 patch pocket with box pleat

袋中间两边活口的袋，见图 78。

图 63

图 64

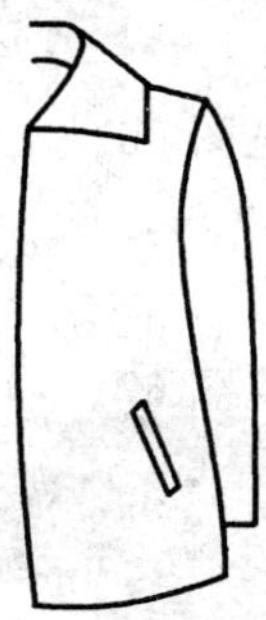

图 65

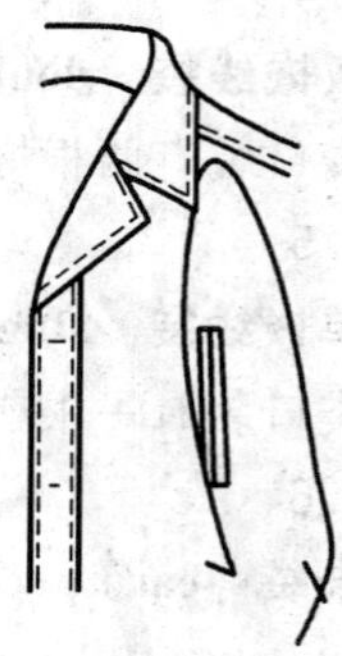

图 66

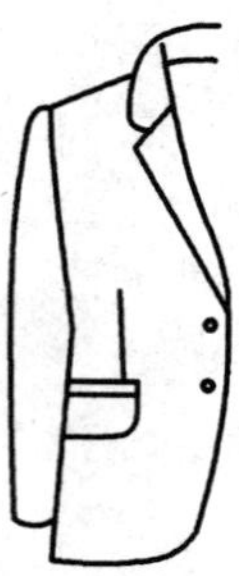

图 67

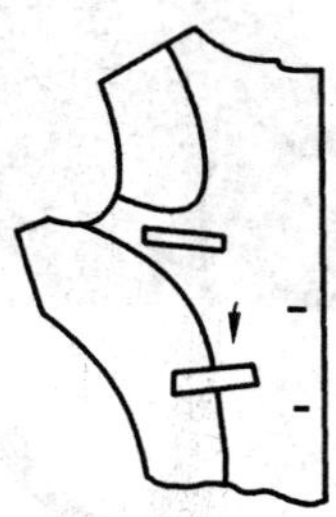

图 68

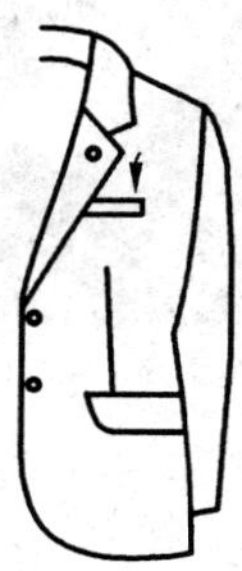

图 69

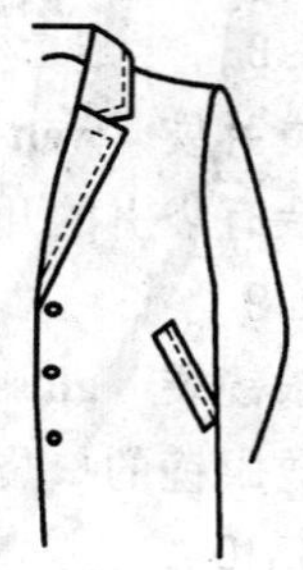

图 70

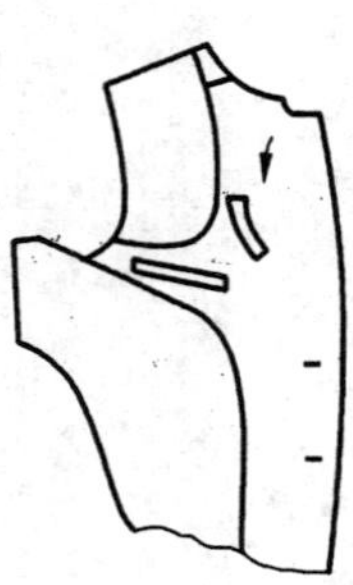

图 71

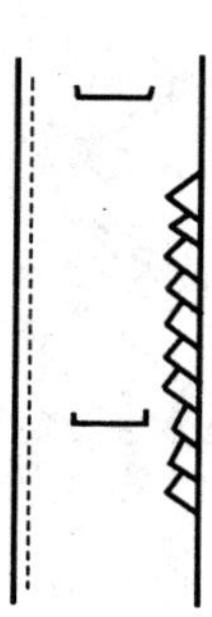

图 72

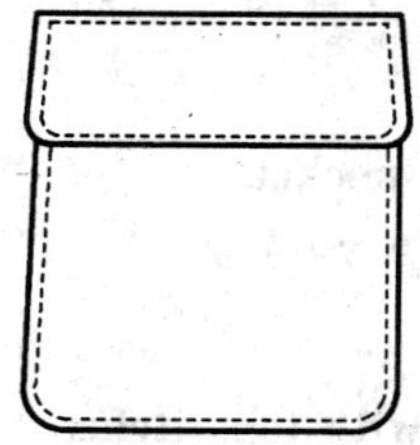

图 73

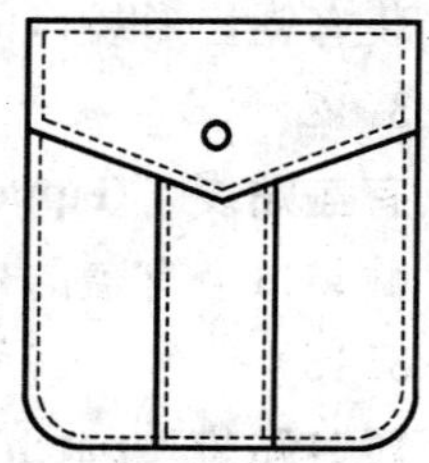

图 74

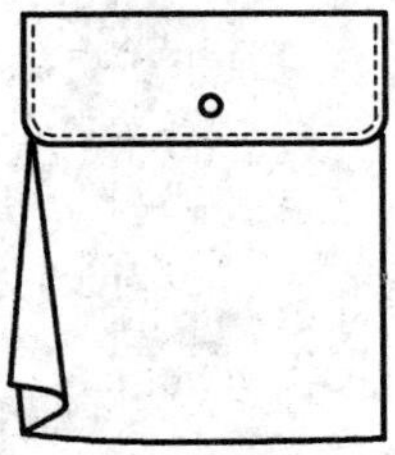

图 75

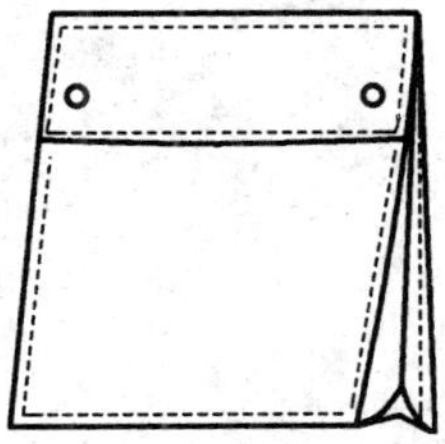

图 76

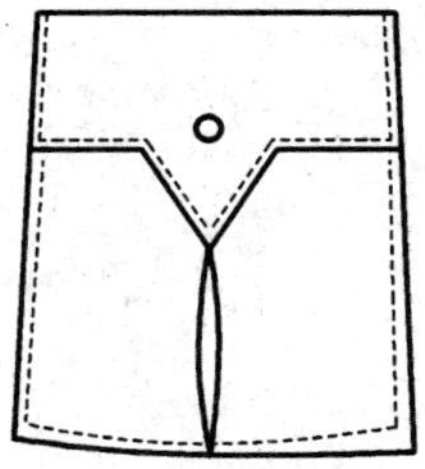

图 77

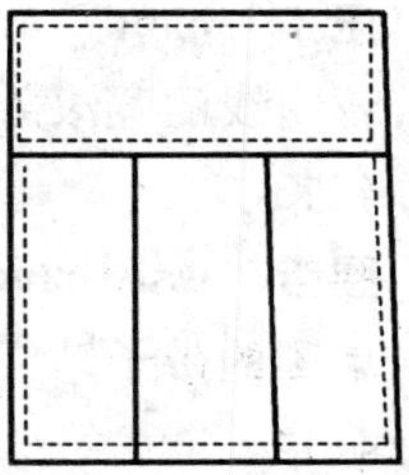

图 78

4.2.4 小部件 small parts

4.2.4.1

领袢 collar tab

衣领或领嘴处装的小袢。

4.2.4.2

吊袢 hanging loop

装在衣领处挂衣服用的袢。

4.2.4.3

肩袢 epaulet

装在肩部的小袢。

4.2.4.4

腰袢 waist tab

装在腰部的小袢。

4.2.4.5

下摆袢 bottom tab

装在下摆处的小袢。

4.2.4.6

袖袢 sleeve tab

装在袖口的小袢。

4.2.4.7

脚口袢 leg opening tab

装在裤脚口的小袢。

4.2.4.8

线袢 French tack

用线打成的小袢。

4.2.4.9

挂面 facing

装在上衣门襟、里襟的部件。又称为贴边。

4.2.4.10

耳朵皮 flange

在前身里与挂面处拼接做里袋的一块面料。

4.2.4.11

滚边 bias strip

包在衣服或者部件边沿处的条状部件。

4.2.4.12

压条 band

压明线的宽滚条。

4.2.4.13

腰带 waistband

束腰的带子。

4.2.4.14

塔克 tuck

衣服上有规则的装饰褶。

4.2.4.15

袋盖 pocket flap

覆盖在袋口的部件。

4.2.5 **衬布 interlining**

4.2.5.1

前身衬 front interlining

衣服前身用的衬。

4.2.5.2

驳头衬 lapel interlining

驳头处用的衬。

4.2.5.3

胸衬 chest interlining

衣服胸部用的衬。

4.2.5.4

下节衬 interlining under the waist line

衣服前身腰节以下加放的衬。

4.2.5.5

领衬 collar interlining

衣领部位用的衬。

4.2.5.6

肩头衬 domette

肩头上加放的衬。

4.2.5.7

帮胸衬 bias strip

胸部边沿加放的条状衬。

4.2.5.8

袋角衬 pocket reinforcement patch

放在袋角处的衬。

4.2.5.9

底边衬 hem interlining

衣服下部边沿部位加放的衬。

4.2.5.10

袖头衬 cuff interlining

袖头部位加放的衬。

4.2.5.11

挂面衬　front facing interlining

挂面部位加放的衬。

4.2.5.12

腰头衬　waist band interlining

裤装、裙装腰头内层的衬。

4.2.5.13

袋牵布　patch stay

位于袋口处，用以增加袋口牢度的衬。

4.2.5.14

牵条　tape

在止口等部位起固定作用的衬条。

4.3　**下装部位　bottoms**

4.3.1

横裆　crotch

上裆下部最宽的部位，见图 79。

4.3.2

上裆　crotch depth

腰头上口至横裆间的部位，又称为"直裆"，见图 79。

4.3.3

中裆　knee

一般为裤脚口至臀围线的二分之一处的部位，见图 79。

4.3.4

烫迹线　creas press

裤装前后身的中心直线，见图 79。

4.3.5

裤脚口　leg opening

裤脚下口的边沿，见图 79。

4.3.6

裤卷脚　turn-up cuff

裤脚口往上外翻的部位，见图 79。

4.3.7

脚口折边　hem

裤脚口折在里面的边，见图 79。

4.3.8

侧缝　side seam

裤子前后身缝合的外侧缝，见图 79。

4.3.9

腰缝　waistband seam

腰头与裤、裙身缝合后的缝。

4.3.10

下裆缝　inseam

裤装前后身缝合后从裆部至脚口的里侧缝。

4.3.11

小裆缝　front crotch seam

裤装前身小裆缝合的缝，见图 80。

4.3.12

前裆缝　front crotch seam

裤装前身裆缝合的缝，见图 80。

4.3.13

后裆缝　back crotch seam

裤装后身裆缝合的缝，见图 80。

4.3.14

腰头　waistband top

与裤、裙身缝合的带状部件，可将裤、裙固持在腰部，见图 81。

4.3.15

腰头上口　upper side of waistband

腰头的上边沿部位，见图 81。

4.3.16

腰里　waistband lining

腰头的里布，见图 81。

4.3.17

裤(裙)腰省　waist dart

裤、裙前后身为配合人体曲线而缝合的长三角形区域，省尖指向人体凸起处，见图 81。

4.3.18

裤(裙)裥　pleat

裤、裙前身在裁片上预留出的宽松量，通常经熨烫后塑出裥形，作为装饰或增加活动放松量，见图 81。

4.4　下装部件　bottoms parts

4.4.1

侧缝直袋　side pocket

侧缝上部装的直袋口裤袋、裙袋。

4.4.2

侧缝斜袋　slant pocket

侧缝上部装的斜袋口裤袋、裙袋。

4.4.3

侧缝横袋　cross pocket

侧缝外袋的横向袋口裤袋、裙袋。

4.4.4

表袋　watch pocket

裤、裙腰头处用来装手表的小袋。

4.4.5

后袋　hip pocket

裤、裙后片的口袋。

4.4.6

过腰　waistband

门襟一侧腰头延伸探出部分。

4.4.7

膝盖绸　knee kicker

装在裤装前片的里布。

4.4.8

贴脚条　heel stay

缝在裤装后身脚口折边下沿的条料。

4.4.9

门襟　fly facing

位于裤、裙开合处，用以锁眼或装一侧拉链的部件，见图 82。

4.4.10

里襟　fly shield

位于裤、裙开合处，用以钉钮扣或装一侧拉链的部件，见图 82。

4.4.11

里襟尖嘴　button tab at fly shield

装在里襟上部的尖嘴形部件，见图 82。

4.4.12

小裤底　front crotch stay

小裆部位的里布，见图 82。

4.4.13

大裆底　back crotch stay

后裆部位的里布，见图 82。

4.4.14

过桥　trouser curtain

里襟里布延长的条状部件，用以覆盖十字裆缝，见图 82。

4.4.15

串带　belt-loop

装在腰头上，用以束腰带的小袢，见图 82。

4.4.16

雨水布　trouser curtain

遮盖腰头衬布的里布，见图 82。

4.4.17

袋布　pocket bag

装在裤、裙内的口袋布料，见图 82。

4.4.18

垫袋布　pocket mouth stay

袋口处垫在袋布上的条料，见图 82。

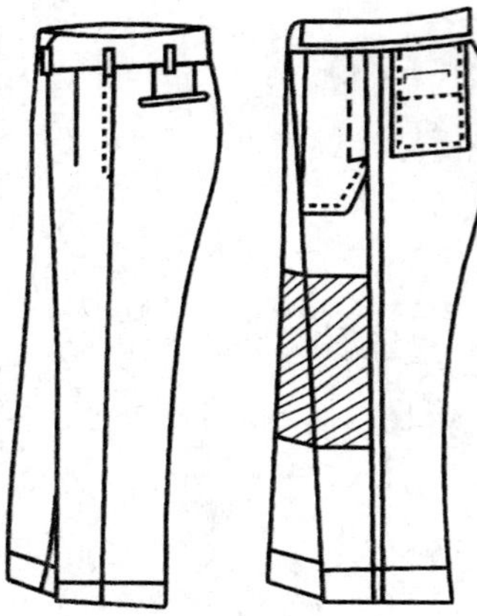

图 79

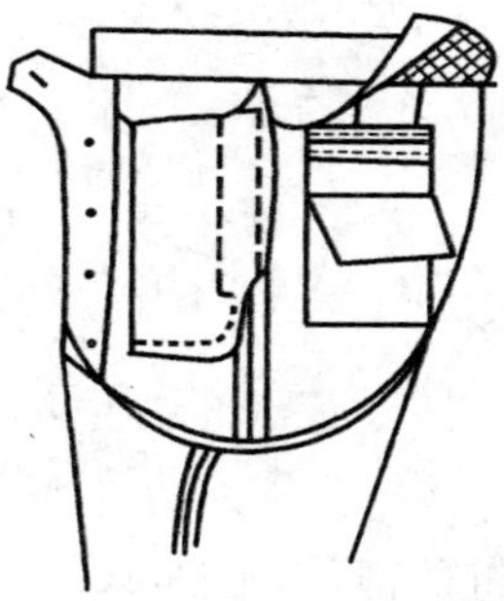

图 80

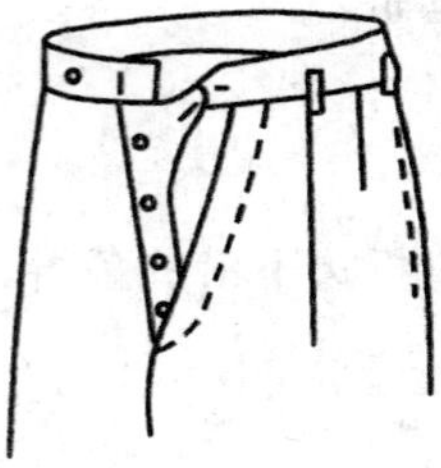

图 81

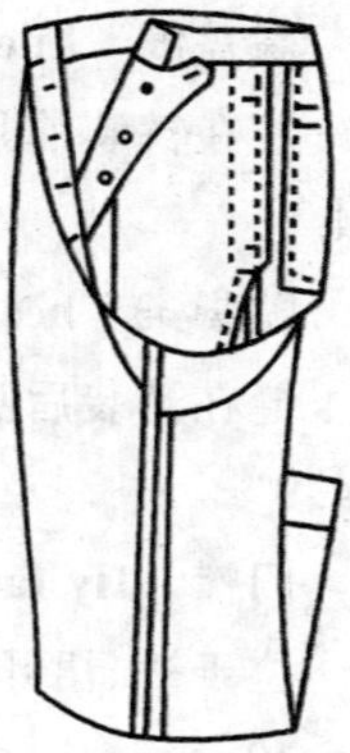

图 82

5 服装设计

5.1

款式 style

服装的式样。

5.2

造型 silhouette

服装的外形轮廓。

5.3

结构 garment construction

服装各部件和各层材料的几何形状以及相互组合的关系。

5.4

基础线 basic line

结构制图过程中使用的纵向和横向的基础线条。

5.5

轮廓线 outline

构成成型服装或服装部件的外部造型的线条。

5.6

结构线 construction line

服装图样上,表示服装部件裁剪、缝纫结构变化的线条。

5.7

效果图 fashion drawing

为表达服装最终穿着效果的一种绘图,一般要着重体现款式、造型风格和色彩等,主要作为设计思想的艺术表现和展示宣传,见图 83。

5.8

款式图 working sketch

为表达款式造型及各部位加工要求而绘制的造型平面图,一般是不涂颜色的单墨稿画。要求各部位成比例,造型表达准确,工艺特征具体,见图 84。

5.9

结构图 cutting illustration

用曲、直、斜、弧线等图线将服装造型分解并展开成平面裁剪方法的图,又称为裁剪图,见图 85。

5.10

示意图　sketch map

为表达某部件的结构组成、加工时的缝合形态、缝迹类型以及成型的外部和内部形态而制成的一种解释图，在设计、加工部门之间起沟通和衔接作用。

5.10.1

展示图　flat patternmaking

表示服装某部位的展开示意图，通常指外部形态的示意图，见图86。

5.10.2

分解图　detail sketch

表示服装某部位的各部件内外结构关系的示意图，通常作为缝纫加工时使用的部件示意图，见图87。

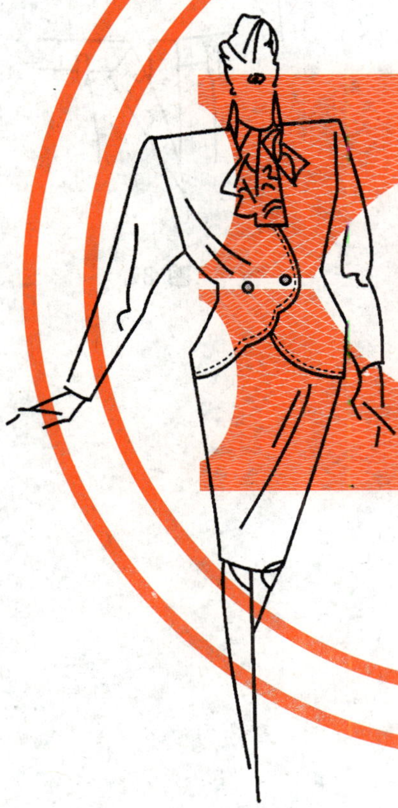

图83

图84

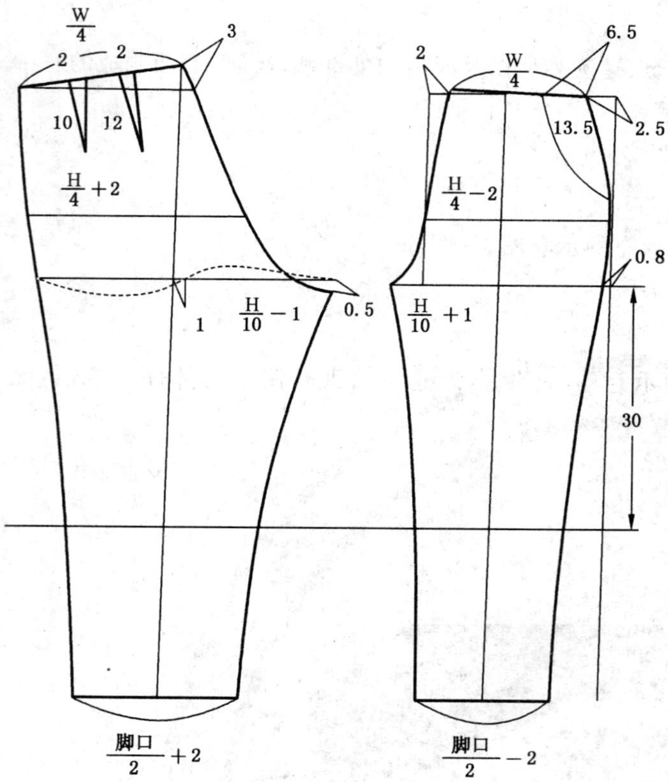

图 85

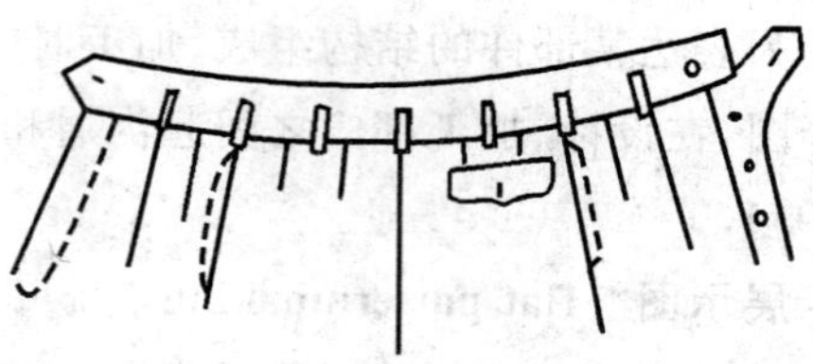

图 86

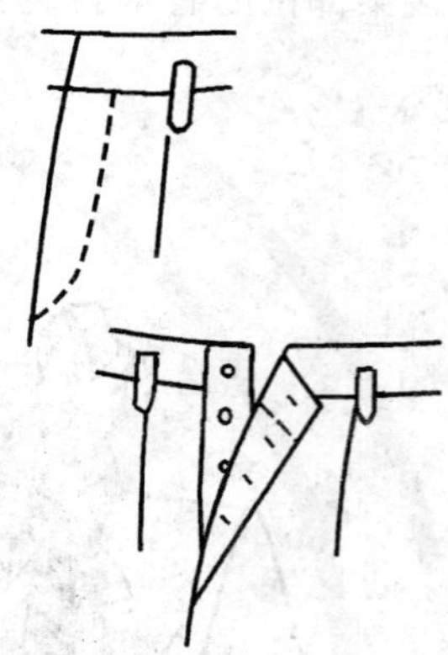

图 87

6 服装裁剪制图

6.1 上装 tops

6.1.1

上衣基本线 basic line

上衣裁剪制图的水平基础线，见图 88。

6.1.2

衣长线 length line

与上衣基本线平行，确定衣长的位置线，见图 88。

6.1.3

落肩线 shoulder line

与衣长线平行，从衣长线至肩关节的距离，见图 88。

6.1.4

胸围线 bust line

与上衣基本线平行，表示胸围和袖窿深的位置线，见图 88。

6.1.5

袖窿翘高线 upline of armhole

与胸围线平行，袖窿深线向上高出的尺寸线，见图 88。

6.1.6

腰节线 waist line

与胸围线平行，表示腰节的位置线。又称为腰围线，见图 88。

6.1.7

底边翘高线　front pitch line

上衣摆缝处，底边向上高出的尺寸线，见图 88。

6.1.8

领口深线　neck depth line

与衣长线平行，表示领口的深度线，见图 88。

6.1.9

止口直线　front edge

与上衣基本线垂直，表示前门襟边沿的直线，见图 88。

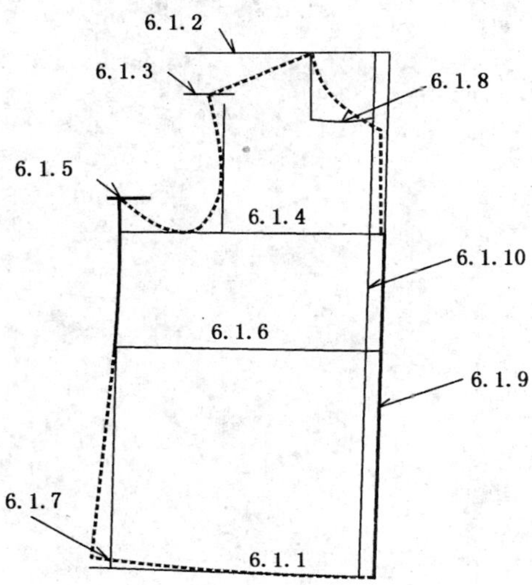

图 88

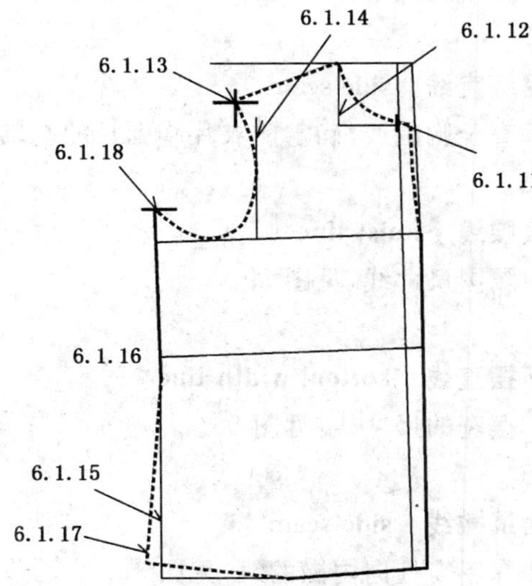

图 89

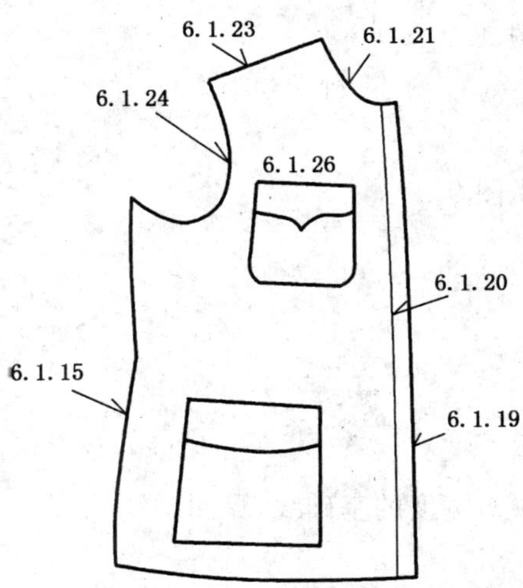

图 90

6.1.10

搭门直线　front overlap line

门襟与里襟两片重叠的直线，见图 88。

6.1.11

撇门线　front cut line

在领至胸部处，按胸部的形状撇净尺寸的位置线，见图 89。

6.1.12

领口宽线 neck width line

与止口直线平行，确定领口宽度的基础线，见图 89。

6.1.13

肩宽直线 across shoulders line

与止口直线平行，确定肩宽的基础线，见图 89。

6.1.14

前胸宽线 chest width line

与止口直线平行，确定胸部宽的基础线，见图 89。

6.1.15

摆缝直线 side seam

垂直于胸围线，确定前衣片胸围长的基础线，见图 89。

6.1.16

收腰线 waist line

中腰围尺寸线，见图 89。

6.1.17

下摆直线 bottom width line

下摆宽的尺寸线，见图 89。

6.1.18

摆缝撇线 side seam

袖窿翘高处向内撇的线，见图 89。

6.1.19

止口线 closing line

撇门后门襟外口轮廓线，见图 90。

6.1.20

搭门线 center front line

门襟部位两衣片的重叠线，见图 90。

6.1.21

领窝线 neck line

领口的轮廓线，见图 90。

6.1.22

前领宽线 neck width line

与前身中心线平行，确定前领口宽度的基础线，见图 100。

6.1.23

肩斜线 shoulder slope line

肩的坡度线，见图 90。

6.1.24

袖窿线 armhole line

袖窿的轮廓线，见图 90。

6.1.25

摆缝线 side seam line

前后衣片缝合线，见图 90。

6.1.26

袋位线 pocket position line

口袋位置线,见图 90。

6.1.27

底边线 hemline

底边轮廓线,见图 91。

6.1.28

前身中心线 center front line

前身衣片两侧对称并相连折的中心基础线,见图 100。

6.1.29

扣眼位线 buttonhole position

扣眼的位置线,见图 91。

6.1.30

胸省线 breast dart

前省道的位置线,见图 91。

6.1.31

胁省线 underarm dart

后省道的位置线,见图 91。

6.1.32

驳口线 roll line

驳口的位置线,见图 92。

6.1.33

领深斜线 neck depth line

大身与领里相吻合的领口斜线,见图 92。

6.1.34

领串口斜线 gorge line

挂面与领面相吻合的斜线,见图 93。

6.1.35

领嘴线 notch position

领嘴大小的尺寸线,见图 92。

6.1.36

驳头止口弧线 laple style line

驳头止口轮廓线,见图 92。

6.1.37

门襟圆角点线 front curve point

圆下摆斜进角度标志线,见图 92。

6.1.38

门襟圆角线 front curve

止口与底边围成为圆角的轮廓线,见图 92。

6.1.39

前后过肩线 front or back yoke line

肩部与胸、背部断开的线,见图 94。

6.1.40

过肩下口线　yoke under line

与后衣片连接的线，见图 109。

6.1.41

过肩上口线　yoke roll line

过肩高度的线，见图 109。

6.1.42

肩宽线　shoulder width line

肩的宽度线，见图 109。

6.1.43

过肩宽线　yoke width line

过肩的宽度线，见图 109。

6.1.44

过肩肩斜线　yoke slope line

过肩肩部的坡度线，见图 109。

6.1.45

后背中心线　center back line

后衣片两片对称并相连接的中心线，见图 98。

6.1.46

背宽线　back width line

与后背中心线平行，表示背部宽的尺寸线，见图 95。

6.1.47

摆缝翘高线　side seam

袖窿翘高处的翘高线，见图 98。

6.1.48

背缝线　back seam line

背缝轮廓线，见图 99。

6.1.49

开衩线　vent line

开衩高度和贴边宽度线，见图 99。

6.1.50

背心底边弧线　vest hem

背心前衣身底摆尖角弧线，见图 96。

6.1.51

袖窿斜线　raglan slope line

连肩袖服装从前领口至袖窿深的前宽斜线，见图 97。

6.1.52

抬裉线　armhole depth line

连袖服装确定抬肩的基础线，见图 100。

6.1.53

裉缝弧线　underarm curve

拼袖缝到腰部的弧形轮廓线，见图 100。

6.1.54

大襟斜线 front opening basic line

中式服装中，表示大襟斜度的位置线，见图 101。

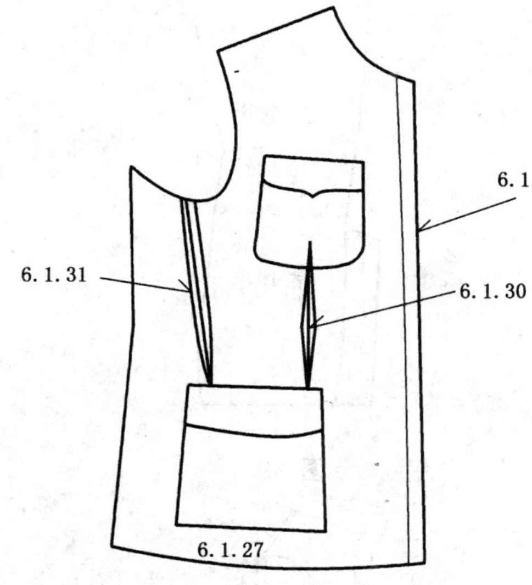

图 91

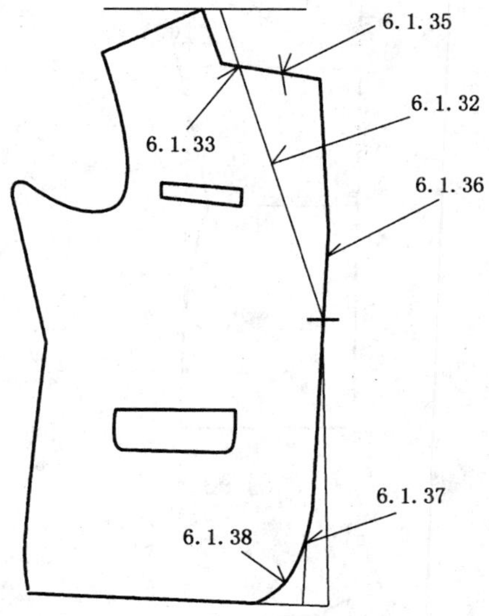

图 92

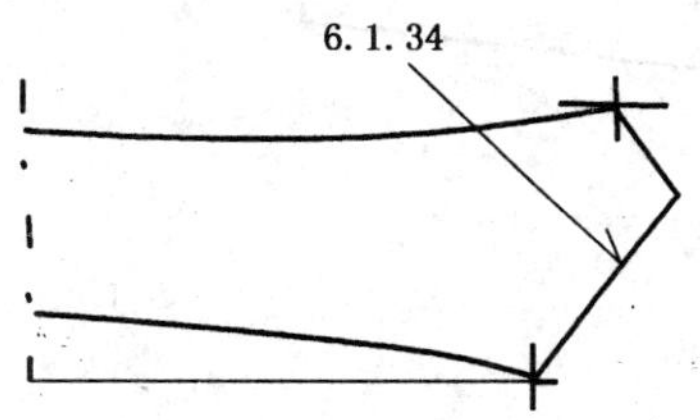

图 93

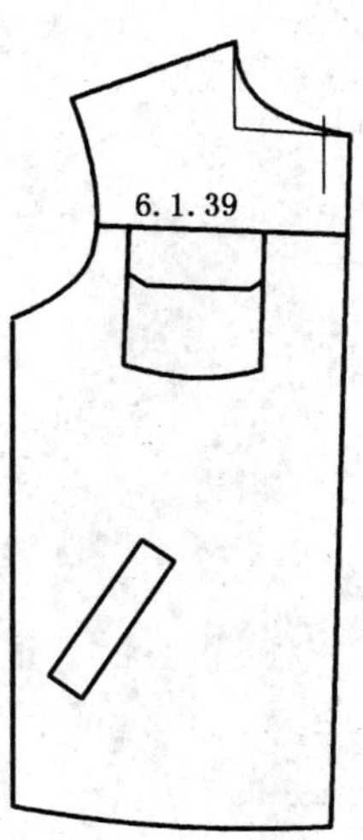

图 94

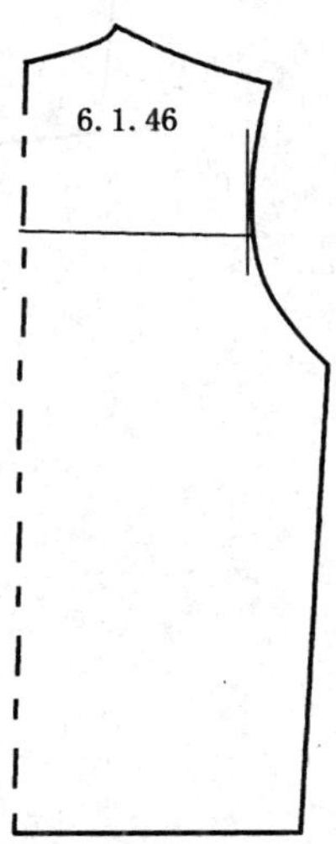

图 95

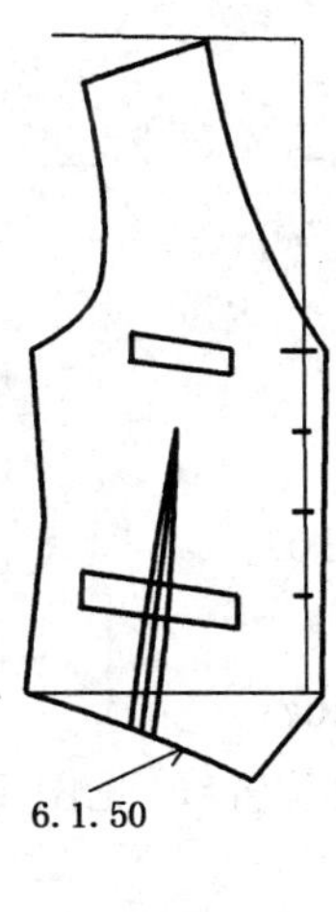

图 96

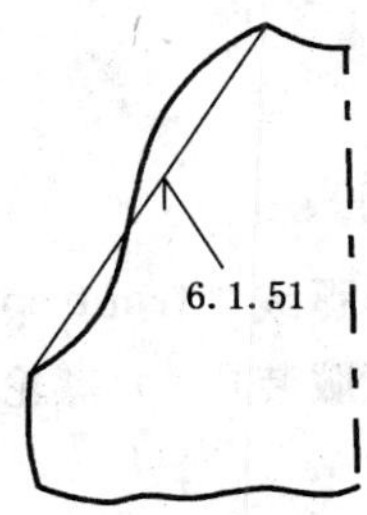

图 97

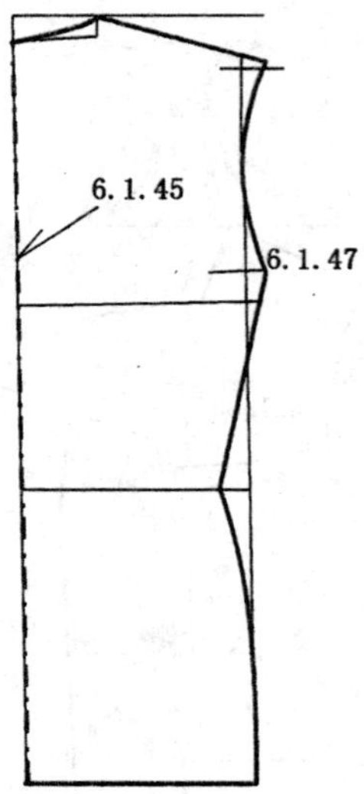

图 98

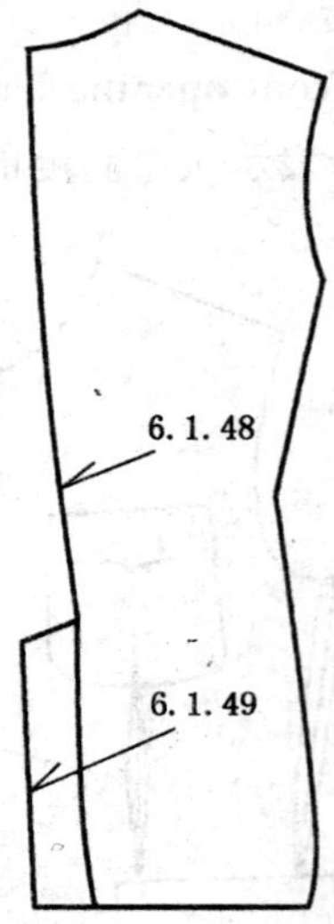

图 99

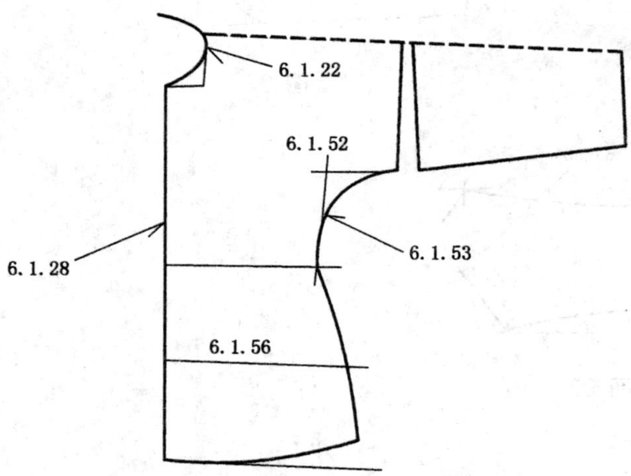

图 100

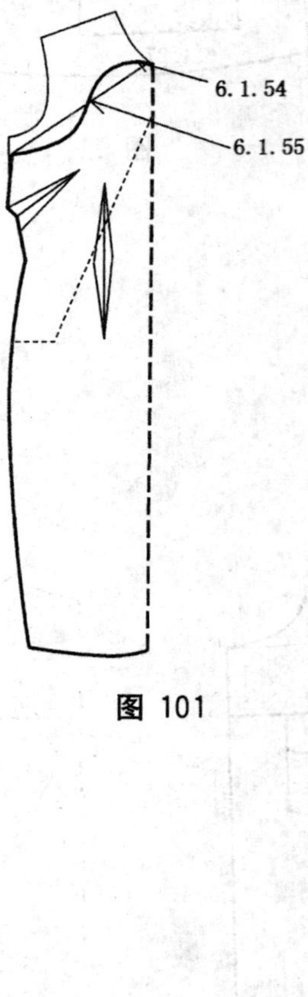

图 101

6.1.55

大襟弧线　front opening curve

中式服装中，大襟轮廓线，见图 101。

6.1.56

腹围线　abdominal extension line

与上衣基本线平行，表示腹部的位置线，见图 100。

6.1.57

袖子基本线　basic line for sleeve

袖子裁剪制图的基础线，见图 102。

6.1.58

袖长线　length line

与袖子基本线平行，表示袖长的位置线，见图 102。

6.1.59

袖山深线　biceps line

与袖长线平行，表示袖深的尺寸线，见图 102。

6.1.60

袖山线　back cap depth line

与袖山深线平行，表示后袖山高度线，见图 102。

6.1.61

袖肘线　elbow line

与袖山深线平行，表示臂肘的位置线，见图 102。

6.1.62

袖口翘线　sleeve lower line

袖口的起翘线，见图 102。

6.1.63

前袖缝直线　front seam line

与袖子基本线垂直，表示前袖缝的位置线，见图 102。

6.1.64

前偏袖直线　fold line of top sleeve

与前袖缝直线平行，表示前偏袖的位置线，见图 103。

6.1.65

袖围线　sleeve girth line

与前袖缝直线平行，表示袖围的尺寸线，见图 103。

6.1.66

袖围中线　sleeve center line

与袖缝直线平行，表示袖围中心的线，见图 103。

6.1.67

袖口线　sleeve hem line

袖口轮廓线，见图 104。

6.1.68

前袖缝线　front seam

前袖缝轮廓线，见图 104。

6.1.69

前偏袖线　fold line

袖围与偏袖连接的线，见图 104。

6.1.70

袖山弧线　sleeve cap

袖山头轮廓线，见图 104。

6.1.71

后袖缝线　back seam

后袖缝轮廓线，见图 104。

6.1.72

袖衩线　sleeve slit line

开衩轮廓线，见图 104。

6.1.73

后偏袖线　fold line of under sleeve

后偏袖轮廓线,见图 105。

6.1.74

小袖内撇线　elbow curve

小袖片向内撇的线,见图 106。

6.1.75

小袖深弧线　under sleeve cap curve

小袖深轮廓线,见图 106。

6.1.76

前、后连肩袖线　raglan sleeve outline

连肩袖轮廓线,见图 107。

6.1.77

袖口缝线　sleeve end line

袖子与袖头接缝的位置线,见图 108。

6.1.78

袖头止口线　cuff bottom line

袖头轮廓线,见图 110。

6.1.79

袖头上口线　cuff roll line

袖头与袖子接缝的位置线,见图 110。

6.1.80

挂面止口线　front facing outside edge

挂面外口轮廓线,见图 111。

6.1.81

挂面里口线　front facing inside edge

挂面里口轮廓线,见图 111。

6.1.82

底领上口线　band roll line

底领上口轮廓线,见图 112。

6.1.83

底领下口线　band neckline under line of band

底领下口轮廓线,见图 112。

6.1.84

底领前宽斜线　band end line

底领前宽轮廓线,见图 112。

6.1.85

翻领上口线　collar roll line

翻领上口轮廓线,见图 112。

6.1.86

翻领外口线　collar outside line

翻领外口轮廓线,见图 112。

6.1.87

领尖线 collar point line

领尖轮廓线,见图 112。

6.1.88

翻领前宽斜线 collar width line

翻领前宽轮廓线,见图 112。

6.1.89

帽下口线 neckline of hood

帽下口轮廓线,见图 113。

6.1.90

帽嘴线 front line of hood

帽嘴止口轮廓线,见图 113。

6.1.91

帽前口线 front curve of hood

帽前口轮廓线,见图 113。

6.1.92

帽顶线 centre back line of hood

帽顶轮廓线,见图 113。

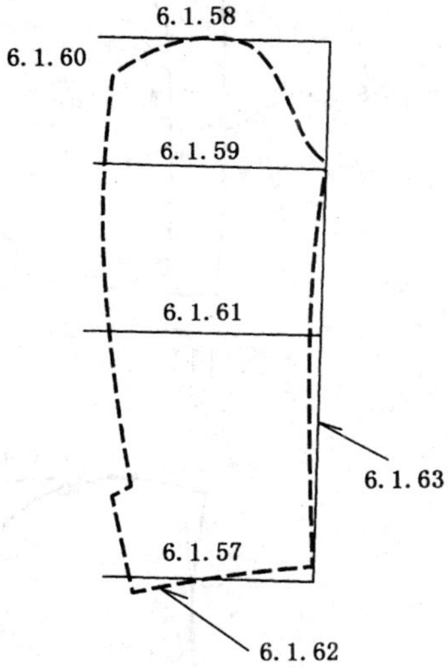

图 102

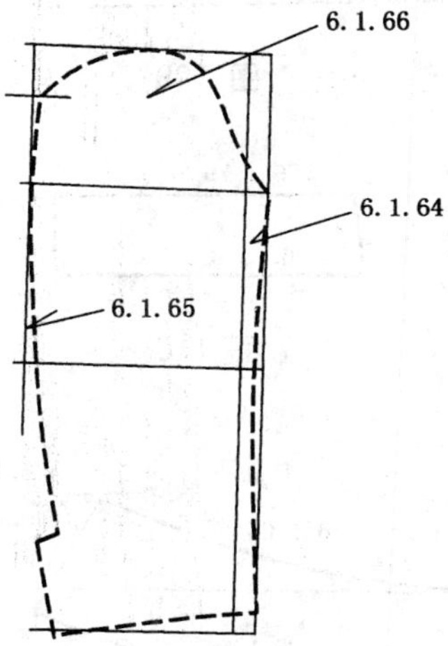

图 103

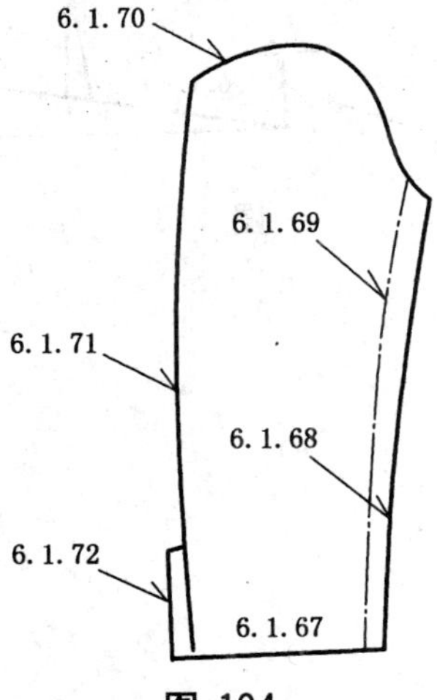

图 104

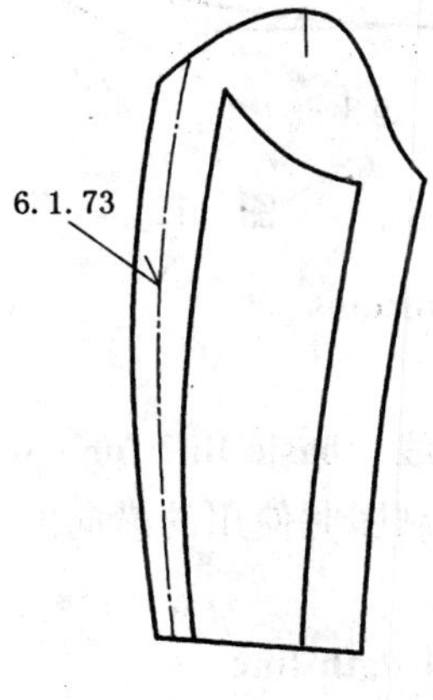

图 105

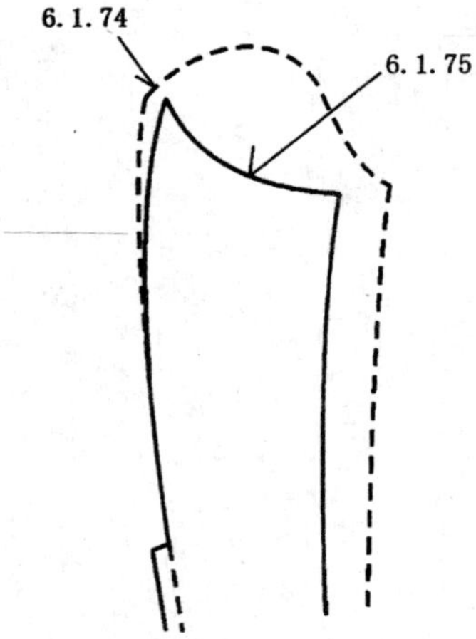

图 106

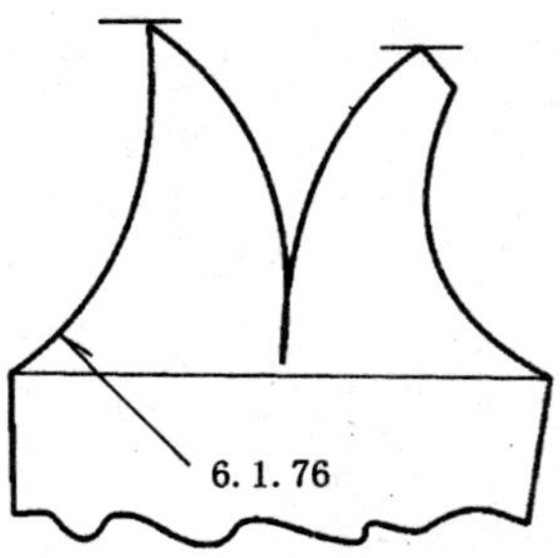

图 107

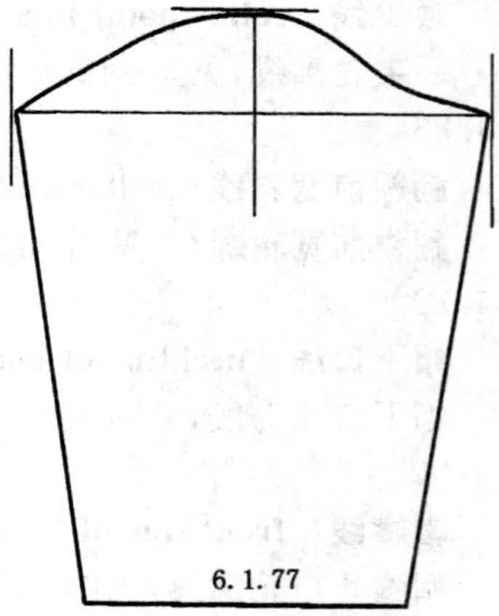

图 108

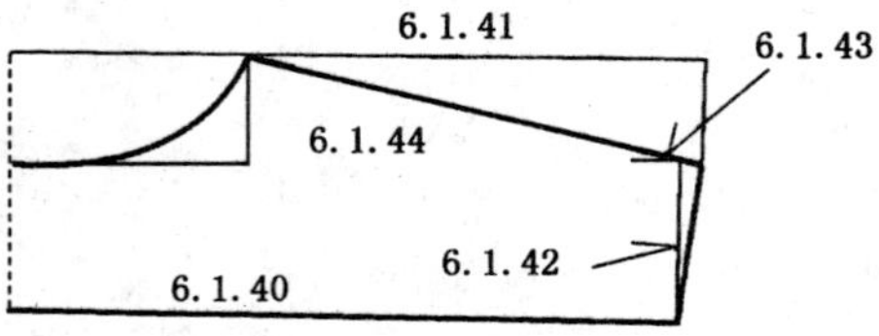

图 109

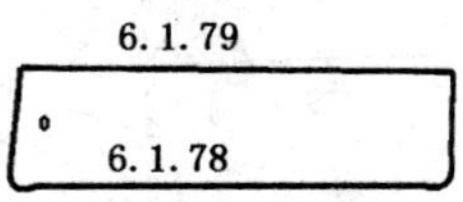

图 110

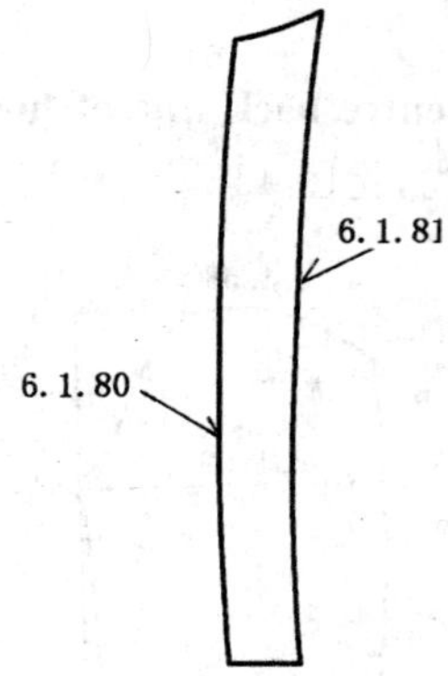

图 111

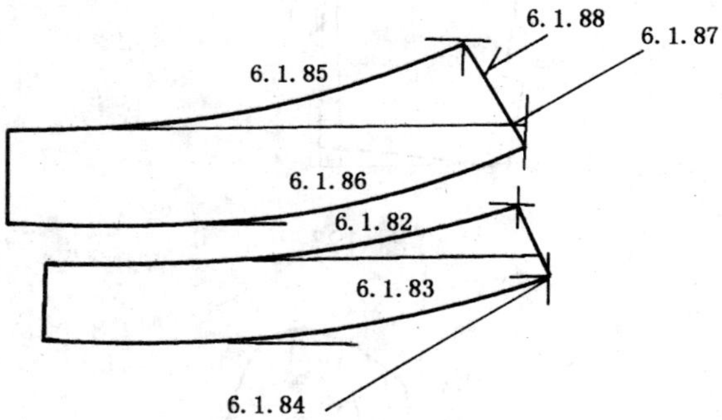

图 112

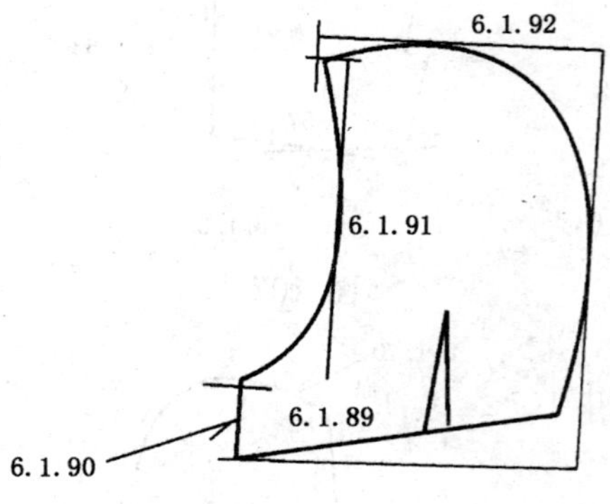

图 113

6.2 下装 bottoms

6.2.1

裤子基本线 basic line for trousers

裤子裁剪制图时使用的横向的水平基础线条，见图 114。

6.2.2

裤长线 length line

与裤子基本线平行，确定裤长的水平位置线，见图 114。

6.2.3

横裆线 thigh line

与裤长线平行,表示上裆的横向基础线,见图 114。

6.2.4

臀围线 hip line

与裤长线平行,表示臀部的横向基础线,见图 114。

6.2.5

中裆线 knee line

与裤长线平行,表示膝部的基础线,见图 114。

6.2.6

侧缝直线 side seam line

与裤长线垂直,表示围度尺寸的纵向基础线,见图 114。

6.2.7

前裆直线 front crotch line

与侧缝直线平行,表示前臀围宽度的纵向基础线,见图 115。

6.2.8

前裆内撇线 front crotch seam line

与前裆直线平行,表示前裆缝内撇尺寸的纵向基础线,见图 115。

6.2.9

小裆宽线 front crotch width line

与前裆直线平行,表示小裆宽度的基础线,见图 115。

6.2.10

烫迹线 crease line

与裤子基本线垂直,表示前后裤片烫迹的基础线,见图 115。

6.2.11

前腰围线 waist line

在裤长线上确定腰围尺寸的基础线,见图 115。

6.2.12

中裆围线 knee line

在中裆线上确定膝围尺寸的基础线,见图 115。

6.2.13

脚口围线 bottom line

在裤子基本线上确定裤口尺寸的基础线,见图 115。

6.2.14

侧缝弧线 side seam

裤子外侧的轮廓线,见图 116。

6.2.15

直袋位线 side vertical pocket position

表示直袋口位置和大小的结构线,见图 116。

6.2.16

前裆弧线 front crotch curve

前裆轮廓线,见图 116。

6.2.17

下裆线 inseam line

裤子内侧的轮廓线,见图 116。

6.2.18

裥位线 pleat position line

表示裤腰处打裥的结构线,见图 116。

6.2.19

落裆线 back crotch line

与横裆线平行,表示后裤片裆深下落尺寸的基础线,见图 117。

6.2.20

后翘线 upline of waist

表示后裤腰起翘高度的基础线,见图 117。

6.2.21

后腰缝线 back waist seam

后裤片腰缝的轮廓线,见图 117。

6.2.22

后裆宽线 curve width line of back croth seam

位于落裆线上由腰围至臀围尺寸决定的表示后裆宽度的结构线,见图 118。

6.2.23

后裆弧线 back crotch curve

后裆缝轮廓线,见图 118。

6.2.24

后省线 waist dart line

表示后裤片裤腰处收省的位置线,见图 118。

6.2.25

后袋线 hip pocket position line

后袋位置线,见图 118。

6.2.26

腰头上口线 waistband roll line

腰头最上部的结构线,见图 119。

6.2.27

腰头下口线 waistband underline

腰头与裤身缝合处的结构线,见图 119。

6.2.28

门襟止口线 fly edge line

门襟止口处的轮廓线,见图 120。

6.2.29

门襟外口线 fly facing outside edge

门襟外口处的轮廓线,见图 120。

6.2.30

里襟里口线 fly shield inside edge

里襟里口轮廓线,见图 120。

6.2.31

里襟外口线 fly shield outside edge

里襟外口轮廓线，见图 120。

6.2.32

裙子基本线 basic line

裙子裁剪制图时使用的水平基础线，见图 121。

6.2.33

裙长线 length line

与裙子基本线平行，确定裙长的基础线，又称为上平线，见图 121。

6.2.34

裙侧缝线 side seam line

裙侧缝的轮廓线，见图 121。

6.2.35

裙腰缝线 waist seam line

裙腰缝轮廓线，见图 121。

6.2.36

裙裥位线 pleat position line

裙子打裥的位置线，见图 121。

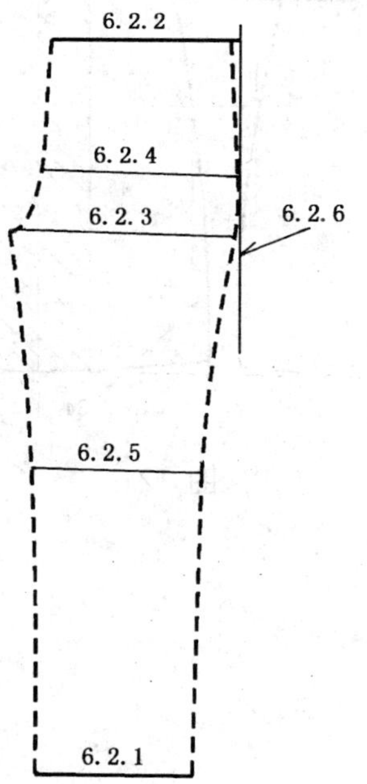

图 114

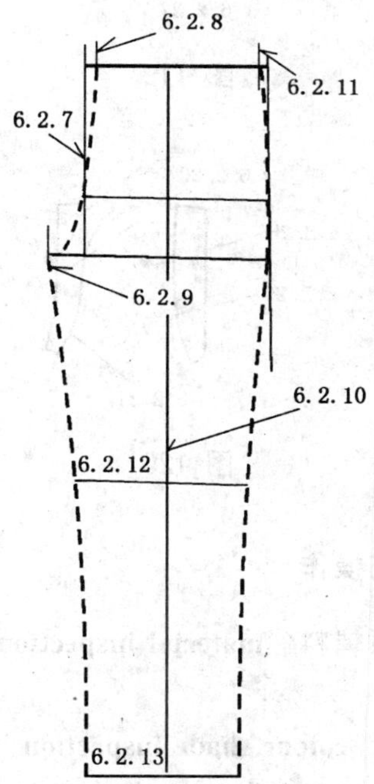

图 115

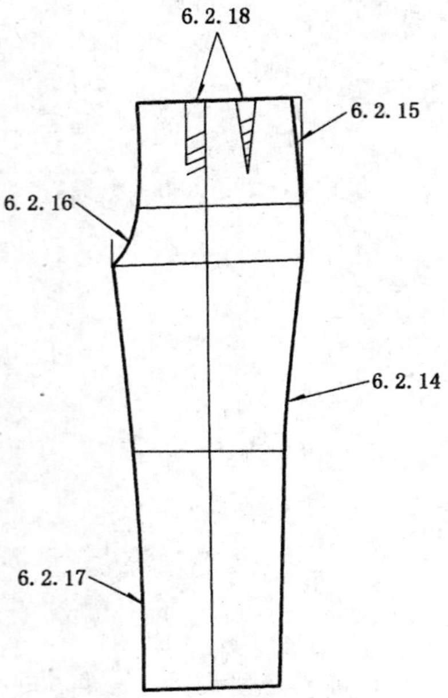

图 116

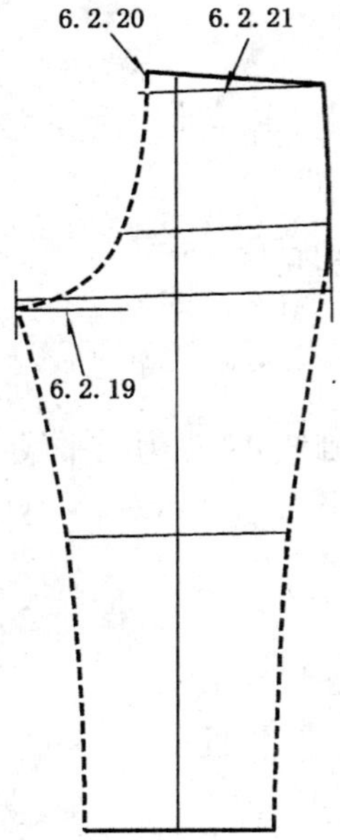

图 117

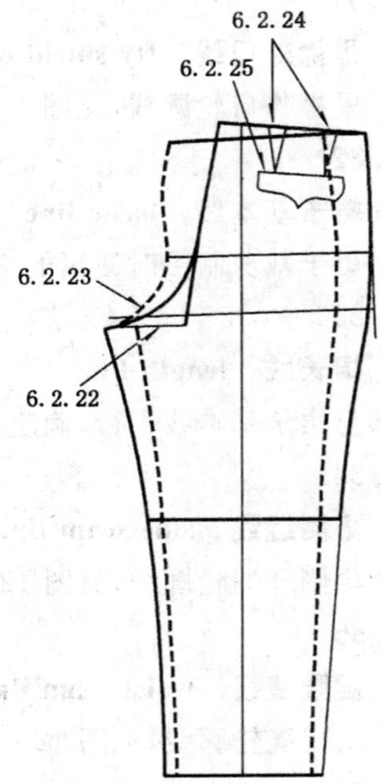

图 118

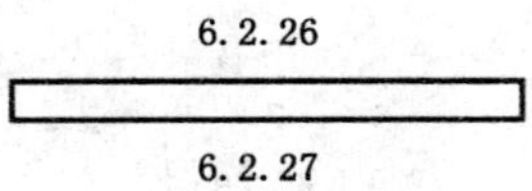

图 119

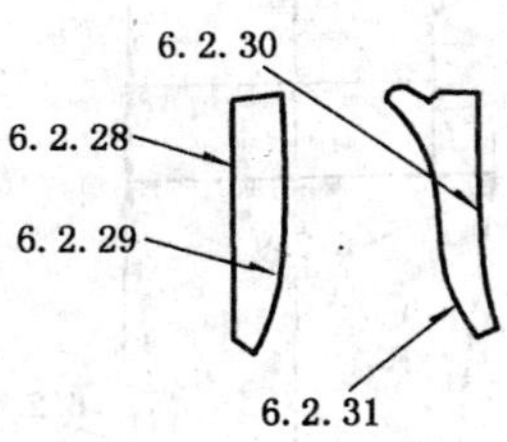

图 120

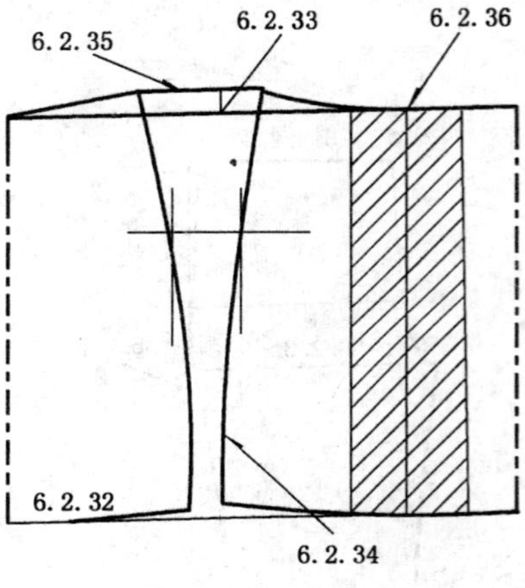

图 121

7 服装工艺操作

7.1 检查原辅料 material inspection

7.1.1

验色差 colour shade inspection

检查原、辅料色泽级差,按色泽级差归类。

7.1.2

查疵点 inspection for defect

检查原、辅料疵点。

7.1.3

查污渍 inspection for spot

检查原、辅料污渍。

7.1.4

分幅宽 **fabrics width grouping**

原、辅料门幅按宽窄归类。

7.1.5

查衬布色泽 **checking interlining**

检查衬布色泽，按色泽归类。

7.1.6

查纬斜 **inspection for skewness**

检查原料纬纱斜度。

7.1.7

复米 **roll length audit**

复查每匹原、辅料的长度。

7.1.8

理化试验 **physical and chemical test**

测定原辅料的物理、化学性能。

7.2 **裁剪** **cutting**

7.2.1

烫原辅料 **wrinkle removal**

熨烫原辅料折皱印。

7.2.2

自然回缩 **fabric relaxing**

原辅料打开放松，自然通风收缩。

7.2.3

排料 **layout**

排出用料定额。

7.2.4

计算机裁剪 **computer aided cutting**

由计算机中心控制的裁床，按照磁盘上的排料图文件，进行衣片裁剪。

7.2.5

服装 CAM **clothing computer-aided manufacturing**

利用计算机辅助生产。

7.2.6

服装 CAD **computer-aided garment design**

利用计算机进行服装款式的设计、纸样绘制、排料、放码等工作。

7.2.7

铺料 **spreading**

按照排料的长度、层数，把面料平铺在裁床上。

7.2.8

划样 **marking**

用样板或漏划板按不同规格在原料上划出衣片裁剪线条。

7.2.9

版样 **pattern**

记录服装结构图及相关技术规定（缝份、布纹方向、对位点、规格等）的纸板的统称。

7.2.10

纸样　paper pattern

软质纸的版样。

7.2.11

板样　pasteboard pattern

硬质纸的版样，亦称样板。

7.2.12

布样　cloth pattern

布质的版样、立裁中产生的版样。

7.2.13

复查划样　marker audit

复核划样结果。

7.2.14

裁剪　cutting

按划样裁成衣片。

7.2.15

钻眼　drilling

用电钻在裁片上做出缝制标记。又称为“扎眼”。

7.2.16

打刀口　notching

按划样标记打上剪口。又称为“打剪口”。

7.2.17

分片　identifying and bundling

裁片分开整理。

7.2.18

打粉印　chalking

用粉片在裁片上做出缝制标记。

7.2.19

编号　numbering

裁好的衣片按顺序编上号码。

7.2.20

查裁片刀口　checking notches

检查裁片刀口质量。

7.2.21

配零料　assigning sundries

配零部件料。

7.2.22

钉标签　attaching label

将有顺序号的标签钉在衣片上。

7.2.23

验片　cut piece inspection

检查裁片质量。

7.2.24

织补　darning

修补裁片织疵。

7.2.25

换片　changing defective pieces

调换不符合质量的裁片。

7.2.26

冲上下领衬　punching collar interlining

用模具冲压领子的上领和下领的衬布。

7.2.27

冲袖头衬　punching cuff interlining

用模具冲压袖头的衬布。

7.3　**缝制　sewing**

7.3.1　**男毛呢服装　men's woollen garment**

7.3.1.1

修片　trimming pieces

修剪毛坯裁片。

7.3.1.2

打线丁　making tailor's tack

用异色棉纱线在裁片上做出缝制标记。

7.3.1.3

剪省缝　slashing dart

毛呢服装省缝剪开。

7.3.1.4

环缝　overcasting stitches

毛呢服装剪开的省缝用环形针法绕缝。

7.3.1.5

缉省缝　sewing darts

省缝折合机缉缝合。

7.3.1.6

烫省缝　pressing dart open

省缝坐倒熨烫或分开熨烫。

7.3.1.7

归拔前片　blocking front piece

将平面前衣片推烫成立体衣片。

7.3.1.8

缉衬省　stitching dart of interlining

机缉衬布省道。

7.3.1.9

缉衬　stitching interlining

机缉前身衬布。

7.3.1.10

烫衬　pressing interlining

熨烫缉好的胸衬。

7.3.1.11

敷胸衬　attaching interlining

前衣片敷上胸衬。

7.3.1.12

粘衬　pressing interfacing

用粘合机将某些部位衣片和粘合衬进行热压粘合。

7.3.1.13

纳驳头　pad-stitching lapel

手工或机扎驳头。又称为扎驳头。

7.3.1.14

敷止口牵条　taping front edge

牵条布敷上止口部位。

7.3.1.15

敷驳口牵条　taping lapel roll line

牵条布敷上驳口部位。

7.3.1.16

拼袋盖里　matching flap facing

袋盖里拼接。

7.3.1.17

做袋盖　making flap

袋盖面和里机缉缝合。

7.3.1.18

翻袋盖　turning over flap

袋盖正面翻出。

7.3.1.19

做插笔口　making an opening for pen on the flap

在小袋盖上口做插笔开口。

7.3.1.20

滚袋口　binding pocket mouth

毛边袋口用滚条包光。

7.3.1.21

缉袋嵌线　stitching bound pocket

袋嵌线料缉在开袋上。

7.3.1.22

开袋口　cutting pocket mouth

将缉好袋嵌线的袋口剪开。

7.3.1.23

封袋口　stitching ends of pocket mouth

袋口两头机缉封口。

7.3.1.24

缉转袋布　stitching pocket bag

袋布双层缝合。

7.3.1.25

拼接挂面　stitching facing

手工或机缝拼接挂面。

7.3.1.26

拼接耳朵皮　stitching flange

手工或机缝拼接耳朵皮。

7.3.1.27

敷挂面　attaching facing

挂面敷在前衣片止口部位，即敷过面。

7.3.1.28

合止口　joining front edge

门里襟止口机缉缝合。

7.3.1.29

修剔止口　trimming front edge

止口缝毛边剪窄，剔薄。

7.3.1.30

扳止口　whipstitching front edge

止口缝毛边与前身衬布用斜针扳牢。

7.3.1.31

撬止口　basting front edge

翻出的止口扎一道临时固定线。

7.3.1.32

叠挂面　basting front facing

将挂面和大身扎在一起。

7.3.1.33

合背缝　joining center back seam

背缝机缉缝合。

7.3.1.34

归拔后背　blocking back piece

将平面后衣片按体型归烫成立体衣片。

7.3.1.35

敷袖窿牵条　taping armhole

牵条布缝上后衣片的袖窿部位。

7.3.1.36

敷背叉牵条　taping back vent

牵条布缝上背叉沿口部位。

7.3.1.37

封背叉　bartacking back vent

背叉封结。

7.3.1.38

合摆缝　joining side seam

摆缝机缉缝合。

7.3.1.39

分烫摆缝　pressing open side seam

摆缝缉缝分开熨烫。

7.3.1.40

扣烫底边　folding and pressing hem

衣边折转熨烫。

7.3.1.41

叠底边　basting hem

底边扣烫后扎一道临时固定线。

7.3.1.42

叠摆缝　basting side seam

将里子和面子的摆缝扎在一起。

7.3.1.43

倒钩袖窿　back-stitching armhole

沿袖窿用倒钩针法缝扎。

7.3.1.44

合肩缝　joining shoulder seam

肩缝机缉缝合。

7.3.1.45

分烫肩缝　pressing open shoulder seam

肩缝缉缝分开熨烫。

7.3.1.46

叠肩缝　slip-stitching shoulder seam

肩缝缝头与衬扎牢。

7.3.1.47

做垫肩　making shoulder pad

用布和棉花等做成垫肩。

7.3.1.48

装垫肩　setting shoulder pad

垫肩装在袖窿肩头部位。

7.3.1.49

倒钩领窝　back-stitching neckline

沿领窝用倒钩针法缝扎。

7.3.1.50

拼领衬　joining collar interlining

领衬拼缝机缉缝合或粘合搭拼。

7.3.1.51

拼领里　applying interlining to collar

领里拼缝机缉缝合。

7.3.1.52

缉领里　top-stitching under collar

机缉领里。

7.3.1.53

归拔领里　blocking under collar

领里归拔熨烫。

7.3.1.54

归拔领面　blocking top collar

领面归拔熨烫。

7.3.1.55

敷领面　attaching under collar to top collar

领面敷上领里。

7.3.1.56

合领子　joining under collar and top collar

领面、里机缉缝合。

7.3.1.57

翻领子　turning over collar

领子正面翻出。

7.3.1.58

做领舌　making collar band ends

做中山服底领探出的里襟。

7.3.1.59

包底领　stitching collar band

中山服底领包转机缉。

7.3.1.60

绱领子　sewing collar on and down

领子装上领窝。

7.3.1.61

分烫绱领缝　pressing open collar seam

绱领缉缝分开熨烫。

7.3.1.62

分烫领串口　pressing open gorge line seam

领串口缉缝分开熨烫。

7.3.1.63

叠领串口　slip-stitching gorge seam

领串口缝与绱领缝扎牢。

7.3.1.64

包领里　turning over top collar seam allowances and catch-stitching

西装、大衣领面外口包转，用曲折缝机与领面缝合。

7.3.1.65

上下领缝合　attaching band to collar

中山服或衬衫领上下结合。

7.3.1.66

压烫领脚　pressing collar

装领完毕后，将前后领圈放平用熨斗压烫绱领缝子部分。

7.3.1.67

归拔偏袖　blocking sleeve

偏袖部位,归拔熨烫。

7.3.1.68

合袖缝　joining sleeve seam

袖缝机缉缝合。

7.3.1.69

分烫袖缝　pressing open sleeve seam

袖缝缉缝分开熨烫。

7.3.1.70

缲袖叉　slip-stitching sleeve slit

袖叉边与袖口贴边缲牢。

7.3.1.71

叠袖里缝　matching and stitching sleeve lining seam allowance

袖子面、里缉缝对齐扎牢。

7.3.1.72

翻袖子　turning over sleeve

袖子正面翻出,即缝袖山头吃势。

7.3.1.73

收袖山　easing sleeve cap

收缩袖山松度或缝吃头。

7.3.1.74

绱袖　setting in sleeve

袖子装在袖窿上。

7.3.1.75

缲袖窿　slip-stitching sleeve lining to garment lining

攘袖窿里子。

7.3.1.76

压烫袖窿　pressing armhole

装袖完毕,将袖窿按圆形放平(分段)用熨斗压烫绱袖缝子部分。

7.3.1.77

滚袖窿　binding armhole

用滚条将袖窿毛边包光。

7.3.1.78

缲领钩　attaching hook to collar band

底领领钩开口处用手工缲牢。

7.3.1.79

缲领下口　slip-stitching collar to garment

领里下口与大身缲牢。

7.3.1.80

叠暗门襟　slip-stitching facing

暗门襟眼距间用暗针缝牢。

7.3.1.81

绣底边　blind stitching hem

底边与大身绣牢。

7.3.2　**女毛呢服装　women's woolen garment**

7.3.2.1

合刀背缝　stitching princess line

刀背缝机缉缝合。

7.3.2.2

烫刀背缝　pressing princess line

刀背缝缉缝坐倒或分开熨烫。

7.3.2.3

定眼位　marking button position

划准扣眼位置。

7.3.2.4

滚扣眼　bounding buttonhole

用滚眼料把扣眼毛边包光。

7.3.2.5

开扣眼　cutting buttonhole

扣眼剪开。

7.3.2.6

挂面滚边　bias binding facing

挂面里口毛边用滚条包光。

7.3.2.7

合领面　joining top collar

领面拼缝机缉缝合(合领里与此同)。

7.3.2.8

做袋爿　making welt pocket

袋爿缝扣转摞上里子。

7.3.2.9

做袋　making pocket

做各种袋。

7.3.2.10

绱袋　attaching pocket to garment

口袋装在袋位上。

7.3.2.11

翻小袢　turning over tab

小袢正面翻出。

7.3.2.12

绱袖袢　attaching sleeve tab

袖袢装在袖口上规定的部位。

7.3.2.13

合腰带　stitching waistband and lining

腰带机缉缝合。

7.3.2.14

翻腰带　turning over waistband

腰带正面翻出。

7.3.2.15

倒烫里子缝　pressing lining seam rolling to underside

里子缉缝压倒熨烫。

7.3.2.16

合大身面里　stitching garment and lining together

大身面里机缉缝合。

7.3.2.17

翻里子　turning over lining

面、里正面翻出。

7.3.2.18

敷里子　attaching lining to garment

里子敷上大身。

7.3.2.19

绣扣眼　slip-stitching buttonhole

扣眼毛边折光绣牢。

7.3.3　衬衫　shirts and blouses

7.3.3.1

热缩领面　pressing top collar for preshrinking

领面通过一定温度进行防缩处理。

7.3.3.2

粘领衬　fusing interlining

领衬与领面三边沿口上浆粘合。

7.3.3.3

压领角　pressing collar point

上领翻出后领角热定型。

7.3.3.4

夹下领　attaching collar to band

翻领夹进底领机缉缝合。

7.3.3.5

扣烫过肩　folding and pressing back yoke

过肩毛边折转扣烫。

7.3.3.6

绱过肩　setting back yoke

过肩缉在衣片上。

7.3.3.7

绱明门襟　attaching facing

门襟装在前衣片止口上。

7.3.3.8

镶嵌线　piping and binding

用嵌线料镶在衣片上。

7.3.3.9

缉明线　top stitching

机缉服装表面线迹。

7.3.3.10

钩袖头　joining sleeve bottom

袖头面里的缝合。

7.3.3.11

翻袖头　turning over cuff

将兜好的袖头面翻出。

7.3.3.12

绱袖叉条　stitching placket tape to sleeve

袖叉条装在袖叉位。

7.3.3.13

封袖叉　top stitching close to placket

袖开叉机缉封牢。

7.3.3.14

绱袖头　attaching cuff to sleeve

袖头与袖子缝合。

7.3.3.15

绱橡筋　attaching elastic

橡筋装在部件上。

7.3.3.16

定扣位　marking button position

标出钮扣位置。

7.3.3.17

锁扣眼　sewing buttonhole

扣眼毛边用线锁光，分机锁和手工锁眼。

7.3.3.18

钉扣　sewing button

钮扣钉在钮位上。

7.3.4　**中式服装　Chinese costume**

7.3.4.1

刮浆　srnearing pasting

在用浆部位把浆刮匀。

7.3.4.2

抬裉缝剪口　notching underarm seam allowance

中式服装抬裉缉缝剪眼刀。

7.3.4.3

划绗缝线　marking quilting line

划出绗棉间隔标记。

7.3.4.4

绗棉　quilting

按绗棉标记机缉或手工绗缝。

7.3.4.5

缲钮袢　slip-stitching button loops

钮袢边折光缲缝。

7.3.4.6

盘花钮　making Chinese frog

用搛好的钮袢条按花型盘成各种钮扣。

7.3.4.7

钉钮袢　sewing button loop

钮袢钉上门里襟钮位。

7.3.4.8

钉领钩袢　attaching hook and eye

领钩袢钉在领口部位。

7.3.4.9

镶边　making bias binding as a decorative trim

用镶边料装在衣片边上。

7.3.5　西裤　trousers

7.3.5.1

拔裆　blocking crotch

将平面裤片拔烫成立体裤片。

7.3.5.2

敷袋口牵条　attaching pocket stay

牵条布缝上袋口。

7.3.5.3

扣烫膝盖绸　folding and pressing knee kicker

膝盖绸上下口毛边折转熨烫。

7.3.5.4

缲膝盖绸　slip-stitching knee kicker

膝盖绸与前裤片缲牢。

7.3.5.5

合侧缝　joining side seam

裤侧缝机缉缝合。

7.3.5.6

合腰头　stitching waistband and lining

腰头面里机缉缝合。

7.3.5.7

翻腰头　turning over waistband

腰头正面翻出。

7.3.5.8

合串带袢　making belt loops

串带袢机缉缝合。

7.3.5.9

翻串带袢　turning over belt loops

串带袢正面翻出。

7.3.5.10

绱拉链 attaching zipper

拉链装在门里襟上。

7.3.5.11

翻门袢 turning over fly facing

门袢缉好后正面翻出。

7.3.5.12

翻里襟 turning over fly shield

里襟缉好后正面翻出。

7.3.5.13

绱门袢 attaching fly facing

门袢装在裤门襟上。

7.3.5.14

绱里襟 attaching fly shield

里襟装在里襟片上。

7.3.5.15

缉裥 stitching pleat

前身裤腰口打裥机缉。

7.3.5.16

绱腰头 sewing on waistband

腰头装在裤腰上缝合。

7.3.5.17

绱串带袢 tacking loops to waistband

串带袢装在腰头上。

7.3.5.18

绱雨水布 attaching trouser curtain

雨水布绱在裤腰里下口。

7.3.5.19

合下裆缝 joining inseam

下裆缝机缉缝合。

7.3.5.20

合前后缝 joining crotch

前后裆缝机缉缝合。

7.3.5.21

封小裆 bartacking front crotch

小裆开口机缉或手工封口。

7.3.5.22

钩后裆缝 backstitching back crotch

后裆缝弯处用粗线倒钩针法缝扎。

7.3.5.23

扣烫裤底 folding and pressing crotch reinforcement stay

裤底外口毛边折转熨烫。

7.3.5.24

绱大裤底 attaching back crotch stay

裤底装在后裆十字处缝合。

7.3.5.25

花绷十字缝 cross-stitching crotch

裤裆十字缝分开绷牢。

7.3.5.26

扣烫贴脚条 folding and pressing heel stay

裤脚口贴条扣转熨烫。

7.3.5.27

绱贴脚条 attaching heel stay

贴脚条绱在裤脚口里沿边。

7.3.5.28

叠卷脚 making French tack at cuff

裤脚翻边在侧缝下裆缝处缝牢。

7.3.5.29

钉裤钩袢 attaching hook and eye to waistband

裤钩袢钉在门里襟腰头上。

7.3.6 **其他 others**

7.3.6.1

合裙缝 joining side seam

裙缝机缉缝合。

7.3.6.2

抽碎褶 gathering

用缝线抽缩成不定型的细褶。

7.3.6.3

叠顺褶 forming and stitching flat pleats

缝叠一顺方向的裥子。

7.3.6.4

合帽缝 joining hood seams

帽缝机缉缝合。

7.3.6.5

绱帽沿条 taping hood

帽贴边缉上帽前面止口部位。

7.3.6.6

合帽面里 attaching lining to hood

帽子面里机缉缝合。

7.3.6.7

翻帽子 turning hood to right side

帽子正面翻出。

7.3.6.8

绱帽 attaching hood to garment

帽子装在领窝上。

7.3.6.9

拉线襻　making French tack

用单线或多股线编成线带，在服装上起固定个别零件作用。

7.3.6.10

针距　stitch size spacing

缝制过程中，每两针眼之间的距离。通常用单位长度的针数表示。

7.4　缝型　seam types

7.4.1

包缝　overlock stitch

用包缝机将衣片毛边包光。

7.4.2

明包缝　flat felled seam

明包明缉的缝型，见图 122。

7.4.3

暗包缝　welt seam

暗包明缉的缝型，见图 123。

7.4.4

来去缝　French seam

先缉正面窄缝，修剪毛梢后，再次在反面缉一道线，见图 124。

7.4.5

分缝　open seam

缝子缉好后，毛缝向两边分开，见图 125。

7.4.6

坐倒缝　plain seam

缝子缉好后毛缝单边坐倒，见图 126。

7.4.7

坐缉缝　lap seam

毛缝单边坐倒，正面压一道明线，见图 127。

7.4.8

分缉缝　double top-stitched seam

毛缝两边分开，两边各压一道明线，见图 128。

7.4.9

压缉缝　top-stitched lapped seam

上层缝口折光，摊平，正面压缉一道明线，见图 129。

7.4.10

漏落缝　self-bound seam with sink stitch

明线缉在分缝中或沿缉缝处。又称为灌缝，见图 130。

7.4.11

分坐缉缝　top-stitched open seam

把缉缝坐倒，缝口分开，在坐缝上压缉一道线，见图 131。

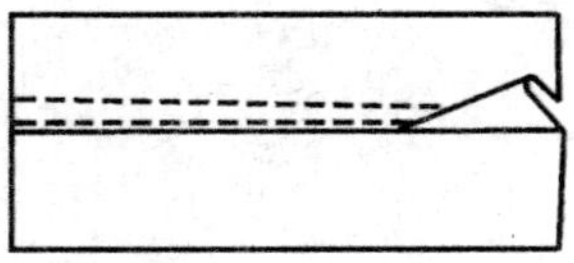

图 122

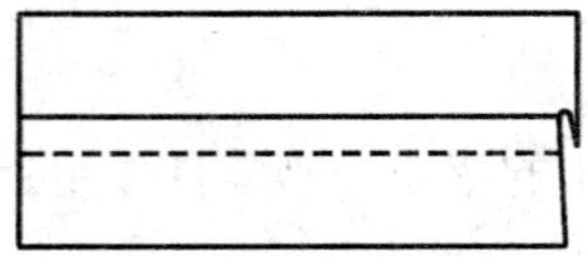

图 123

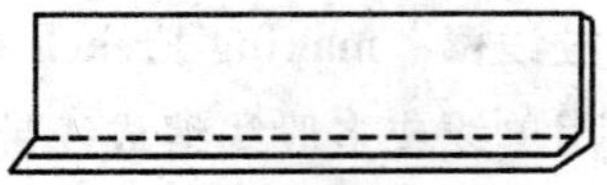

图 124

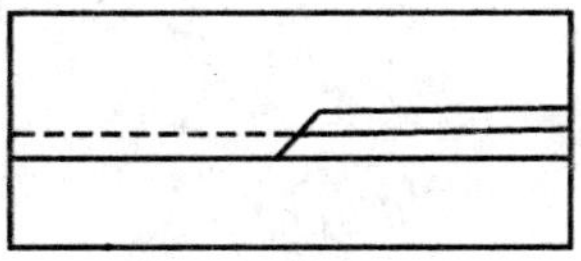

图 125

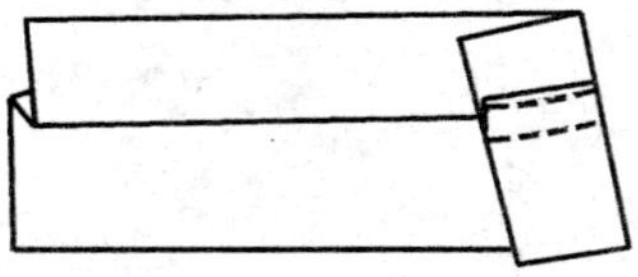

图 126

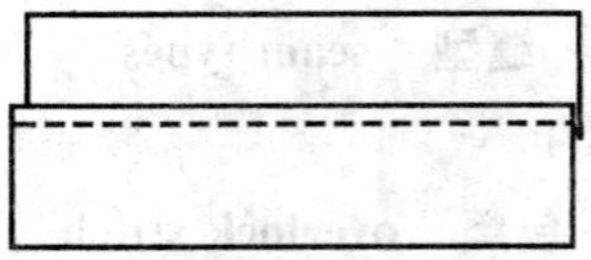

图 127

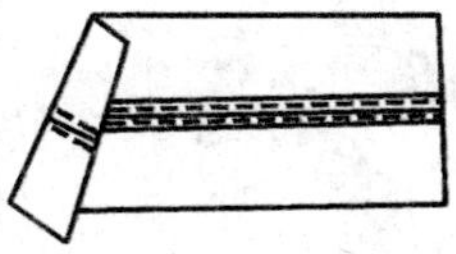

图 128

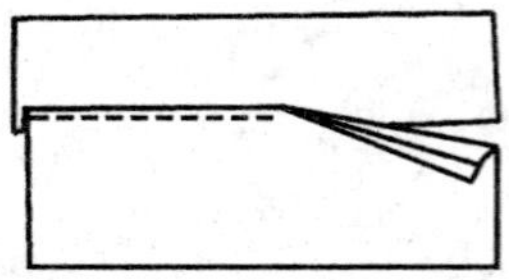

图 129

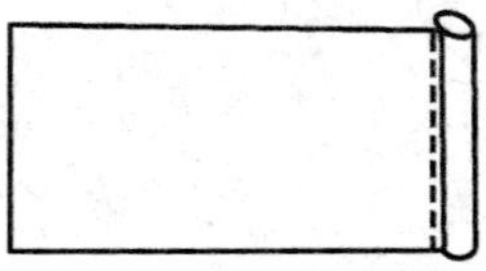

图 130

图 131

7.5 各类针法 kinds of stitch

7.5.1

纳针 pad stitch

纳驳头用的针法，见图 132。

7.5.2

环针 overcast stitch

毛缝口环光的针法，见图 133。

7.5.3

擦针 running stitch

牵条布擦在衬布的针法，见图 134。

7.5.4

擽针 baste stitch

临时固定的针法，见图 135。

7.5.5

暗纤针 blind stitch

线迹缝在底边缝口内的针法，见图 136。

7.5.6

明纤针 slant stitch

线迹露在外面的针法，见图 137。

7.5.7

三角针 catch stitch

绷三角形针法，见图 138。

7.5.8

柳树花针 feather stitch

杨柳花形针法，见图 139。

7.5.9

倒钩针　back stitch

倒钩形的针法,见图 140。

7.5.10

拱针　prick stitch

用于手工拱缝的针法,见图 141。

7.5.11

扳针　diagonal slip stitch

止口毛缝与衬布扳牢的针法,见图 142。

7.5.12

叠针　fastening stitch

面里毛缝对齐扎牢的针法,见图 143。

7.5.13

缝针　hand plain stitch

针距相等的手缝针法,见图 144。

7.5.14

绗针　quilting

棉服装手工绗棉的针法,见图 145。

7.5.15

锁针　buttonhole stitch

手工锁眼的针法,见图 146。

7.5.16

倒回针　back stitch

缝纫开始与终止时加固的针法,见图 147。

7.5.17

打套结　bar tack

手针或机打套结。

7.5.18

贯针　fasten slip stitch

用于缝份折光后对接的针法,能直观解决斜纱部位的缝合。一般用于西服领串口部位。

图 132

图 133

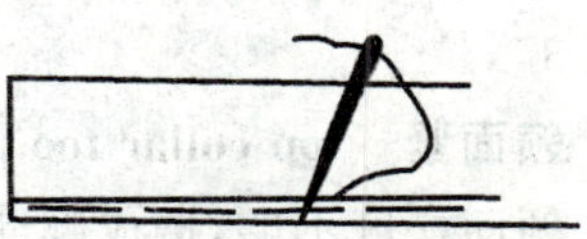

图 134

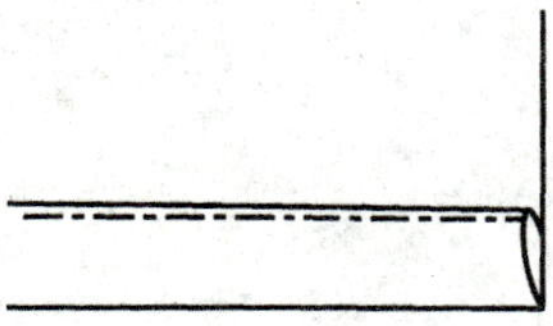

图 135

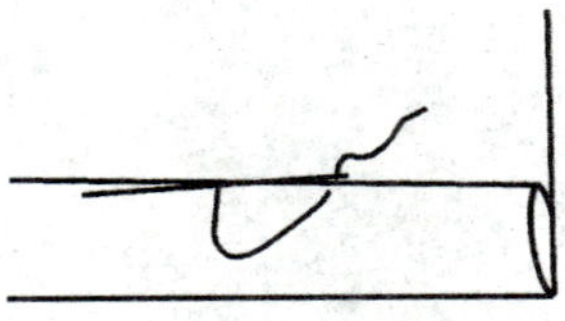

图 136

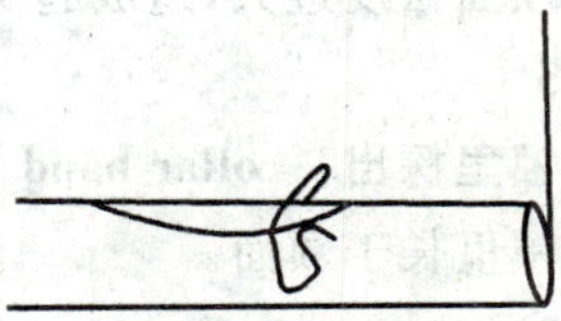

图 137

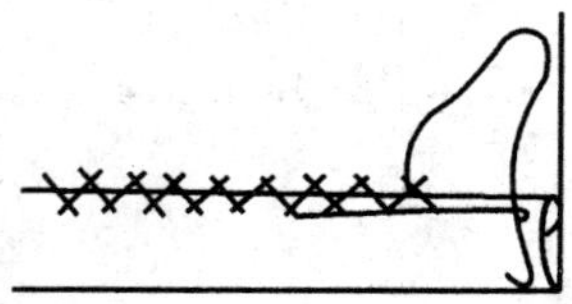

图 138

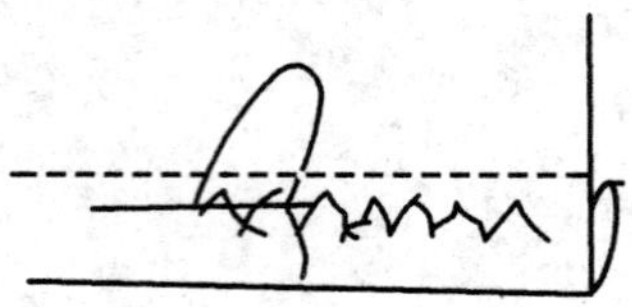

图 139

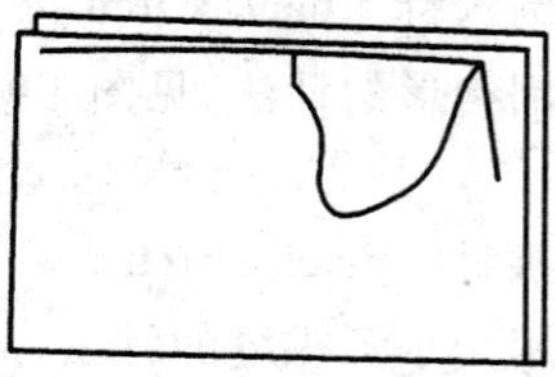

图 140

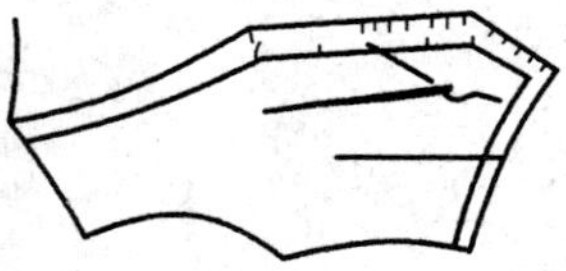

图 141

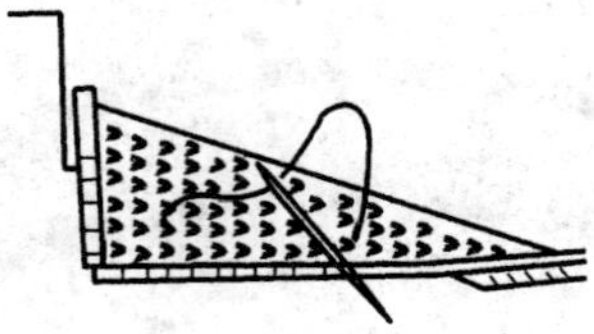

图 142

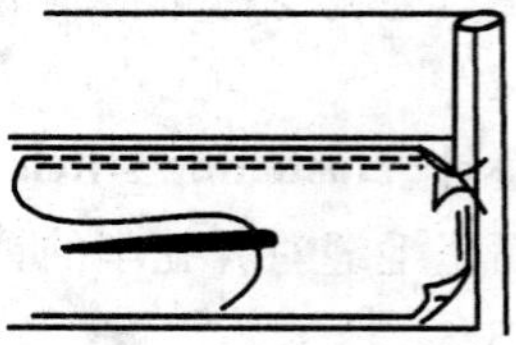

图 143

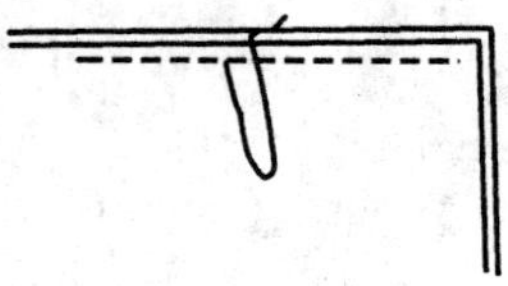

图 144

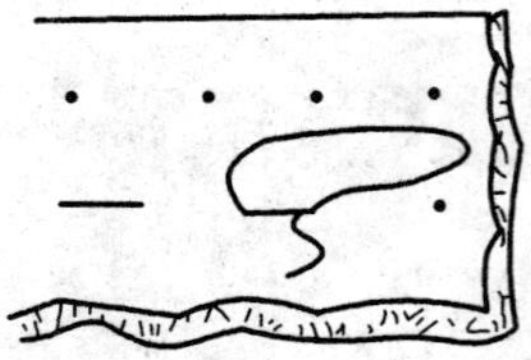

图 145

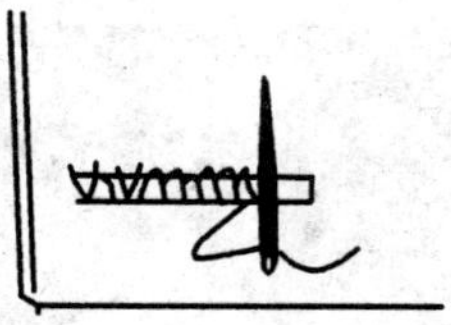

图 146

图 147

8 服装成品缺陷

8.1 领部位缺陷 defects in collar

8.1.1

领外口松 collar outer edge too loose

领外口不贴身。

8.1.2

领外口紧 collar outer edge too tight

大身领围处抽拢。

8.1.3

领面紧 top collar too tight

领面松度不够，造成翻翘。

8.1.4

领面松 top collar too loose

领面松度过大，造成起皱。

8.1.5

领里探出 collar band too long

领里长于领面。

8.1.6

领里缩进 collar band too short

领里短于领面。

8.1.7

绱领偏斜　unmatched collar

绱领不正。

8.1.8

底领起皱起绺　crimpy collar band

底领不平服。

8.1.9

领窝不平　uneven neckline

大身领围处吃势不匀。

8.1.10

后领窝起涌　circular wrinkle below back neckline

大身后领围处出兜。

8.1.11

底领外露　top collar uncover collar band

上领未盖住底领。

8.1.12

起泡　crimpy top collar

面料与粘合衬部分脱离。

8.1.13

驳头外口松　lapel outer edge too loose

驳头未到钮位。

8.1.14

驳头外口紧　lapel outer edge too tight

驳头超过钮位。

8.1.15

驳头反翘　lapel sticking up

驳头面松度不够。

8.1.16

驳头起皱　puckering lapel

驳头面松度过大。

8.1.17

驳口不直　uneven breakline

驳口线不顺直。

8.1.18

串口不直　uneven gorge line

驳领串口处缝迹不顺直。

8.1.19

领卡脖　tight neckline

横开领过小，领围放松度不够。

8.1.20

领离脖　loose neckline

领与脖之间的空隙太大。

8.2 **衣片部位缺陷 defects in pieces**

8.2.1

底边起绺 uneven hem

贴边与大身缝制不平服、不顺直。

8.2.2

背叉搅 crossed vent

背叉下部搭叠过多。

8.2.3

背叉豁 unmeet vent

背叉下部豁开。

8.2.4

后背下沉 back defect

后背袖窿部位下沉。

8.2.5

肩缝不顺直 shoulder seam defect

肩缝弯曲不平服。

8.2.6

绺肩 puckering on shoulder

小肩不平起皱。

8.2.7

塌肩 sloping shoulders

肩斜度过小，前后胸起绺。

8.2.8

后身吊 bodice back too short

后身短，底边不合身，后中线处抽紧。

8.2.9

塌胸 hollow chest

胸部定型与人体不符。

8.2.10

省尖起泡 dart bubble

省尖不平服。

8.2.11

腰胁不平服 wrong waist shaping

摆缝腰节处与人体不符。

8.3 **袋部位缺陷 defects in pocket**

8.3.1

袋盖反翘 flap sticking up

袋盖面紧。

8.3.2

袋盖止口反吐 unfavoring flap

袋盖里外露。

8.3.3

袋盖不顺直 uneven flap edge

袋盖边缘缝制走样。

8.3.4

袋口角不平　bound pocket defect

开袋角起皱。

8.3.5

袋口裂　unmeet bound pocket mouth

袋口嵌线豁开。

8.3.6

袋口不方正　pocket mouth defect

袋口角不方正。

8.3.7

袋、袋盖丝绺不正　pocket or flap out grain

袋口不平服，丝绺歪斜。

8.3.8

袋形走样　deformed pocket

贴袋、袋盖不方正，不圆顺。

8.4　**门襟部位缺陷　defects in closure**

8.4.1

止口反吐　unfavoring front edge

止口部位的里料外露。

8.4.2

止口角不方正　front edge defect

止口下角未翻足。

8.4.3

止口反翘　front edge sticking up

止口面料太紧。

8.4.4

止口不顺直　uneven front edge

缝制不当造成弯曲。

8.4.5

止口搅　crossed front edge

止口下部搭叠过多。

8.4.6

止口豁　unmeet front edge

止口下部豁开。

8.4.7

绱拉链起绺　uneven zipper

衣片、拉链、挂面松紧不一致。

8.4.8

门里襟长短　unmatched front fly

门里襟长短不一致。

8.5　**袖子部位缺陷　defects in sleeve**

8.5.1

前袖缝外翻　sleeve inseam swing out

前袖缝向袖大片翻出。

8.5.2

袖子偏前　sleeve hangs forward swing

绱袖位不正,袖口前倾。

8.5.3

袖子偏后　sleeve hangs back swing

绱袖位不正,袖口后倾。

8.5.4

绱袖不圆顺　uneven armhole

绱袖吃势不匀,线路不顺。

8.5.5

袖子起吊　sleeve defect

袖子面里不符,标记错位。

8.5.6

袖口起绺　uneven sleeve opening

袖口不平服。

8.5.7

袖里拧　twist sleeve lining

袖里、面错位。

8.5.8

裉窝起绺　wrinkle lower armhole

裉窝不平服。

8.5.9

抬裉缝起绺　tight lower armhole

裉缝抽紧。

8.6　**裤腰部位缺陷　defects in waist of pants**

8.6.1

腰头探出　waistband extansion

腰头前口不齐,与工艺要求不符。

8.6.2

腰缝起皱　uneven waist seam

绱腰不平服,面、里松紧不一致。

8.6.3

腰缝下口涌　unmatched waist line

腰缝下口有余量,与人体不符。

8.7　**裤裆部位缺陷　defects in crotch**

8.7.1

夹裆　tight crotch

后裆缝夹紧。

8.7.2

兜裆　short crotch

上裆短,吊紧。

8.7.3

后裆下垂　baggy seat

裤臀部下沉。

8.7.4

裆缝断线　thread breakage at crotch seam

前后裆缝缉线断裂。

8.7.5

小裆起绺　wrinkle front crotch

小裆不平。

8.7.6

里襟起皱　wrinkle fly shield

里襟不平服。

8.7.7

小裆豁口　thread breakage at front crotch

小裆缝裂开。

8.7.8

门襟起绺　uneven fly facing

门襟不平服。

8.7.9

下裆十字缝错位　unmatched crotch cross

前后裆缝交界处缝子没对准。

8.7.10

门襟止口反吐　unfavoring fly facing

门袢露出。

8.8　**裤脚裙身部位缺陷　defects in body of pants and skirt**

8.8.1

烫迹线外撇　creasing of leg curve to sideseam

烫迹线向侧缝方向甩。

8.8.2

烫迹线内撇　creasing of leg curve to inseam

烫迹线向下裆缝方向甩。

8.8.3

裤脚前后　unbalanced legs

裤子垂直提起，两条前烫迹线不重叠，又称为跑路。

8.8.4

吊脚　uneven leg

裤侧缝或下裆缝不顺直，不平服，起吊。

8.8.5

裤下口不齐　uneven leg hem

裤口边缘不顺直。

8.8.6

裤脚不对称　unsymmetrical leg

裤脚口大小，长短不一致。

8.8.7

裙裥豁开　unmeet pleat

裙裥定型后下部裂开。

8.8.8

裙身吊　hem pull up and stand away

裙下摆吊起。

8.8.9

裙浪不匀　uneven skirt flare

裙波浪大小不匀。

8.8.10

裙底边不圆顺　uneven skirt hem

裙底边弯曲不平服。

8.9　**线路　seam**

8.9.1

缉线上炕　sewing bow

线路缉在规定位置以上的部位。

8.9.2

缉线下炕　sewing bow

线路缉在规定位置以下的部位。

8.9.3

接线双轨　stagged seam

接线不重叠。

8.9.4

绗棉起绺　uneven quilting

绗棉不平。

8.9.5

缉线跳针　skipped stitches

缝迹出现不连贯。

8.9.6

浮线　floating

缝迹线松散。

8.9.7

戳毛　damage to fabric

针尖不光滑将面料钩毛。

8.9.8

眼皮　eyelid

缝子及应翻出部分的重叠层。

8.9.9

针孔　loops on the underside

针眼外露。

8.9.10

毛　loops on the top

毛边外露。

8.9.11

脱　thread breakage

缝纫脱线。

8.9.12

漏　missing stitches

该缝的未缝。

8.9.13

线头　thread end

缝纫后留在成品上的余线。

8.10　**整烫　pressing**

8.10.1

水花　water spot

熨烫造成的水渍。

8.10.2

亮光　pressing mark

熨烫后留在衣服上的光印。

8.10.3

污迹　spot

脏印。

8.10.4

烫黄　overpress

衣料烫变色。

8.10.5

烫熔　melt

熨烫温度过高使材质起破坏性理化变化。

9　服装专用工具

9.1　设计打样工具　instruments for designing

9.1.1

弯尺　French curve

制图时画弧线用的尺。

9.1.2

自由曲线尺　irregular curve

可任意改变弧度的尺。

9.1.3

比例尺　scale

按比例缩小并有刻度的尺。

9.1.4

镊子钳　tweezers

夹线头等用的工具。

9.1.5

样板纸　pattern paper

供打样板用的纸张。

9.1.6

锥子　bradawl

钻洞做标记的工具。

9.1.7

美工笔　art pen

画黑白效果图用笔。

9.1.8

拷贝箱　copying box

描印复制效果图用的灯箱。

9.2　**裁剪工具　instruments for cutting**

9.2.1

划粉　chalk

画线用的粉块。

9.2.2

裁剪剪刀　dressmaker's shears or tailor's shears

裁剪用的工具。

9.2.3

擂盘　tracing wheels

在纸样和衣片上做标记的工具。又称为"复描器"。

9.2.4

压料铁　weights

压料子用的工具。

9.2.5

电剪刀　electrically powered knife

用电作动力的裁剪刀。

9.2.6

拉布机　spreading machine

铺布用的机器。

9.2.7

冲头　punch

冲眼子用的工具。

9.3　**手工工具　instruments**

9.3.1

手缝针　sharps needle

手工缝制的工具。

9.3.2

插针包　pin-cushion

供插针用，有的套在手腕上。

9.3.3

顶针　thimble

用金属制成的护指套。

9.3.4

纱剪　thread clippers

专供修线头用的工具。

9.3.5

浆刀　paste knife

刮浆糊用的工具。

9.4 **机缝工具 instruments for sewing**

9.4.1

缝纫机针 sewing machine needle

机缝衣着用品的针。

9.4.2

缝纫机 sewing machine

缝制服装的机器。

9.4.3

专用缝纫机 special machine

钉扣、锁眼、打套结、包缝等用的专用机器。

9.5 **整烫工具 instruments for sewing**

9.5.1

水布 pressing cloth

熨烫服装时覆盖在上面的布。

9.5.2

垫呢 wool press cloth

熨烫服装用的较厚的垫布。

9.5.3

烫凳 tailor's press board

熨烫服装的工具。

9.5.4

铁凳 egg pad

熨烫肩部等部位的工具。

9.5.5

拱形烫木 clapper

烫后袖缝、摆缝等的工具。

9.5.6

布馒头 tailor's ham

熨烫胸部、臀部、驳口用的工具。

9.5.7

喷水壶 sprayer

熨烫时喷水用的工具。

9.5.8

电熨斗 electric iron

用电加温的熨烫工具。

9.5.9

蒸汽熨斗 steam iron

用蒸汽加热的整烫定型机。

9.6 **检验工具 instruments for inspection**

9.6.1

人体模型 mannequin

按照人的全身外形塑造的模型，又称为人台。

9.6.2

胸架 model

按照人的上半身外形塑造的模型。

9.6.3

钢卷尺 steel tape

以厘米或英寸为计量单位的钢卷尺。

9.6.4

色卡 standard colour card

检验服装材料色差级数的工具。

9.6.5

外观疵点样照 standard sample photo for checking spots

检验服装材料疵点范围的工具。

9.6.6

起皱样照 standard sample photo

检验服装缝制质量的工具。

9.6.7

贴纸 marking paper

直接粘在衣服上作标记用的纸。

汉语拼音索引

R

S

Z

英语对应词索引

A

B

C

D

E

F

G

H

L

M

P

Q

R

S

T

U

Y

Z

ICS 61.020
Y 75

中华人民共和国国家标准

GB/T 22044—2008

婴幼儿服装用人体测量的部位与方法

Location and method of infants' anthropometric surveys for garments

2008-06-18 发布　　2009-05-01 实施

中华人民共和国国家质量监督检验检疫总局
中国国家标准化管理委员会　发布

前 言

本标准非等效采用美国试验与材料协会标准 ASTM D 4910-07《婴幼儿人体测量标准表，0 至 24 码》(英文版)。

本标准由中国纺织工业协会提出。

本标准由全国服装标准化技术委员会(SAC/TC 219)归口。

本标准由全国服装标准化技术委员会负责解释。

本标准主要起草单位：上海市服装研究所、红黄蓝集团有限公司。

本标准主要起草人：施琴、聂雅渊、许鉴、叶显东、秦威、王宏明。

本标准首次发布。

婴幼儿服装用人体测量的部位与方法

1 范围

本标准规定了婴幼儿服装用人体测量的部位与方法。

本标准适用于对年龄在 24 个月及以内的婴幼儿的人体测量。

本标准适用于各类服装及服饰配件所需的婴幼儿人体尺寸数据的测量，但并不是所有的本标准定义的婴幼儿人体尺寸在婴幼儿人体测量和婴幼儿服装生产中都是必需的。

2 规范性引用文件

下列文件中的条款通过本标准的引用而成为本标准的条款。凡是注日期的引用文件，其随后所有的修改单(不包括勘误的内容)或修订版均不适用于本标准，然而，鼓励根据本标准达成协议的各方研究是否可使用这些文件的最新版本。凡是不注日期的引用文件，其最新版本适用于本标准。

GB/T 16160 服装用人体测量的部位与方法

3 术语和定义

下列术语和定义适用于本标准。

3.1 水平尺寸

3.1.1

头围 head girth

两耳上方水平测量的头部最大围长。

3.1.2

颈根围 neck base girth

经第七颈椎点、颈根外侧点及颈窝点测量的颈根部围长。

3.1.3

肩长 shoulder length

被测者手臂自然下垂，测量从颈根外侧点至肩峰点的直线距离。

3.1.4

总肩宽 across back shoulder

被测者手臂自然下垂，测量左右肩峰点之间的水平弧长。

3.1.5

胸宽 front chest width

被测者手臂自然下垂，经过胸部测量两个前腋点间的水平距离。

3.1.6

胸围 chest/bust girth

经肩胛骨、腋窝和乳头测量的最大水平围长。

3.1.7

腰围 waist girth

胯骨上端与肋骨下缘之间自然腰际线的水平围长。

3.1.8

臀围　hip girth

在臀部最丰满处测量的臀部水平围长。

3.1.9

腋围　armscye girth

被测者手臂自然下垂，测量以肩峰点为起点，经前腋窝点、腋窝、后腋窝点，再至起点的围度。

3.1.10

上臂围　upper-arm girth

被测者手臂自然下垂，在腋窝下部测量上臂最粗处的水平围长。

3.1.11

肘围　elbow girth

被测者手臂弯曲成90°角，手伸直，手指朝前，测量肘部围长。

3.1.12

腕围　wrist girth

被测者手臂自然下垂，测量腕骨部位围长。

3.1.13

大腿根围　thigh girth

测量大腿最高部位的水平围长。

3.1.14

膝围　knee girth

被测者直立，测量膝部的围长。测量时软尺上缘与胫骨点(膝部)对齐。

3.1.15

腿肚围　calf girth

测量小腿腿肚最粗处的水平围长。

3.1.16

踝围　ankle girth

经踝骨突出点测量踝骨中部的围长。

3.2　垂直尺寸

3.2.1

身高　height

被测者平躺于台面，腿伸直，脚与腿成90°角，测量自头顶至脚跟的直线距离。

3.2.2

头颈长　head and neck length

被测者平躺于台面，腿伸直，头伸直，颈部不要弯曲，沿头颈部自头顶至第七颈椎点的距离。

3.2.3

躯干长　trunk length

被测者平躺于台面，测量第七颈椎点至会阴点的直线距离。

3.2.4

腰围高　waist height

被测者平躺于台面，将腿伸直，脚与腿成90°角，沿体侧测量从腰际线至脚跟的直线距离。

3.2.5

臀围高　hip height

被测者平躺于台面，将腿伸直，脚与腿成90°角，沿体侧测量从臀围线至脚跟的直线距离。

3.2.6

直裆 true rise

被测者坐在硬而平的台面，在体侧测量从腰际线至台面的垂直距离。

3.2.7

膝围高 knee height

被测者平躺于台面，腿伸直，脚与腿成 90°角，自膝后部中心点至脚跟的直线距离。

3.2.8

外踝高 ankle height

被测者平躺于台面，将腿伸直，脚与腿成 90°角，测量自外侧踝骨最突出部位至脚跟的直线距离。

3.2.9

颈椎点高 cervicale height

被测者平躺于台面，将腿伸直，脚与腿成 90°角，测量自第七颈椎点，沿背部脊柱曲线至臀围线，再直线至脚跟的长度。

3.2.10

腋窝深 scye depth

用一根软尺经腋窝下水平绕被测者人体一圈，用另一根软尺测量自第七颈椎点至第一根软尺上缘部位的直线距离。

3.2.11

背腰长 center back waist length

测量自第七颈椎点沿脊柱曲线至腰际线的曲线长度。

3.2.12

颈椎点至膝长 cervicale to knee height

被测者平躺于台面，将腿伸直，测量从第七颈椎点到膝后部中心点的直线距离。

3.2.13

前腰长 center front waist length

测量自颈根外侧点经乳头点，再至腰际线所得的距离。

3.2.14

腰至臀长 waist to hip length

被测者平躺于台面，将腿伸直，沿体侧测量从腰际线到臀围线的直线距离。

3.2.15

腰至膝长 waist to knee

被测者平躺于台面，将腿伸直，沿体侧测量从腰际线到与膝后部中心点水平线的直线距离。

3.2.16

躯干围 trunk girth

以右肩线（颈根外侧点与肩峰点连线）的中点为起点，从背部经腿分叉处过会阴点，经右乳头再至起点的长度。

3.2.17

肩臂长 shoulder and arm length

被测者右手握拳放在臀部，手臂弯曲成 90°角，从颈侧点开始经肩峰点沿手臂外侧，经桡骨点（肘部）至尺骨茎突点（腕部）的距离。

3.2.18

臂长 arm length

被测者右手握拳放在臀部，手臂弯曲成 90°角，测量自肩峰点，经桡骨点（肘部）至尺骨茎突点（腕部)的长度。

3.2.19

颈椎点至腕长　cervicale to wrist

被测者右手握拳放在臀部,手臂弯曲成90°角,测量自第七颈椎点经肩峰点,沿手臂过桡骨点(肘部)至尺骨茎突点(腕部)的长度。

3.2.20

会阴上部前后长　crotch length

下躯干弧长

测量自前身腰际线中点经会阴点至背部腰际线中点的曲线长,避免裆部的压迫。

3.2.21

腿内侧长　crotch height

会阴高

被测者平躺于台面,将腿伸直,脚与腿成90°角,测量自会阴点到脚跟的直线距离。

3.3　其他

3.3.1

体重　body weight

被测者穿着内衣的情况下,在校准的体重计上显示的数。

3.3.2

手长　hand length

被测者右前臂与伸展的右手成直线,四指并拢,拇指分开,测量自中指尖至掌根部第一条皮肤皱折的距离。

3.3.3

掌围　hand width

右手伸展,四指并拢,拇指分开,测量不包括大拇指在内的手掌最大围长。

3.3.4

足长　foot length

被测者赤足,脚趾伸展,测量最突出的足趾尖点与足后跟最突出点连线的最大直线距离。

3.3.5

足宽　foot width

被测者赤足,测量脚的一侧到另一侧最宽的直线距离。

4　测量工具

4.1　软尺:尺寸稳定,刻度精确,以毫米为单位。

4.2　体重计:可测定体重,误差不超过±1%。

4.3　直角规:适用于测量范围为0～200 mm和0～250 mm人体尺寸的测量。

5　测量条件及要求

5.1　所有测量点的定位参照GB/T 16160。

5.2　测体应在裸体及赤足的情况下进行,如果做不到这点,应保证测量时被测者穿尽可能少的衣服,且这些衣服不能严重影响人体形态或妨碍尺寸的准确测量。

5.3　所有测量都在身体的同一边进行以保持结果的一致性。

5.4　使用体重计测量体重。

5.5　使用直角规测量手长、足长、足宽。

5.6 使用软尺测量所有其他尺寸。测量时适度地拉紧软尺，但应保证人体未受软尺的压迫，并将每个尺寸精确到 0.1 cm。

5.7 测量时，辅助工作人员应保证被测者的安全。

ICS 59.080.01
W 04

FZ

中华人民共和国纺织行业标准

FZ/T 01053—2007
代替 FZ/T 01053—1998

纺织品 纤维含量的标识

Textiles—Identification of fiber content

2007-05-29 发布 2007-11-01 实施

中华人民共和国国家发展和改革委员会 发布

前　言

本标准是对FZ/T 01053—1998《纺织品　纤维含量的标识》的修订。与FZ/T 01053—1998相比，主要变化如下：

——增加了不属于本标准范围的纺织产品，列入附录A。

——增加了引用文件ISO 2076:1999《纺织品——人造纤维——属名》，将其译文列入附录B。

——增加了第3章术语和定义。

——由原来的标注要求、标注原则和含量允差三章调整为四章：纤维含量标签要求、纤维含量和纤维名称、纤维含量表示方法和纤维含量允差。

——增加了标签的附着方式、成套产品的标签数量、标签材料及标签上文字等要求。

——明确了含量百分率的质量是公定质量。

——增加了"新型纤维"和可对纤维形态特点进行描述的规定。

——细化了不同产品的纤维含量表示方法，并增加了示例。

——简化并统一含量偏差为5%（填充物为10%），增加了低含量的偏差。

——增加了"纤维含量标识符合性的判定"一章。

——增加了附录A、附录B和附录C。

本标准从实施之日起代替FZ/T 01053—1998。

本标准的附录A为规范性附录，附录B和附录C为资料性附录。

本标准由中国纺织工业协会提出。

本标准由全国纺织品标准化技术委员会基础分会(SAC/TC 209/SC 1)归口。

本标准由纺织工业标准化研究所、国家棉纺织产品质量监督检验中心负责起草。

本标准主要起草人：郑宇英、窦茹真、王宝军、徐路、斯颖。

本标准于1998年首次发布，本次为第一次修订。

纺织品　纤维含量的标识

1　范围

本标准规定了纺织产品纤维含量的标签要求、标注原则、表示方法、允许偏差以及标识符合性的判定，并给出了纺织纤维含量的表示示例。

本标准适用于在国内销售的纺织产品。附录A中列举的产品不属于本标准的范畴，国家另有规定的除外。

2　规范性引用文件

下列文件中的条款通过本标准的引用而成为本标准的条款。凡是注日期的引用文件，其随后所有的修改单(不包括勘误的内容)或修订版均不适用于本标准，然而，鼓励根据本标准达成协议的各方研究是否可使用这些文件的最新版本。凡是不注日期的引用文件，其最新版本适用于本标准。

GB/T 4146　纺织名词术语(化纤部分)

GB/T 11951　纺织品　天然纤维　术语

GB/T 17685　羽绒羽毛

ISO 2076:1999　纺织品——人造纤维——属名

3　术语和定义

下列术语和定义适用于本标准。

3.1

纺织产品　textile products

以天然纤维和化学纤维为主要原料，经纺、织、染等加工工艺或再经缝制、复合等工艺而制成的产品，如纱线、织物及其制成品。

3.2

耐久性标签　permanent label

一直附着在产品本身上，并能承受该产品使用说明中的维护程序，保持字迹清晰易读的标签。

4　纤维含量标签要求

4.1　每件产品应附着纤维含量标签，标明产品中所含各组分纤维的名称及其含量。

4.2　每件制成品应附纤维含量的耐久性标签。

4.3　对采用耐久性标签影响产品的使用或不适宜附着耐久性标签的产品(例如，面料、绒线、缝纫线、袜子等)，可以采用吊牌等其他形式的标签。

4.4　整盒或整袋出售且不适宜采用耐久性标签的产品，当每件产品的纤维成分相同时，可以以销售单元为单位提供纤维含量标签。

4.5　当被包装的产品销售时，如果不能清楚地看到纺织产品(符合4.4产品除外)上的纤维含量信息，则需在包装上或产品说明上标明产品的纤维含量。

4.6　含有2个或2个以上且纤维含量不同的单元制品组成的成套产品；或纤维含量相同，但每个单元作为一单独产品销售的成套产品，则每个产品上应有各自独立的纤维含量标签。

4.7　纤维含量相同的成套产品，并且成套交付给最终消费者时，可将纤维含量的信息仅标注在产品中的一个单元上。

4.8　如果不是用于卖给最终消费者的产品，其纤维含量标签的内容以商业文件替代。

4.9　耐久性纤维含量标签的材料应对人体无刺激；应附着在产品合适的位置，并保证标签上的信息不被遮盖或隐藏。

4.10　纤维含量标签上的文字应清晰、醒目，应使用国家规定的规范汉字，也可同时使用其他语言的文字表示。

4.11　纤维含量可与使用说明的其他内容标注在同一标签上。当纺织产品上有不同形式的纤维含量标签时应保持其纤维含量的一致性。

5　纤维含量和纤维名称标注原则

5.1　纤维含量以该纤维占产品或产品某部分的纤维总量的百分率表示，宜标注至整数位。

5.2　纤维含量一般采用净干质量结合公定回潮率计算的公定质量百分率表示。

注：对棉型和麻型产品可以采用净干质量百分率表示纤维含量，但需明示为净干含量；采用显微镜方法的纤维含量以方法标准的结果表示；未知公定回潮率的纤维采用同类纤维回潮率或标准回潮率。

5.3　纤维名称应使用规范名称，并符合有关国家标准或行业标准的规定。天然纤维名称采用GB/T 11951中规定的名称，羽绒羽毛名称采用 GB/T 17685 中规定的名称，化学纤维和其他纤维名称采用 GB/T 4146 和 ISO 2076 中规定的名称。化学纤维有简称的宜采用简称。为便于使用，附录 B 给出了 ISO 2076:1999 的译文。

5.4　对国家标准或行业标准中没有统一名称的纤维，可标为“新型(天然、再生、合成)纤维”，部分新型纤维的名称可参照附录 C。

注：必要时，相关方需提供“新型××纤维”的证明或验证方法。

5.5　在纤维名称的前面或后面可以添加如实描述纤维形态特点的术语，例如，涤纶(七孔)、丝光棉。

注：必要时，相关方需提供描述纤维形态特点的证明或验证方法。

6　纤维含量表示方法及示例

6.1　仅有一种纤维成分的产品，在纤维名称的前面或后面加“100%”、“纯”或“全”表示(见示例 1)。

示例 1：

a) 棉 100%　　b) 纯棉　　c) 全棉

6.2　2 种及 2 种以上纤维组分的产品，一般按纤维含量递减顺序列出每一种纤维的名称，并在名称的前面或后面列出该纤维含量的百分比(见示例 2)。当产品的各种纤维含量相同时，纤维名称的顺序可任意排列(见示例 3)。

示例 2：

a)
60% 棉
30% 涤纶
10% 锦纶

b)
棉 60%
涤纶 30%
锦纶 10%

示例 3：

a)
50% 棉
50% 粘纤

b)
50% 粘纤
50% 棉

6.3　如果采用提前印好的非耐久性标签，标签上的纤维名称按一定顺序列出，且留有空白处用于填写纤维含量百分比，这种情况不需按含量优先的顺序排列。

6.4　含量≤5%的纤维，可列出该纤维的具体名称，也可用“其他纤维”来表示(见示例 4)；当产品中有 2 种及以上含量各≤5%的纤维且总量≤15%时，可集中标为“其他纤维”(见示例 5)。

示例 4：

a)

60% 棉
36% 涤纶
4% 粘纤

b)

60% 棉
36% 涤纶
4% 其他纤维

示例 5：

90% 棉
10% 其他纤维

6.5 含有 2 种及以上化学性质相似且难以定量分析的纤维，列出每种纤维的名称，也可列出其大类纤维名称，合并表示其总的含量（见示例 6 和示例 7 ）。

示例 6：

70% 棉
30% 莱赛尔纤维＋粘纤

示例 7：

再生纤维素纤维　100%
（莫代尔纤维＋粘纤）

6.6 带有里料的产品应分别标明面料和里料的纤维名称及其含量（见示例 8）。如果面料和里料采用同一种织物可合并标注。

示例 8：

面料：80%羊毛/20%涤纶
里料：100%涤纶

6.7 含有填充物的产品应分别标明外套和填充物的纤维名称及其含量（见示例 9）。羽绒填充物应标明羽绒类别和含绒量（见示例 10）。

示例 9：

外　套：65%棉/35%涤纶
填充物：100%桑蚕丝

示例 10：

面料：80%棉/20%锦纶
里料：100%涤纶
填充物：灰鸭绒（含绒量 80%）
充绒量：150 g

6.8 由 2 种及 2 种以上不同织物构成的产品应分别标明每种织物的纤维名称及其含量（见示例 11～示例 14）。面积不超过产品表面积 15%的织物可不标。

示例 11：

前片：65%羊毛/35%腈纶
其余：100%羊毛

示例 12：

身：100% 棉
袖：100% 涤纶

示例 13：

方格：70%羊毛/30%涤纶
条形：60%涤纶/40%粘纤

示例 14：

红色：100% 羊绒
黑色：100% 羊毛

6.9 含有2种及2种以上明显可分的纱线系统、图案或结构的产品，可分别标明各系统纱线或图案的纤维成分含量；也可作为一个整体，标明每一种纤维含量（见示例15和示例16）。对纱线系统、图案或结构变化较多的产品可仅标注较大面积部分的含量。

示例15：

a)

绒毛：90％棉/10％锦纶
地布：100％涤纶

b)

63％ 棉
30％ 涤纶
7％ 锦纶

示例16：

白色纱：100％ 涤纶
绿色纱：100％粘纤
灰色纱：100％ 棉

6.10 由2层及2层以上材料构成的产品，可以分别标明各层的纤维含量；也可作为一个整体，标明每一种纤维含量（见示例17）。

示例17：

a)

外层	50％棉/50粘纤
内层	100％棉
中间层	100％涤纶

b)

60％ 棉
20％ 涤纶
20％ 粘纤

6.11 当产品的某个部位上添加有起加固或其他作用的纤维但比例较小时，则应标出主要纤维的名称及其含量，并说明包含添加纤维的部位，以及添加的纤维名称（见示例18）。

示例18：

55％棉/45％粘纤
脚趾和脚跟部位的锦纶除外

6.12 在产品中存在易于识别的花纹或图案的装饰纤维或装饰纱线（若拆除装饰纤维或纱线会破坏产品的结构），当其纤维含量≤5％时，可表示为“装饰部分除外”，也可单独将装饰线的纤维含量标出（见示例19）。如果需要，可以表明装饰线的纤维成分及其占总量的百分比（见示例20）。

示例19：

a)

80％ 羊毛
20％ 涤纶
装饰线除外

b)

羊毛 80％
涤纶 20％
装饰线 100％涤纶

示例20：

77％ 棉
19％ 粘纤
4％ 金属装饰线

6.13 在产品中起装饰作用的部分或不构成产品主体的部分，例如：花边、褶边、滚边、贴边、腰带、饰带、衣领、袖口、下摆罗口、松紧口、衬布、衬垫、口袋、内胆布、商标、局部绣花、贴花等，其纤维含量可以不标。若单个部件的面积或同种织物多个部件的总面积超过产品表面积的15％时，则应标注该部件的纤维含量。

6.14 含有涂层、粘着剂等难以去除的非纤维物质的产品，可仅标明产品中每种纤维的名称。

6.15 结构复杂的产品（例如：文胸、腹带等）可仅标注主要部分或贴身部分的纤维含量，对于因不完整或不规则花型等造成的纤维含量变化较多的织物，可仅标注纤维名称（见示例21和示例22）。

示例21：

烂花：涤纶/棉
底布：100％ 涤纶

示例 22(文胸)：

里料:棉 100% 侧翼:锦纶/涤纶/氨纶

7 纤维含量允差

7.1 产品或产品的某一部分完全由一种纤维组成时,用“100%”、“纯”或“全”表示纤维含量,纤维含量允差为 0。标明含微量其他纤维的产品见 7.5。

注:由于山羊绒纤维的形态变异,山羊绒会出现“疑似羊毛”的现象。山羊绒含量达 95%及以上、“疑似羊毛”≤5%的产品可表示为“100%山羊绒”、“纯山羊绒”或“全山羊绒”。

7.2 产品或产品的某一部分中含有能够判断为是装饰纤维或特性纤维(例如,弹性纤维、导电纤维等),且这些纤维的总含量≤5%(纯毛粗纺产品≤7%)时,可使用“100%”、“纯”或“全”表示纤维含量,并说明“××纤维除外”(见示例 23 和示例 24),标明的纤维含量允差为 0。

示例 23：

100%羊毛 弹性纤维除外

示例 24：

纯棉 装饰纤维除外

7.3 产品或产品的某一部分含有 2 种及以上的纤维时,除了许可不标注的纤维外,在标签上标明的每一种纤维含量允许偏差为 5%,填充物的允许偏差为 10%。

例如标签含量为:40%棉 / 40%涤纶 / 20%锦纶,则允许含量为:35%～45%棉 / 35%～45%涤纶 / 15%～25%锦纶。

7.4 当标签上的某种纤维含量≤15%时(填充物≤30%),纤维含量允许偏差为标称值的 30%。

7.5 当产品中某种纤维含量≤0.5%时,可不计入总量,标为“含微量××”(见示例 25 和示例 26)。

示例 25：

100%棉(含微量涤纶)

示例 26：

80%羊毛 20%锦纶 (含微量兔毛)

8 纤维含量标识符合性的判定

如有下列款项之一存在(本标准规定的特例除外),则判定为纤维含量标识不符合：

a) 没有提供纤维含量标签；

b) 没有提供纤维含量耐久性标签；

c) 没有采用纤维的标准名称；

d) 没有标明产品中应标识的各纤维的具体含量；

e) 纤维名称与产品中所含的纤维不符；

f) 纤维含量偏差超出规定允差范围；

g) 产品某些主要部分的纤维含量没有标注；

h) 同件产品的不同形式标签上纤维含量不一致。

附　录　A
（规范性附录）
不属于本标准范围的纺织产品

含有纺织纤维的以下制品不属于本标准范围：纺织产品仅作为产品的部分或附件；没有必要表明纺织纤维含量的产品。例如：

——一次性使用的制品；

——座椅、沙发、床垫等软垫家具用填充物和包布；

——鞋、鞋垫；

——装饰画、装饰挂布；

——工艺品等小件装饰物；

——雨伞、遮阳伞；

——箱包、包装布和包装绳带；

——裤子的吊带、臂章、吊袜带；

——尿布衬垫；

——婴儿床护栏和婴儿车；

——玩具；

——绷带、手术服等医用纺织制品；

——宠物用品；

——清洁布；

——墙布、屏风等；

——旗帜；

——人造花；

——产业用纺织品。

附　录　B
（资料性附录）
ISO 2076:1999《纺织品——人造纤维——属名》（译文[1)]）

B.1　范围

本国际标准列出目前已经工业化生产的、供纺织及其他用途的各种人造纤维的属名及其区别特性。术语“人造纤维”用于表示这些采用制造工艺得到的纤维，与天然纤维的材料明显不同。

B.2　通则

表 B.1 中的条目包括以下四项主要内容。

B.2.1　属名（例如，醋酯纤维）

表 B.1 中所列出的属名应用于“区别特性”栏中所描述的纤维。属名的使用应限定于那些成纤添加物的含量不超过 15%（质量分数）的纤维（对于非成纤添加物比例未作出限定）。属名可以用英文也可用法文表示，不应使用大写字母。属名也可用于描述由人造纤维制成的纺织产品（纱线、织物等），这种情况下，可认为生产过程可能改变了纤维的区别特性。

B.2.2　编码（例如，CA）

使用 2 至 4 个字母，以便于在销售和技术等资料中的人造纤维命名。在某些情况下，用于纺织纤维的编码体系与塑料的编码体系不同。

B.2.3　区别特性

一种纤维具有与其他所有纤维不同的特性。化学性质的不同常导致纤维性能的不同，这是本国际标准分类的主要依据；当有必要时，根据纤维的其他特性区分相似的人造纤维。这些区别特性不一定是用来鉴别纤维或命名化学分子，也不必适用于分析纤维混合物。

注：在以下描述中，概念“基团”、“键”、“单元”已按照以下方式被使用：

——“基团”用来表示例如醋酯纤维中的羟基；

——“键”用来表示化学键；

——“单元”用来表示重复单位。

B.2.4　化学分子式示例

用于指出纤维的化学结构。这些示例不构成本国际标准的必须元素，在某种情况下，相同的化学分子式可以表示一种以上类型的纤维，例如，铜氨、莱赛尔、莫代尔和粘胶纤维共用纤维素Ⅱ表示。

B.3　属名

表 B.1

条号	属　名	编码	区别特性	化学分子式示例
B.3.1	铜氨纤维[a] cupro	CUP	由铜氨工艺得到的纤维素纤维。	纤维素Ⅱ： 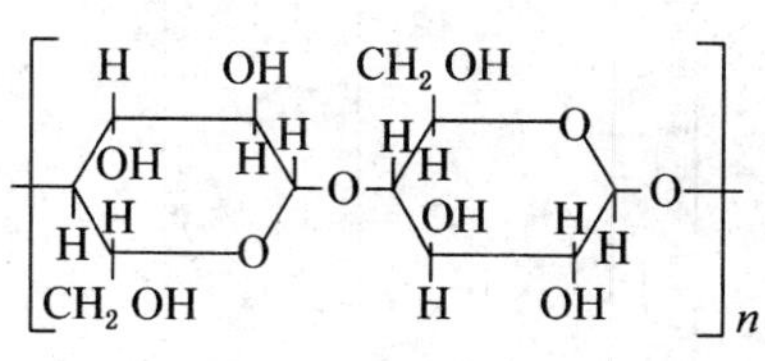

1）本译文在国际标准相应条款编号之前增加代表本附录顺序的编号“B.”。

表 B.1（续）

条号	属　名	编码	区别特性	化学分子式示例
B.3.2	莱赛尔纤维 lyocell	GLY	由有机溶剂纺丝工艺得到的纤维素纤维。可理解为： 1)“有机溶剂”本质上指有机化学物与水的混合物； 2)“溶剂纺丝”是指无衍生物形成的溶解和纺丝。	纤维素Ⅱ： 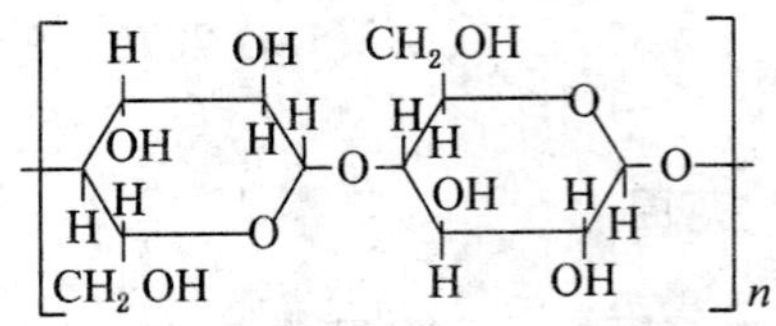
B.3.3	莫代尔纤维[a] modal	CMD	具有高断裂强力和高湿模量的纤维素纤维。在调湿状态下的断裂强力 B_c 和在湿态下 5%伸长时的力 B_w 满足： $B_c \geqslant 1.3\sqrt{LD}+2\ LD$ $B_w \geqslant 0.5\sqrt{LD}$ 式中：LD 是平均线密度，单位为分特；B_c 和 B_w 单位为厘牛。	纤维素Ⅱ： 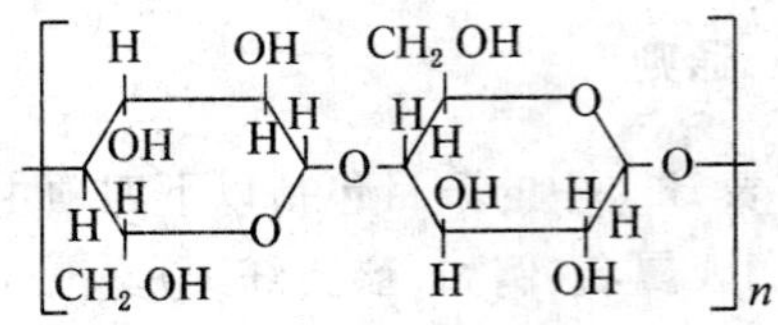
B.3.4	粘胶纤维[a] viscose	CV	由粘胶工艺得到的纤维素纤维。	纤维素Ⅱ： 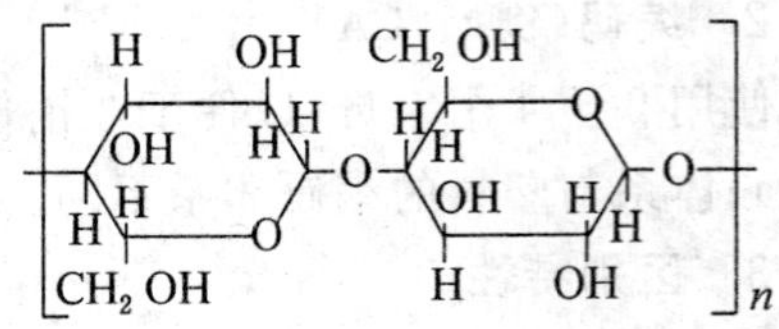
B.3.5	醋酯纤维 acetate	CA	纤维素醋酯纤维，其中不到 92%但至少 74%的羟基被乙酰化。	纤维素二醋酯： $[C_6H_7O_2(OX)_3]_n$ 其中：X=H 或 CH_3CO，酯化度为 2.22～2.76。
B.3.6	三醋酯纤维 triacetate	CTA	纤维素醋酯纤维，其中至少 92%的羟基被乙酰化。	纤维素三醋酯： $[C_6H_7O_2(OX)_3]_n$ 其中：X=H 或 CH_3CO，酯化度为 2.76～3。
B.3.7	海藻纤维 alginate	ALG	从褐藻酸的金属盐中得到的纤维。	藻酸钙： 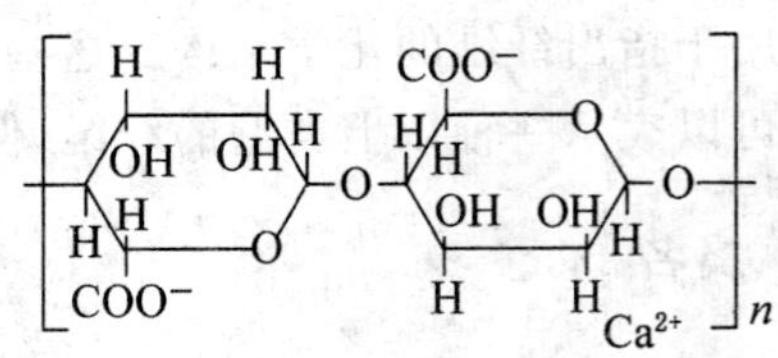
B.3.8	聚丙烯腈纤维(腈纶) acrylic	PAN	由分子链中至少有 85%(以质量计)的丙烯腈重复单元的线型大分子组成的纤维。	聚丙烯腈： 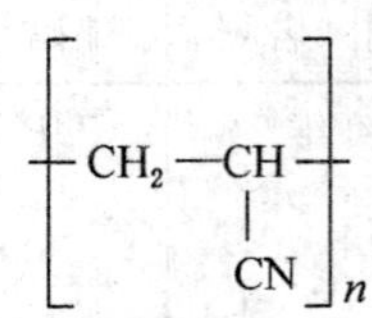 及丙烯腈共聚物： 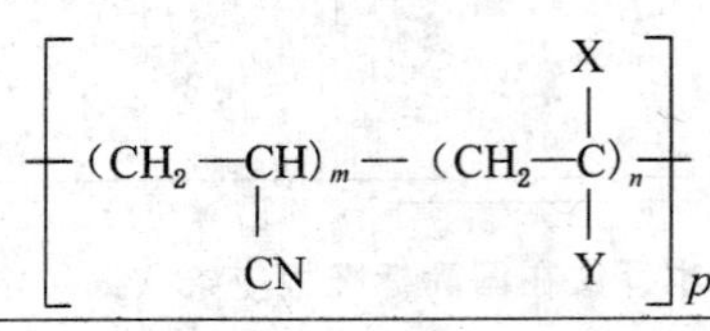

表 B.1（续）

条号	属　名	编码	区别特性	化学分子式示例
B.3.9	芳纶 aramid	AR	由酰胺或亚酰胺键连接芳香族基团所构成的线型大分子组成的纤维，至少有85%的酰胺或亚酰胺键直接与两个芳环相联结，且当亚酰胺键存在时，其数值不超过酰胺键数。	例1： $\left[OC-\underline{Ar}-CO-NH-\underline{Ar}-NH\right]_n$ 例2： 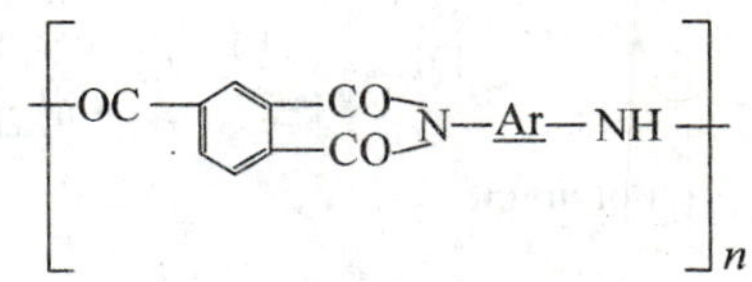 注：例1中的芳香族基团可以相同或不同。
B.3.10	含氯纤维 chlorofibre	CLF	由分子链中含有50%以上（以质量计）的氯乙烯或偏氯乙烯链节（当分子链的其余部分为丙烯腈时，应有65%以上，以排除改性聚丙烯腈纤维）的线型大分子组成的纤维。	聚氯乙烯： $\left[CH_2-CHCl\right]_n$ 及聚偏氯乙烯： $\left[CH_2-CCl_2\right]_n$
B.3.11	弹性纤维[b] elastane	EL	由至少85%（质量）的聚氨基甲酸酯链段构成的纤维。这种纤维被拉伸至原长的三倍后再去除张力时，可迅速地基本上回复到原长。	具有重复的基团，弹性和刚性链段相交替的大分子。 $-O-CO-NH-$
B.3.12	二烯类弹性纤维[b,c] elastodiene	ED	由天然或合成的聚异戊二烯或由一种以上二烯类聚合物构成的纤维，其中二烯类聚合物可带有一种以上乙烯基单体，也可不带。这种纤维被拉伸至原长的三倍后再去除张力时，可迅速地基本上回复到原长。	从巴西三叶橡胶浆中提取的天然聚异戊二烯（已硫化）： 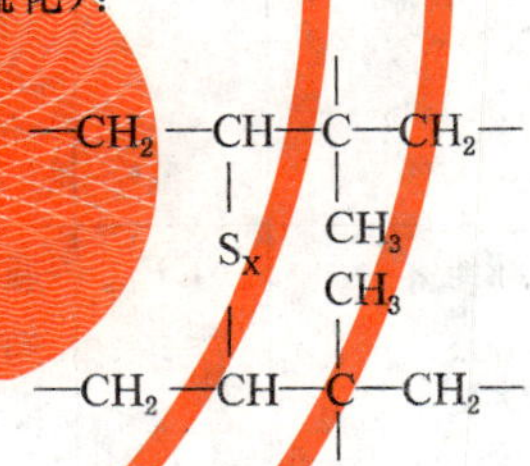
B.3.13	含氟纤维 fluorofibre	PTFE	由脂肪族碳氟化合物单体的线型大分子构成的纤维。	聚四氟乙烯： $\left[CF_2-CF_2\right]_n$
B.3.14	改性聚丙烯腈纤维（改性腈纶） modacrylic	MAC	由分子链中至少含有50%但不到85%（质量）的丙烯腈的线型大分子构成的纤维。	丙烯腈共聚物： 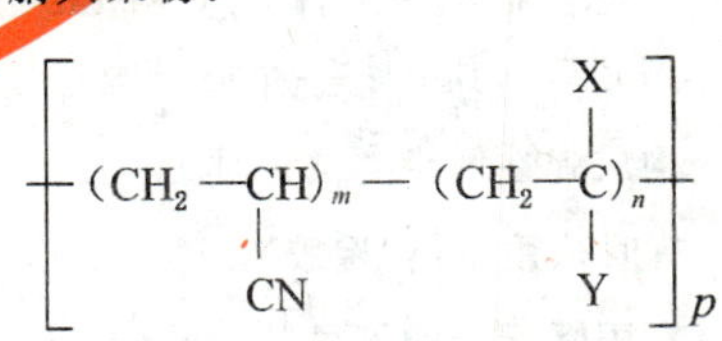
B.3.15	聚酰胺纤维[d]（锦纶） polyamide 或尼龙 nylon	PA	由重复的酰胺键的线型大分子构成的纤维，其中至少有85%的酰胺键与脂肪族的或脂环族的单元相连接。	聚己二酰己二胺（聚酰胺66） $\left[NH-(CH_2)_6-NH-CO-(CH_2)_4-CO\right]_n$ 聚己内酰胺（聚酰胺6） $\left[NH-(CH_2)_5-CO\right]_n$
B.3.16	聚酯纤维（涤纶） polyester	PES[e]	由分子链中至少含有85%（质量）的二醇与对苯二酸酯的线型大分子构成的纤维。	聚对苯二甲酸乙二醇酯 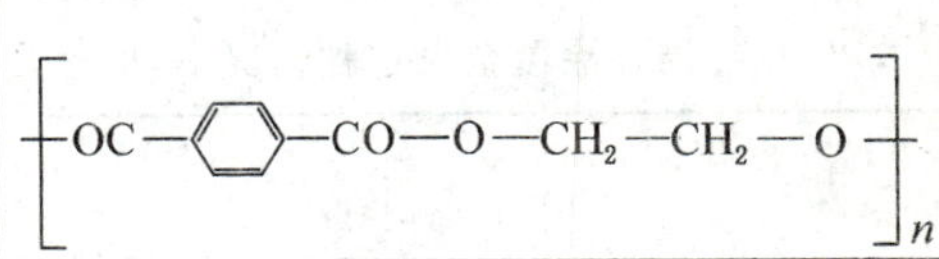

表 B.1（续）

条号	属　名	编码	区别特性	化学分子式示例
B.3.17	聚乙烯纤维[f]（乙纶）polyethylene	PE	由未被取代的饱和脂肪族烃的线型大分子构成的纤维。	聚乙烯 $\left[CH_2—CH_2 \right]_n$
B.3.18	聚酰亚胺纤维 Polyimide	PI	由分子链中含有重复的酰亚胺单元的合成线型大分子的纤维。	聚酰亚胺：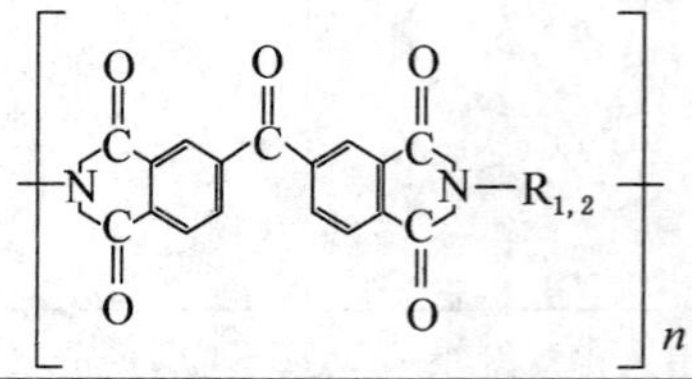
B.3.19	聚丙烯纤维[f]（丙纶）Polypropylene	PP	由饱和脂肪族烃的线型大分子构成的纤维，其中每两个碳原子中有一个带有一个甲侧基，一般是等规配置，且未被进一步取代的。	聚丙烯：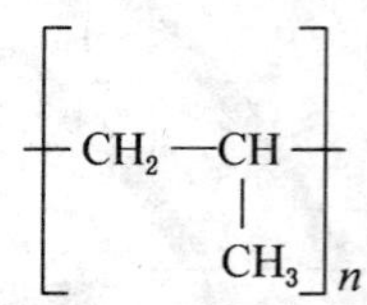
B.3.20	玻璃纤维[g] glass	GF	通过牵伸熔融的玻璃得到的纤维。	
B.3.21	聚乙烯醇纤维（维纶）Vinylal	PVAL	缩醛化程度不同的聚乙烯醇线型大分子。	缩醛化的聚乙烯醇：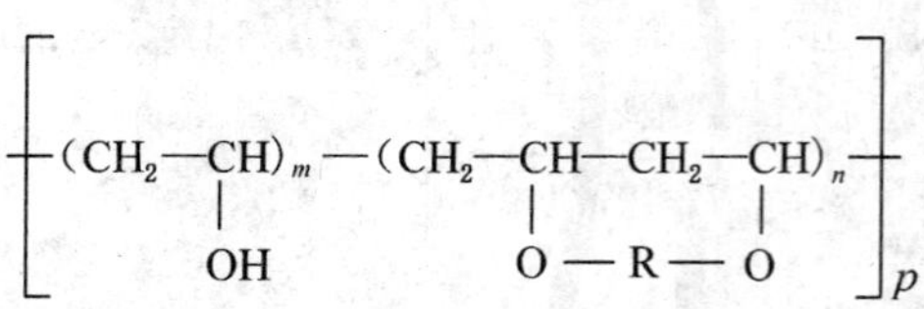
B.3.22	碳纤维 carbon	CF	通过对有机纤维母体的热碳化得到的含碳量至少 90%（质量）的纤维。	
B.3.23	金属纤维[h] metal fibre	MTF	由金属得到的纤维。	

[a] 本国际标准中没有采用“rayon”(法语为 rayonne)，因为这个词在各地的含义不同，尽管在某些国家通常代表纤维素纤维。每一个成员国宜自行确定其对这一问题的观点，必要时在其国家标准中规定。

[b] 构成弹性纤维类的一部分。

[c] 有时采用术语“橡胶”。

[d] 本国际标准的聚酰胺(polyamide)的定义仅涉及该纤维在技术和商业上的应用（例如 nylon 尼龙），未包含所有的聚酰胺化合物（在聚酰胺化合物中的芳族聚酰胺只代表其中的一种，它仅仅是作为区别于脂肪族的芳族聚酰胺纤维在尚未产生时而确定纤维命名时的一个延续）。

[e] 该编码在 ISO 1043（塑料）中用于聚醚砜。

[f] 构成聚烯烃类的一部分。

[g] 某些欧洲国家也称其长丝为“sillionne”，短纤维为“veranne”。

[h] 在纤维外涂覆金属这种情况下，应称为金属镀膜纤维(metallized fibers)，而不是金属纤维(metal fibers)。

附 录 C
（资料性附录）
补充纤维名称

本附录所列纤维名称为市场上已经出现的，但在国家标准和行业标准中未规定的纤维，其名称仅供参考。

C.1 竹(原)纤维(bamboo fiber)：从竹子植物的茎部取得的一种天然纤维，与竹浆粘胶纤维不同。

C.2 甲壳素纤维(chitoin fiber)：以从天然甲壳素中提取的壳聚糖为原料制成的一种人造纤维。

C.3 聚乳酸纤维(polylactic acid fiber，PLA)：由85%及以上(以质量计)的、从玉米等谷物产生的糖中得到的乳酸酯单元组成的一种化学纤维。

C.4 聚对苯二甲酸丙二醇酯纤维(polytrimethylene terephthalate fiber，PTT)：以对苯二甲酸和1，3丙二醇作为单体制成的一种化学纤维。

C.5 包括2种或2种以上聚合物组分的纤维，用以下方法标明纤维名称，按含量的优先顺序列出每一种组分的名称＋复合纤维，组分之间用“/”分开。

示例1：

100% 丙纶/涤纶复合纤维

示例2：

50% 棉 50% 锦纶/涤纶复合纤维

C.6 主链上联有接枝组分的纤维，用以下方法标明纤维名称：接枝组分的名称＋改性＋主链的名称。

示例3：

100% 牛奶蛋白改性聚乙烯醇纤维

示例4：

70% 羊毛 30% 牛奶蛋白改性聚丙烯腈纤维

ICS 61.020
Y 75

FZ

中华人民共和国纺织行业标准

FZ/T 80002—2008
代替 FZ/T 80002—2002

服装标志、包装、运输和贮存

Marking, packaging, transporation and storage for garments

2008-04-23 发布　　2008-10-01 实施

中华人民共和国国家发展和改革委员会　发布

前 言

本标准代替 FZ/T 80002—2002《服装标志、包装、运输和贮存》。

本标准与 FZ/T 80002—2002 相比主要变化如下：

——补充了规范性引用文件的内容；

——修改了产品使用说明的规定；

——修改了包装标志的规定；

——修改了内包装规定。

本标准由中国纺织工业协会提出。

本标准由全国服装标准化技术委员会(SAC/TC 219)归口。

本标准主要起草单位：上海市服装研究所、红黄蓝集团有限公司。

本标准主要起草人：许鉴、聂雅渊、秦威、叶显东、王宏明、施琴。

本标准由全国服装标准化技术委员会负责解释。

本标准于 1991 年首次发布，2002 年第一次修订，本次为第二次修订。

服装标志、包装、运输和贮存

1 范围

本标准规定了服装标志、包装、运输和贮存的一般技术要求。

本标准适用于成批生产的各种服装。

本标准不适用于合同双方对包装、运输和贮存技术要求另有约定的成批生产的服装。

2 规范性引用文件

下列文件中的条款通过本标准的引用而成为本标准的条款。凡是注日期的引用文件，其随后所有的修改单(不包括勘误的内容)或修订版均不适用于本标准，然而，鼓励根据本标准达成协议的各方研究是否可使用这些文件的最新版本。凡是不注日期的引用文件，其最新版本适用于本标准。

GB/T 191 包装储运图示标志

GB 5296.4 消费品使用说明 纺织品和服装使用说明

GB/T 6388 运输包装收发货标志

GB/T 6543 瓦楞纸箱

GB 18401 国家纺织产品基本安全技术规范

3 标志

3.1 产品使用说明

使用说明是交付产品的组成部分。产品使用说明内容按 GB 5296.4 和 GB 18401 规定执行。

3.2 包装标志

3.2.1 外包装应注明货号、品名、号型或规格、数量、企业名称及地址等。

3.2.2 运输、贮存图示标志应符合 GB/T 191、GB/T 6388 等有关标准的规定。

4 包装

4.1 内包装规定

4.1.1 内包装可采用纸、塑料袋、纸盒、衣架等材料。包装材料要清洁、干燥、无特殊异味。

4.1.2 两周岁及以下婴幼儿服装、与皮肤直接接触的服装的产品包装件应使用非金属类产品(外包装盒除外)。

4.1.3 纸包包装

纸包折叠端正，包装牢固。

4.1.4 塑料袋包装

4.1.4.1 塑料袋材质、规格应与产品相适应，封口应牢固。产品装入塑料袋要平整，松紧适宜。

4.1.4.2 使用印有文字、图案的塑料袋，文字、图案应印在塑料袋外面，其颜料不得污染产品。

4.1.4.3 附有衣架包装的产品，应端正平整。

4.1.5 纸盒包装

4.1.5.1 纸盒大小应与产品相适应，产品装入盒内松紧适宜。

4.1.5.2 附有衣架包装的产品，应端正平整。

4.2 外包装规定

4.2.1 外包装可采用纸箱等材料，包装材料要清洁、干燥、牢固。瓦楞纸箱的技术要求应符合

GB/T 6543规定。

4.2.2　纸箱内应衬垫具有保护产品质量作用的防潮材料。

4.2.3　纸箱盖、底封口应严密、牢固，封箱纸贴正、贴平。

4.2.4　内、外包装大小适宜。

4.2.5　箱外可用捆扎带等捆扎结实、卡扣牢固。

5　运输

产品包装件运输时，应防潮、防破损、防污染。

6　贮存

6.1　产品贮存应防潮，含毛类产品应防蛀。

6.2　产品包装件应在仓库内堆放。库房应干燥、通风、清洁。

ICS 61.020
Y 75

FZ

中华人民共和国纺织行业标准

FZ/T 80004—2006
代替 FZ/T 80004—1998,FZ/T 80006—1999

服装成品出厂检验规则

Rule for garments delivery inspection

2006-03-07 发布 2006-08-01 实施

中华人民共和国国家发展和改革委员会 发布

前　言

本标准代替 FZ/T 80004—1998《服装成品出厂检验规则》和 FZ/T 80006—1999《服装检验规程》。

本标准与 FZ/T 80004—1998 相比主要变化如下：

——修改了标准的适用范围；

——补充了规范性引用文件；

——将第 3 章“检验标准”修改为“检验依据”；

——修改并补充了检验条件；

——将第 5 章“检验规定”修改为“检验要求”；

——取消了原标准第 6 章中的抽样数量规定；

——取消了原标准第 7 章中批量判定、检验严格度、正常检验、加严检验等规定，并对产品质量判定的内容作了相应的补充。

本标准由中国纺织工业协会提出。

本标准由全国服装标准化技术委员会归口。

本标准主要起草单位：上海市服装研究所、国家服装质量监督检验中心(上海)、上海开开实业股份有限公司。

本标准主要起草人：许鉴、朱炳荣、叶本、秦威。

本标准由全国服装标准化技术委员会负责解释。

本标准所代替标准的历次版本发布情况为：

——FZ/T 80004—1998；

——ZBY 75014—1988，FZ/T 80006—1999。

服装成品出厂检验规则

1 范围

本标准规定了服装成品出厂检验的规则。

本标准适用于以纺织织物为主要原料，成批生产的服装成品的出厂检验。

2 规范性引用文件

下列文件中的条款通过本标准的引用而成为本标准的条款。凡是注日期的引用文件，其随后所有的修改单(不包括勘误的内容)或修订版均不适用于本标准，然而，鼓励根据本标准达成协议的各方研究是否可使用这些文件的最新版本。凡是不注日期的引用文件，其最新版本适用于本标准。

GB 250 评定变色用灰色样卡

GB 5296.4 消费品使用说明 纺织品和服装使用说明

GB 18401 国家纺织产品基本安全技术规范

FZ/T 80002 服装标志、包装、运输和贮存

3 检验依据

3.1 应使用最新版本的国家标准、行业标准，或者经依法备案的企业标准。

3.2 企业的工艺文件。

4 检验条件

4.1 检验用的仪器及基准量具等应经过法定计量检定机构检定/校准合格，在有效使用期内并具有相应标志。

4.2 成品出厂检验人员应经过相应教育培训部门的培训，并取得相应资格证书。

4.3 检验用的人体模型架应与被检品相适应。

4.4 检验用工作台表面应整洁，其台面应为白色或浅灰色，尺寸不小于 80 cm×160 cm。

4.5 产品标准中对成品的外观质量用标准样照或色卡规定的，应按规定的标准样照或色卡进行检验。

4.6 测定成品的外观疵点时，疵点样卡上的箭头应顺着光线射入方向。

4.7 测定成品色差程度时，被测部位应纱向一致。采用正常北向自然光或 600 lx 及以上的等效光源，入射光与织物表面约成 45°角，观察方向大致垂直于织物表面，距离 60 cm 目测，并按 GB 250 样卡对比。

5 检验要求

5.1 成品出厂前，企业应按第 3 章的检验依据对其产品质量进行检验。

5.2 出厂检验的被检品是指产品的使用说明齐全，且为最终包装后的服装成品。

5.3 申报出厂检验时，被检品的各项理化性能指标应达到相应产品标准的等级要求。

5.4 成品按标准规定需检验的项目，但企业无检验条件，可委托法定授权的检验机构进行检验。

5.5 出厂检验的项目包括成品的使用说明、号型规格、外观质量、缝制质量及包装等要求。

5.5.1 成品的使用说明按照 GB 5296.4 和 GB 18401 的规定进行检验。

5.5.2 成品的号型规格、外观质量、缝制质量按照相应产品标准的规定进行检验。

5.5.3 成品的包装按照 FZ/T 80002 规定。

5.6 凡供需双方另有合同或协议约定的,按合同或协议规定进行检验,但需符合国家的相关法规及技术标准的规定。

5.7 对检验合格的成品,应在其相应的标志上加盖检验合格章或检验员工号。

6 抽样规定

6.1 成品按交货批的货号、规格等随机抽取样品。

6.2 成品出厂检验的样本数量应符合相应产品标准的规定。

7 产品合格判定

7.1 产品的质量缺陷程度、判定规则等按照相应的产品标准执行。

7.2 抽验中,各批量判定数符合相应的产品标准规定,为判定合格的等级品批出厂。

7.3 抽验中,各批量判定数不符合相应的产品标准规定时,可进行第二次抽验,抽验数量增加一倍。如仍不符合相应的产品标准规定,应全部整修或降等。

7.4 被判定为不合格批的成品经整修后,其出厂前必须重新申报出厂检验。

ICS 61.020
Y 75

FZ

中华人民共和国纺织行业标准

FZ/T 80009—2004
代替 FZ/T 80009—1999

服装制图

Pattern-making

2004-12-14 发布　　　　2005-06-01 实施

中华人民共和国国家发展和改革委员会　发布

前　言

本标准代替 FZ/T 80009—1999《服装制图》。

本标准在修订中参考了日本工业标准 JIS L 0110—1990《服装纸样的表示符号》等国外先进标准。

本标准与 FZ/T 80009—1999 相比主要变化如下：

—— 增加了标准的“范围”；

—— 增加了“规范性引用文件”；

—— 将第 3 章改为“要求”；

—— “图 2”和“图 3”增加了图注；

—— 表 3 中序号 5 的“图线宽度”由“0.9 mm”改为“0.3 mm”；

—— 规范、统一了本标准的标注方法；

——“表 4”中增加了 26 种制图符号；

—— 将“第 10 章”的内容改为“规范性附录”的内容，并增加了相关技术内容；

—— 取消“第 11 章”及其附录的内容；

—— 修改了附录 A 的图示，将粗、细实线分开，对标注方式进行了修改；

—— 增加了附录 C“服装纸样标准记号的使用示例”。

本标准的附录 B 是规范性附录，附录 A 和附录 C 是资料性附录。

本标准由中国纺织工业协会提出。

本标准由全国服装标准化技术委员会归口。

本标准由东华大学服装学院、上海市服装研究所共同起草。

本标准主要起草人：张文斌、许鉴、侯卫华、白莉红、秦威、王宏明。

本标准由全国服装标准化技术委员会负责解释。

本标准于 1986 年首次发布，1999 年第一次修订，本次为第二次修订。

服 装 制 图

1 范围

本标准规定了服装制图中图纸的大小、制图比例、图线、字体、尺寸标注、制图符号等技术特征。

本标准适用于服装设计、生产、技术、教学和贸易以及与其相关的领域。

2 规范性引用文件

下列文件中的条款通过本标准的引用而成为本标准的条款。凡是注日期的引用文件，其随后所有的修改单(不包括勘误的内容)或修订版均不适用于本标准，然而，鼓励根据本标准达成协议的各方研究是否可使用这些文件的最新版本。凡是不注日期的引用文件，其最新版本适用于本标准。

GB/T 10609.3 技术制图 复制图的折叠方法

GB/T 14689 技术制图 图纸幅面和格式

GB/T 14691 技术制图 字体

GB/T 15557 服装术语

3 要求

本标准中技术制图的基本要求按 GB/T 10609.3、GB/T 14689 和 GB/T 14691 规定。

3.1 图纸幅面

3.1.1 图纸常用幅面

图纸常用幅面按 GB/T 14689 规定，其规格见表 1。

表 1

单位为毫米

幅面代号	A0	A1	A2	A3	A4
$B\times L$	841×1189	594×841	420×594	297×420	210×297
c	10	10	10	5	5
a	25	25	25	25	25
注：B 为图纸的宽；L 为图纸的长；c 为图纸的边框；a 为图纸的装订边。					

3.1.2 图纸特殊幅面

服装图纸在特殊情况下，绘图常用幅面规格不够使用时，可以将表 1 中幅面的网边或单边加长(A0 及 A1 幅面允许加长)，其加长量应按 A3 幅面相应边的尺寸成整倍增加，见图 1。

注：相应边是指 A3 幅面的长边或短边，若加长长边应是 420 mm；若加长短边应是 297 mm。

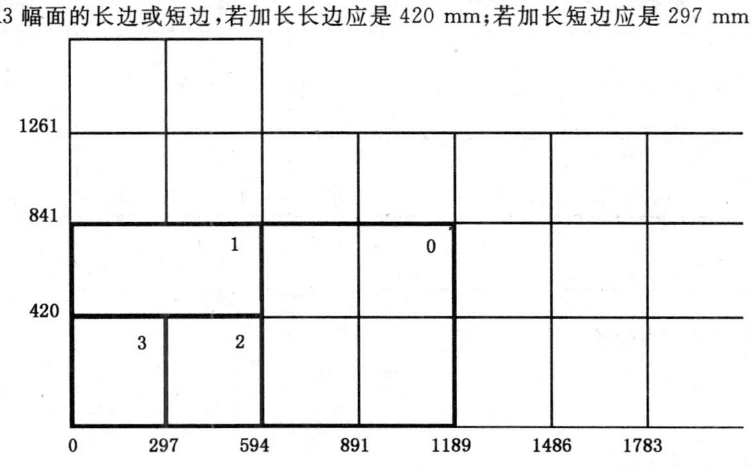

图 1

3.1.3 图纸装订

3.1.3.1 左边图边框为装订边。

3.1.3.2 图纸装订规格，一般采用 210 mm×297 mm 的幅面(即 A4 图纸的幅面)装订。在装订时，应将一件或一套等服装的全部图纸，按顺序装订在一起。

3.2 图纸布局

3.2.1 图纸标题栏位置，应在图纸的右下角，见图 2。

3.2.2 服装款式图位置，应在标题栏的上面，见图 2。

3.2.3 服装及其零部件的制图位置，应在款式图左边，见图 2。

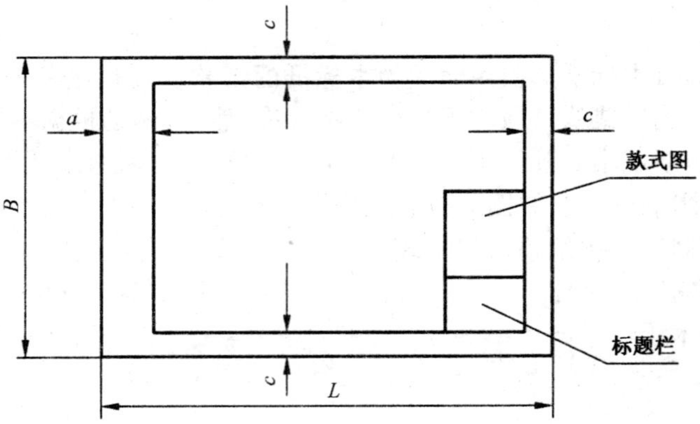

注：B 为图纸的宽；L 为图纸的长；c 为图纸的边框；a 为图纸的装订边。

图 2

3.2.4 图纸标题栏的格式及行距、列距的尺寸要求见图 3。

单位				产品			图纸代号			7
图名				号型		成品规格				7
				体型		部位	cm	部位	cm	7
设计		日期		比例						7
制图		日期		面料						7
描图		日期		辅料						7
校对		日期								7
审定		日期								7
										7
										7
10	15	10	10	10	15	15	15	15	15	

130

注：图中行距、列距的单位为毫米。

图 3

3.3 制图比例

3.3.1 制图比例分档规定见表 2。

表 2

原值比例	1∶1
缩小比例	1∶2　1∶3　1∶4　1∶5　1∶6　1∶10
放大比例	2∶1　4∶1

3.3.2 在同一图纸上，应采用相同的比例，并将比例填写在标题栏内；如需采用不同的比例时，必须在每一零部件的左上角处标注比例。如：M1∶1，M1∶2 等。

3.3.3 服装款式图的比例，不受以上规定限制。

3.4 图线及画法

3.4.1 裁剪图线形式及用途按表 3 规定。

表 3

单位为毫米

序号	图纸名称	图线形式	图线宽度	图线用途
1	粗实线		0.9 左右	1）服装和零部件轮廓线 2）部位轮廓线
2	细实线		0.3 左右	1）图样结构的基本线 2）尺寸线和尺寸界线 3）引出线
3	粗虚线		0.9 左右	背面轮廓影示线
4	细虚线		0.3 左右	缝纫明线
5	点划线		0.3 左右	对折线
6	双点划线		0.3 左右	折转线

3.4.2 同一图纸中同类图线的宽度应一致。虚线、点划线及双点划线的线段长短和间隔应各自相同。

3.4.3 点划线和双点划线的两端应是线段而不是点。

3.4.4 服装款式图的形式，不受以上规定限制。

3.4.5 图纸画法示意图见附录 A。

3.5 字体

3.5.1 汉字应采用中华人民共和国国务院正式公布推行的《汉字简化方案》中规定的简化字。

3.5.2 图纸中的文字、数字、字母都必须做到：字体工整，笔画清楚，间隔均匀，排列整齐，见图 4。

1号

字体工整笔画清楚间隔均匀排列整齐

2号

写仿宋字的四要领满锋匀劲满是充满方格必须勤

4号

衬布缩水率和缝纫锁眼线的性能色泽应与面料相适应

图 4

3.5.3 字体高度（用 h 表示）的公称尺寸系列为：1.8 mm、2.5 mm、3.5 mm、5 mm、7 mm、10 mm、14 mm、20 mm，如需要书写更大的字，其字体高度应按 $\sqrt{2}$ 的比率递增，字体高度代表字体的号数。

3.5.4 汉字应写成长仿宋体字，高度不应小于 1.8 mm，其字宽一般为 $h/\sqrt{2}$。

3.5.5 字母和数字可写成斜体或直体。斜体字字头应向右倾斜，与水平基准线成75°，见图5。

3.5.6 用作分数、偏差、注脚等的数字及字母，一般应采用小一号字体，见图5。

图5

4 尺寸标注法

4.1 基本规则

4.1.1 服装各部位及零部件的实际大小以图样上所注的尺寸数值为准。

4.1.2 图纸中（包括技术要求和其他说明）的尺寸，一律以厘米为单位。

4.1.3 服装制图部位、部件的每一尺寸，一般只标注一次，并应标注在该结构最清晰的图形上。

4.2 标注尺寸线的画法

4.2.1 尺寸线用细实线绘制，其两端箭头应指到尺寸界线。

4.2.2 制图结构线不能代替标注尺寸线，一般也不得与其他图线重合或画在其延长线上，见图6。

图 6

4.2.3 标注尺寸线及尺寸数字的位置如下：

4.2.3.1 需要标明直距离的尺寸时，尺寸数字一般应标在尺寸线的左面中间，见图7。如直距位置小，应将轮廓线的一端延长，另一端用对折线引出，在上下箭头的延长线上标注尺寸数字，见图8。

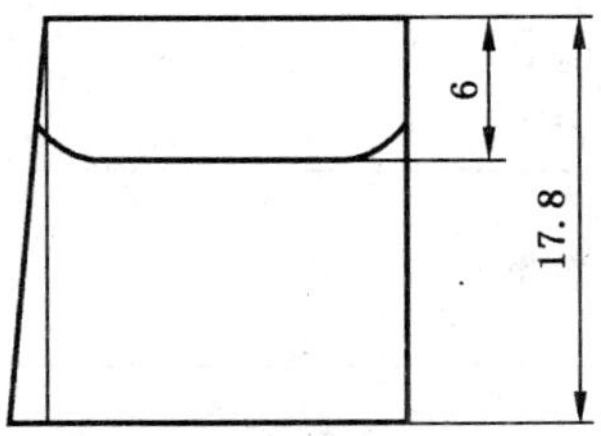

图 7

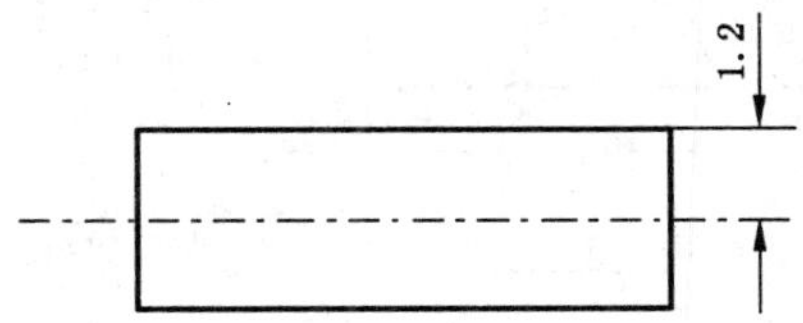

图 8

4.2.3.2 需要标明横距离的尺寸时，尺寸数字一般应标在尺寸线的上方中间，如横距尺寸位置小，需用细实线引出使之成为一个三角形，并在角的一端绘制一条横线，尺寸数字就标在该横线上，见图9。

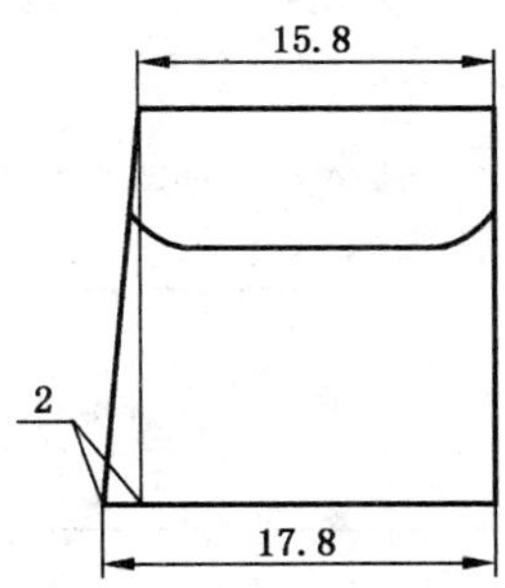

图 9

4.2.3.3 需要标明斜距离的尺寸时，需用细实线引出使之成为一个三角形，并在角的一端绘制一条横线，尺寸数字就标在该横线上，见图10。

4.2.3.4 尺寸数字不可被任何图线所通过，当无法避免时，必须将该图线断开，并用弧线表示，尺寸数字就标在弧线断开中间，见图11。

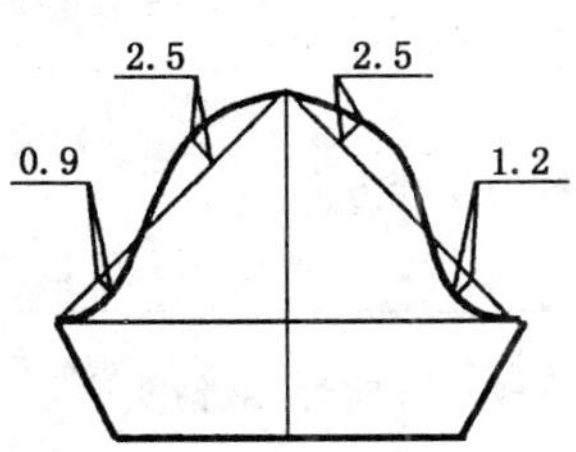

图 10

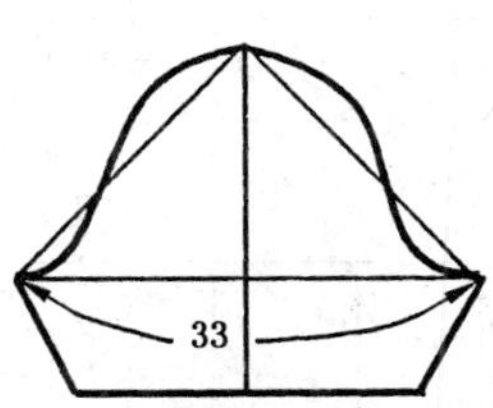

图 11

4.3　尺寸界线的画法

4.3.1　尺寸界线用细实线绘制，可以利用轮廓线，引出作为尺寸界线，见图12。

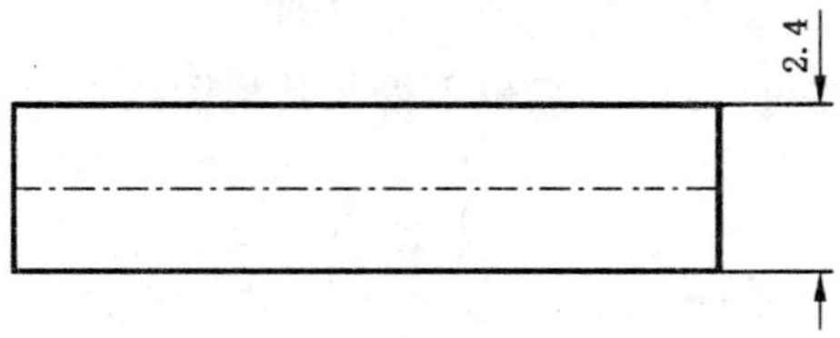

图 12

4.3.2　尺寸界线一般应与尺寸线垂直(弧线、三角形和尖形尺寸除外)。

5　服装制图符号

5.1　服装制图符号的名称按 GB/T 15557 规定，制图符号见表4。

表 4

序号	符号形式	名　　称	说　　　明
1	○ △ □……	等量号	尺寸大小相同的标记符号
2		特殊放缝	与一般缝份不同的缝份量
3	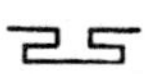	单阴裥	裥底在下的折裥
4		扑裥	裥底在上的折裥
5	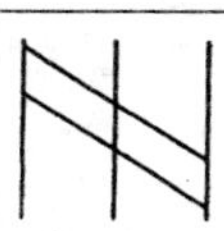	单向折裥	表示顺向折裥自高向低的折倒方向
6		对合折裥	表示对合折裥自高向低的折倒方向
7		等分线	表示分成若干个相同的小段
8	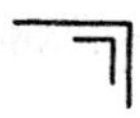	直角	表示两条直线垂直相交
9		重叠	两部件交叉重叠及长度相等
10		斜料	有箭头的直线表示布料的经纱方向
11	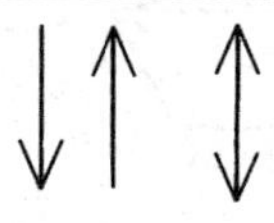	经向	单箭头表示布料经向排放有方向性，双箭头表示布料经向排放无方向性

表 4(续)

序号	符号形式	名　　称	说　　　明
12		顺向	表示折裥、省道、复势等折倒方向，意为线尾的布料应压在线头的布料之上
13		缉双止口	表示布边缉缝双道止口线
14	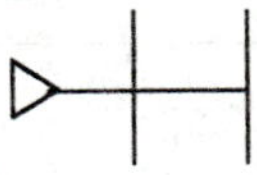	拉链安装止点	表示拉链安装的止点位置
15	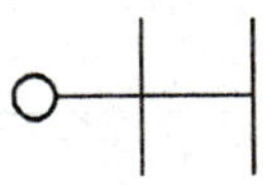	缝合止点	除缝合止点外，亦表示缝合开始的位置，附加物安装的位置
16		按扣	内部有叉表示门襟上用扣。两者成凹、凸状，且用弹簧固定
17		钩扣	长方形表示里襟用扣，两者成钩合固定
18		开省	省道的部分需剪去
19	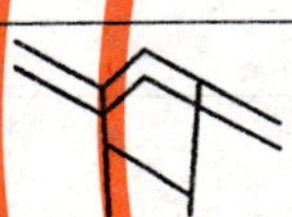	折倒的省道	斜向表示省道的折倒方向
20		分开的省道	表示省道的实际缉缝形状
21		拼合	表示相关布料拼合一致
22		敷衬	表示敷衬，斜线不分方向
23		缩缝	用于布料缝合时收缩
24		归拢	表示需熨烫归拢的部位
25		拔开	表示需熨烫抻开的部位
26	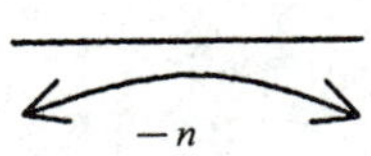	拉伸	n 为拉伸量，表示该部位长度需要拉长
27	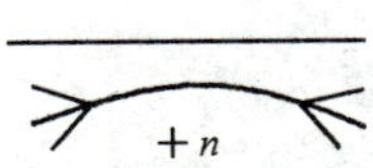	收缩	n 为收缩量，表示该部位长度需要缩短

表 4(续)

序号	符号形式	名　称	说　明
28		扣眼	两短线间距离表示扣眼大小
29		钉扣	表示钉扣的位置
30	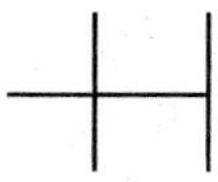	合位	表示缝合时应对准的部位
31	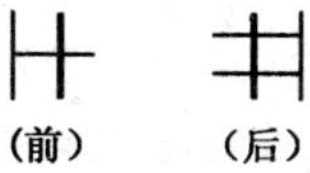	对位记号	表示相关衣片的两侧作对位记号
32		部件安装的部位	表示部件安装的位置
33	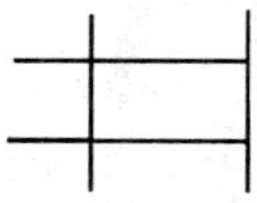	串带安装位置	装串带的位置
34	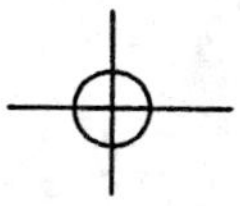	钻眼位置	表示裁剪时需钻眼的位置

5.2　在制图中,若使用其他制图符号或非标准符号,必须在图纸中用图和文字加以说明。

附　录　A
（资料性附录）
图纸画法示意图

A.1　西服的裁剪图及尺寸标法示例见图 A.1。

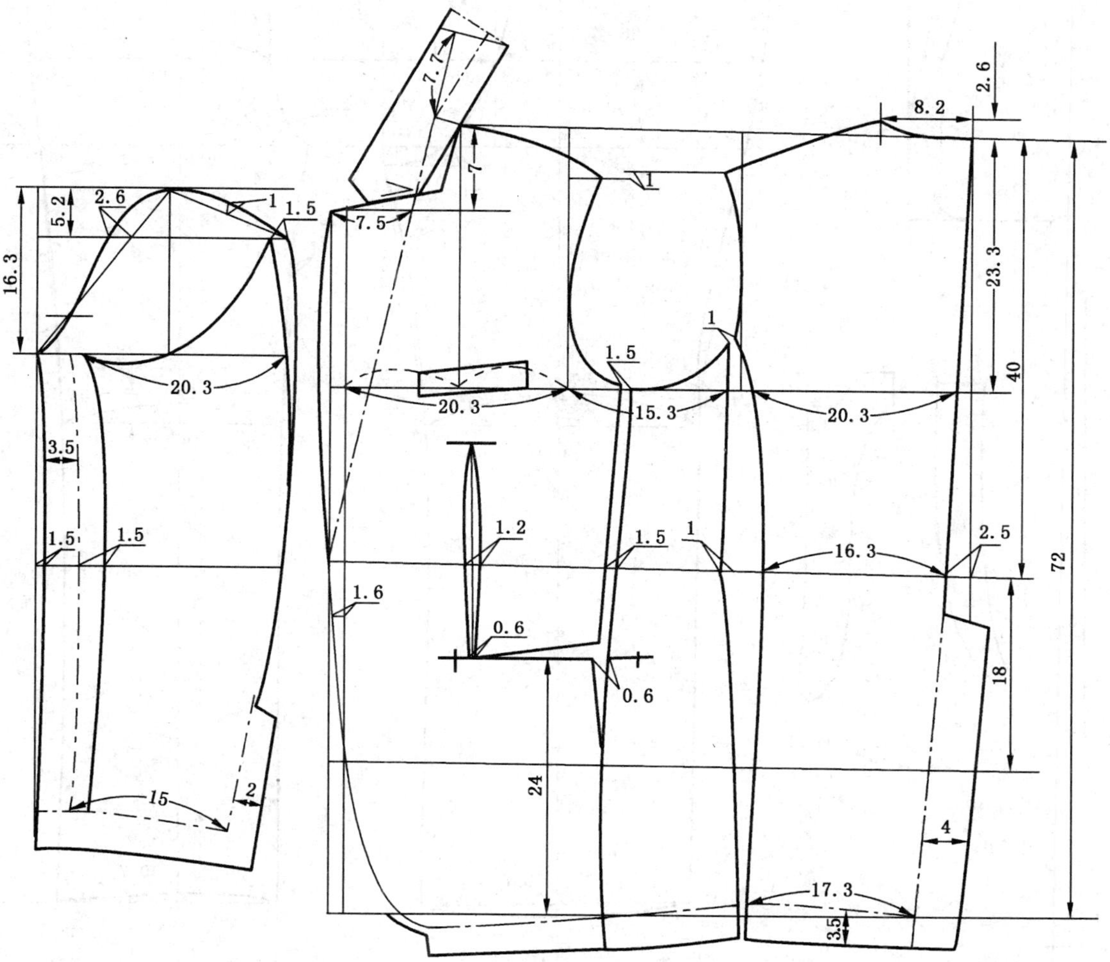

单位				产品		图纸代号			
图名	男西服裁剪图			号型	170/92A	成品规格			
				体型		部位	cm	部位	cm
设计		日期		比例	1∶4	后衣长	72		
制图		日期		面料		袖长	58.5		
描图		日期		辅料		胸围	104		
校对		日期				总肩宽	45		
审定		日期				背长	40		
						腰臀差	18		
						袖口	15		

图 A.1

A.2 男长裤的裁剪图及尺寸标法示例见图 A.2。

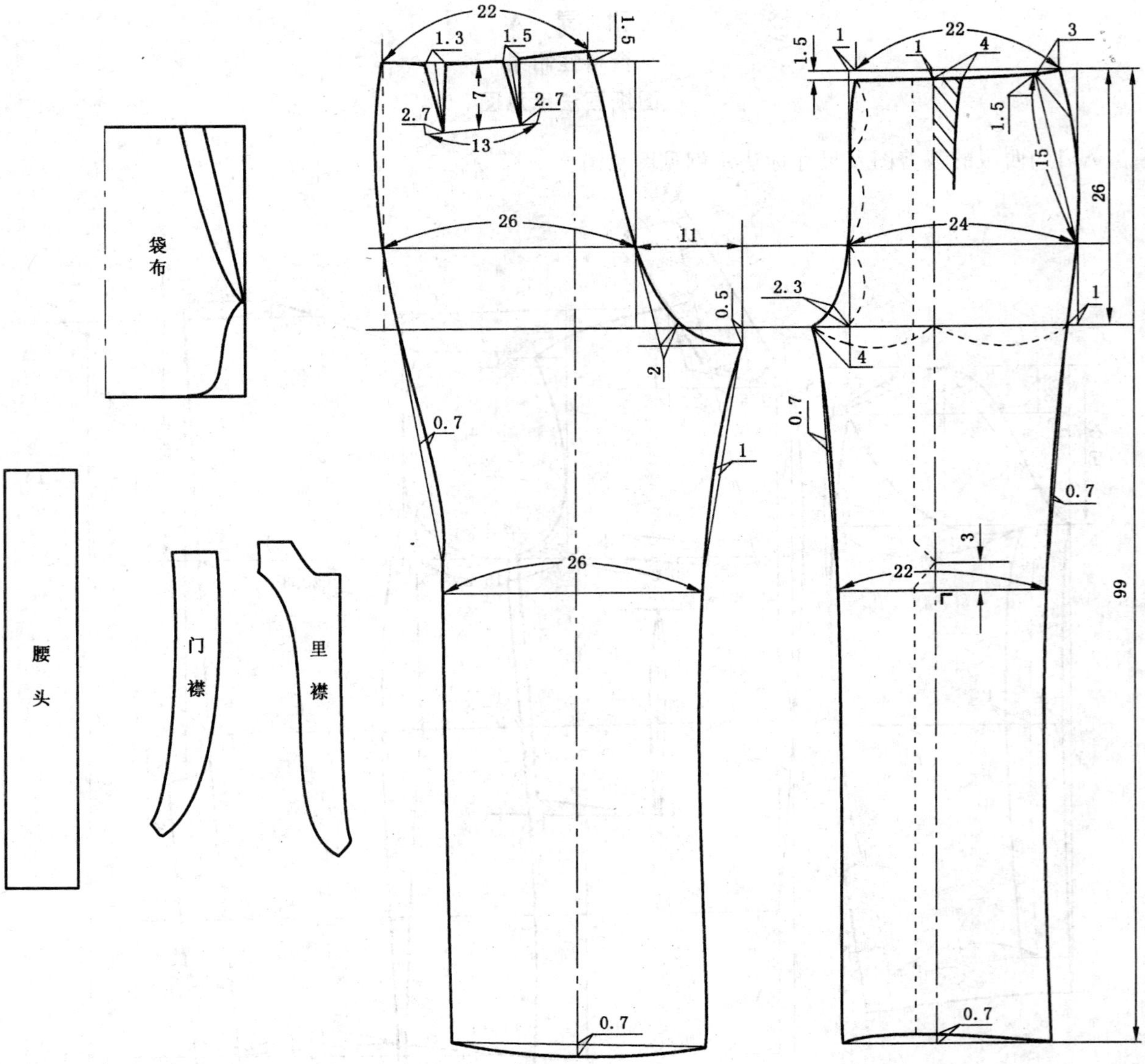

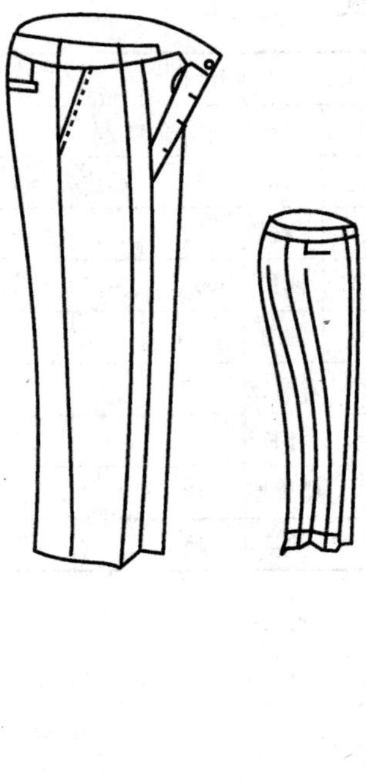

单位				产品			图纸代号		
图名	男西裤裁剪图			号型	170/74A	成品规格			
				体型		部位	cm	部位	cm
设计		日期		比例	1∶4	裤长	103		
制图		日期		面料		腰围	72		
描图		日期		辅料		臀围	100		
校对		日期				直裆	26		
审定		日期							

图 A.2

附 录 B
（规范性附录）
服装制图主要部位代号

B.1 服装制图主要部位的名称按 GB/T 15557 规定。

B.2 服装制图主要部位代号见表 B.1。

表 B.1

序号	中文	英文	代号
1	长 度	Length	L
2	头围	Head Size	HS
3	领 围	Neck Girth	N
4	胸 围	Bust Girth	B
5	腰 围	Waist Girth	W
6	臀 围	Hip Girth	H
7	横肩宽	Shoulder	S
8	领 围 线	Neck Line	NL
9	前中心线	Front Center Line	FCL
10	后中心线	Back Center Line	BCL
11	上 胸 围 线	Chest Line	CL
12	胸 围 线	Bust Line	BL
13	下 胸 围 线	Under Burst Line	UBL
14	腰 围 线	Waist Line	WL
15	中 臀 围 线	Meddle Hip Line	MHL
16	臀 围 线	Hip Line	HL
17	肘 线	Elbow Line	EL
18	膝 盖 线	Knee Line	KL
19	胸 点	Bust Point	BP
20	颈 肩 点	Side Neck Point	SNP
21	颈 前 点	Front Neck Point	FNP
22	颈 后 点	Back Neck Point	BNP
23	肩 端 点	Shoulder Point	SP
24	袖 窿	Arm Hole	AH

表 B.1（续）

序号	中文	英文	代号
25	袖长	Sleeve Length	SL
26	袖口	Cuff Width	CW
27	袖山	Arm Top	AT
28	袖肥	Bicpes Circumference	BC
29	裙摆	Skirt Hem	SH
30	脚口	Slacks Bottom	SB
31	底领高	Band Height	BH
32	翻领宽	Top Collar Width	TCW
33	前衣长	Front Length	FL
34	后衣长	Back Length	BL
35	前胸宽	Front Bust Width	FBW
36	后背宽	Back Bust Width	BBW
37	上裆(股上)长	Crotch Depth	CD
38	股下长	Inside Length	IL
39	前腰节长	Front Waist Length	FWL
40	后腰节长	Back Waist Length	BWL
41	肘长	Elbow Length	EL
42	前裆	Front Rise	FR
43	后裆	Back Rise	BR

附 录 C
（资料性附录）
服装纸样标准记号的使用示例

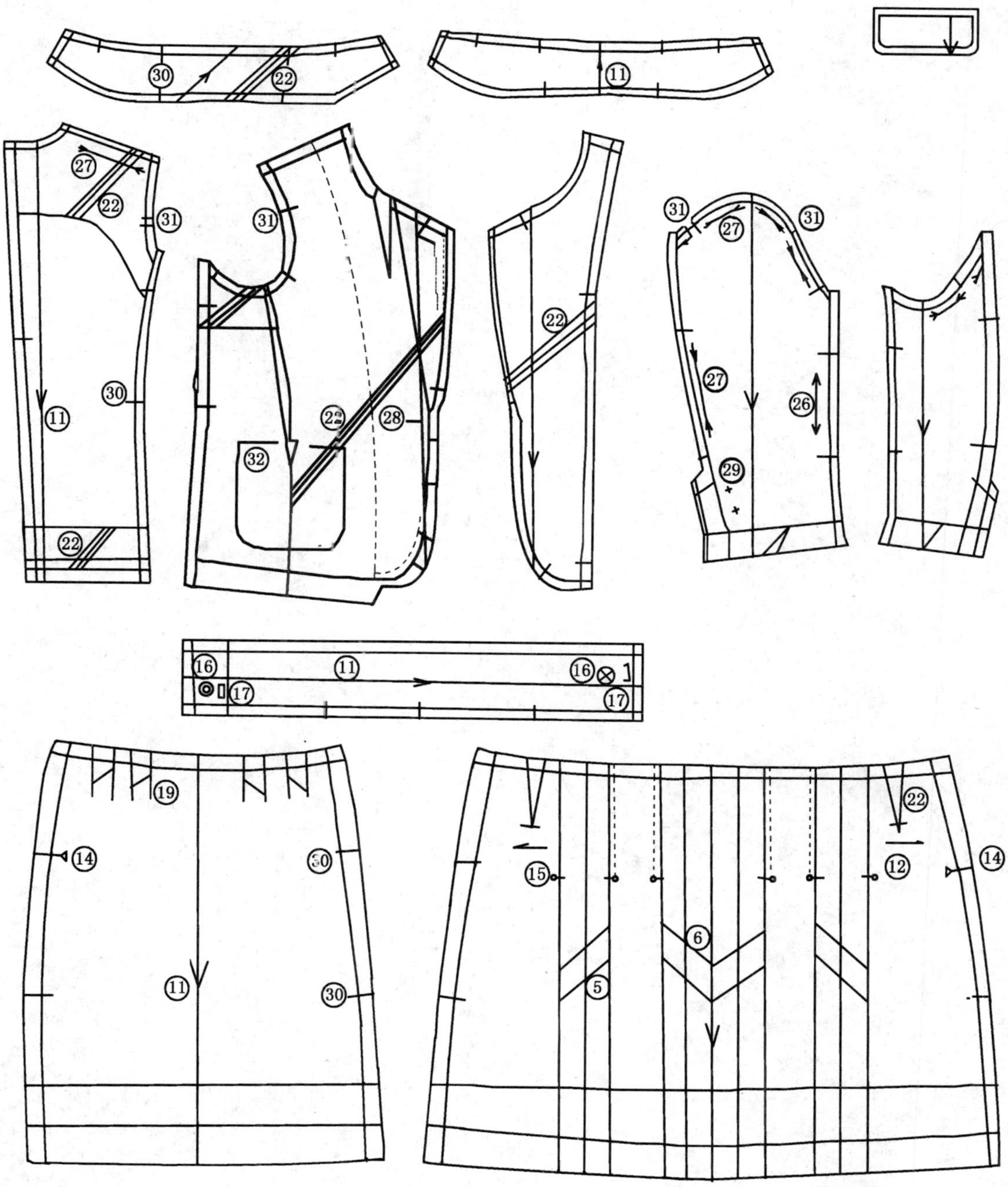

图 C.1

安全要求标准

ICS 61.020
Y 75

中华人民共和国国家标准

GB/T 22702—2008

儿童上衣拉带安全规格

Standard safety size for drawstrings on children's upper wear

2008-12-31 发布　　　　2009-08-01 实施

中华人民共和国国家质量监督检验检疫总局
中国国家标准化管理委员会　发布

前　言

本标准修改采用美国材料与试验协会标准 ASTM F 1816—2004《儿童上身外衣拉带安全要求》(英文版)。

本标准与 ASTM F 1816—2004 的主要差异如下：

——删除了 ASTM F 1816—2004 的前言和引言；

——修改了 ASTM F 1816—2004 的"范围"；

——删除了 ASTM F 1816—2004 的"套结"、"套环"、"上身外衣"术语；"上身外衣下摆"修改为"上衣下摆"并修改其定义；增加"带袢"、"幼童"、"大童和青少年"的术语及定义；

——删除了 ASTM F 1816—2004 中的非规格条文，与本标准范围相适应；增加了 4.1.2、4.3 条文，对大童和青少年上衣的风帽和颈部、其他部位的拉带提出了要求；

——增加了拉带的测量方法与要求；

——删除了 ASTM F 1816—2004 的关键字与附录 X1"基本原理"。

本标准由中国纺织工业协会提出。

本标准由全国服装标准化技术委员会(SAC/TC 219)归口。

本标准由全国服装标准化技术委员会负责解释。

本标准主要起草单位：上海市服装研究所、红黄蓝集团有限公司、泉州格林服装有限公司、上海雅多服装有限公司。

本标准主要起草人：许鉴、施琴、聂雅渊、叶显东、沈卫平、郑雅芳。

儿童上衣拉带安全规格

1 范围

本标准规定了14岁以下儿童上衣拉带的安全规格，其目的在于减少儿童上衣拉带造成的勒伤和车辆拖曳危险。

本标准适用于14岁以下儿童穿着的上衣。

2 规范性引用文件

下列文件中的条款通过本标准的引用而成为本标准的条款。凡是注日期的引用文件，其随后所有的修改单(不包括勘误的内容)或修订版均不适用于本标准，然而，鼓励根据本标准达成协议的各方研究是否可使用这些文件的最新版本。凡是不注日期的引用文件，其最新版本适用于本标准。

GB/T 1335.3　服装号型　儿童

GB/T 15557　服装术语

3 术语和定义

GB/T 15557确立的以及下列术语和定义适用于本标准。

3.1

上衣下摆　bottom of upper wear

上衣大身的最低边缘。

3.2

拉带　drawstring

穿过绳道、绳线环、孔眼或类似部件，带有或不带有装饰物(如套环、绒球、羽毛或念珠等)，以各种纺织或非纺织材料制成的绳索、链条、系带、绳带或绳线，用于调整服装开口部位或部件穿着时的尺寸松紧度，或用于系紧服装本身。

3.3

带袢　loop

弯曲的绳索或窄条，长度固定或可调整，两端固定在服装上。

3.4

风帽　hood

与上衣相连，包裹头部的宽松可塑覆盖物，可拆卸或固定。

3.5

领口　neck opening

以上衣大身与领子或风帽之间的接缝为标志的开口。

3.6

颈部　neck area

领口上下2.5 cm的区域。

3.7

腰部　waist

位于胸部与臀部之间躯干最窄的部位。

3.8

幼童　young child

从出生到7岁(身高130 cm及以下)的儿童。

3.9

大童和青少年　older child and young person

从7岁到14岁的儿童。

注：在本标准中，儿童身高参考GB/T 1335.3。

4　要求

4.1　风帽和颈部的拉带规格

4.1.1　幼童上衣的风帽和颈部不允许使用拉带。

4.1.2　大童和青少年风帽和颈部的拉带规格见图1。

4.1.2.1　当服装放平摊开至最大宽度时，风帽和颈部不应有突出的带袢。

4.1.2.2　当服装扣紧至合身尺寸时，风帽和颈部的带袢周长不超过15 cm。

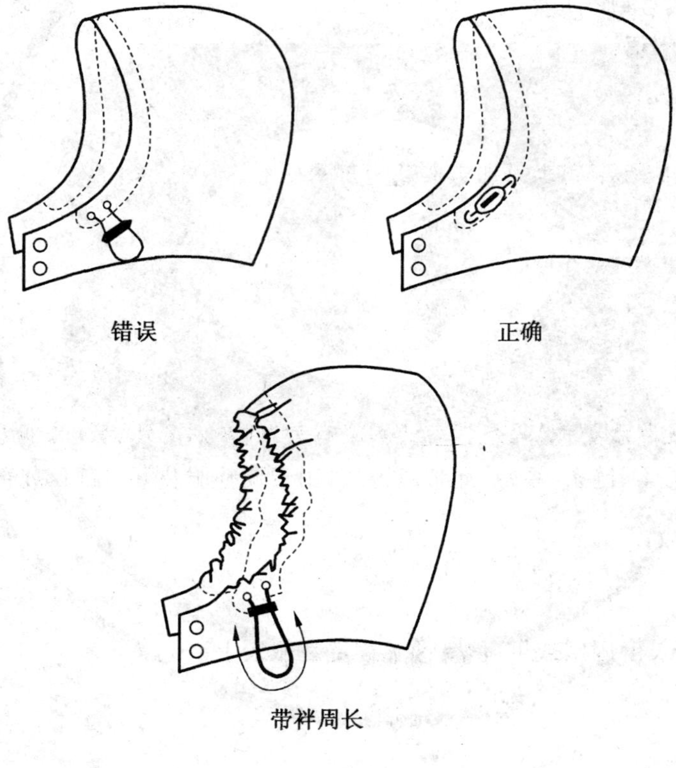

图1

4.2　腰部和下摆处的拉带规格

当服装放平摊开至最大宽度时，拉带露出绳道的长度每处每根均不应超过7.5 cm。

4.3　其他部位的拉带规格

在上述未提到的其他所有部位，当服装放平摊开至最大宽度时，拉带露出绳道的长度每处每根均不应超过14 cm。

5　测量方法与要求

5.1　拉带应在平摊、放松状态下测量。

5.2　拉带长度测量方法按有自由端、无自由端两种方式测量。

5.2.1 有自由端的拉带长度测量方法见图2。

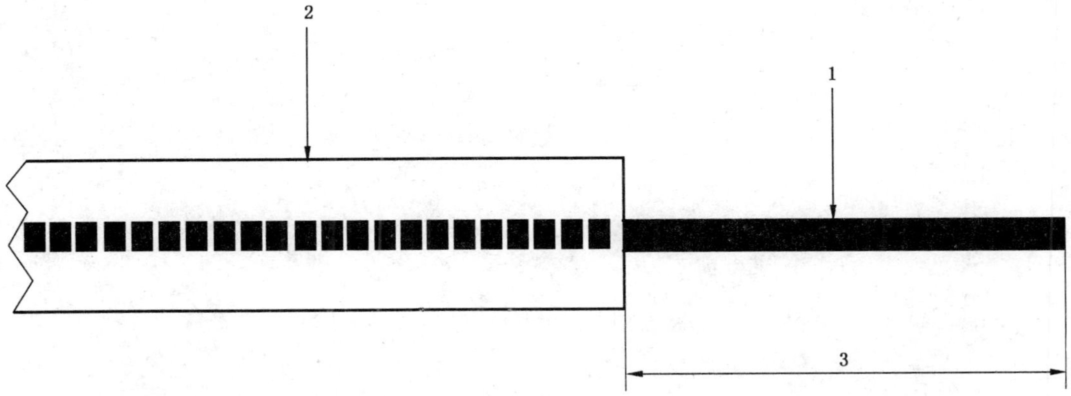

1——一端不固定,有自由端的拉带;

2——服装;

3——拉带长度(单位为厘米)。

图2

5.2.2 无自由端的拉带长度测量方法见图3。

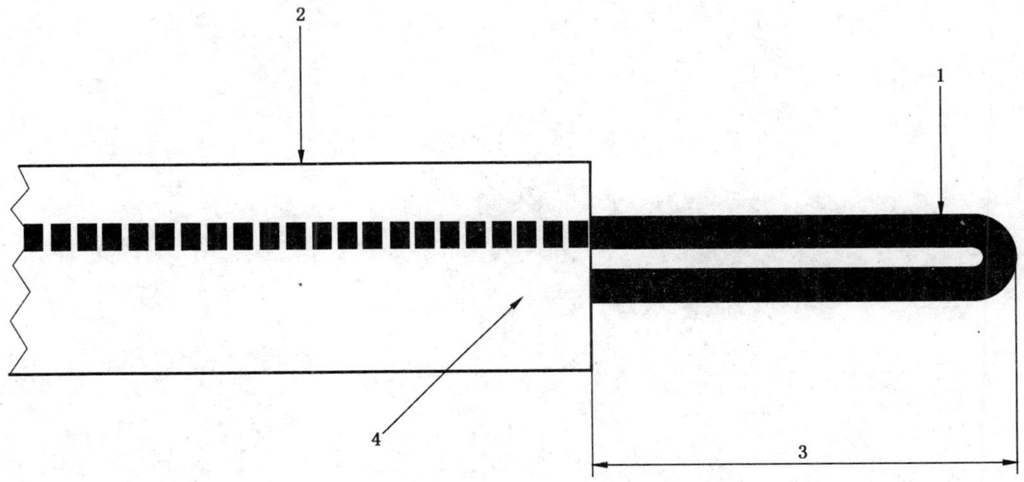

1——两端都固定,无自由端的拉带;

2——服装;

3——拉带长度(单位为厘米);

4——拉带两端都固定在服装内部。

图3

ICS 61.020
Y 75

中华人民共和国国家标准

GB/T 22704—2008

提高机械安全性的儿童服装设计和生产实施规范

Code of practice for the design and manufacture of children's clothing to promote mechanical safety

2008-12-31 发布　　2009-08-01 实施

中华人民共和国国家质量监督检验检疫总局
中国国家标准化管理委员会　发布

前　言

本标准修改采用英国标准 BS 7907:1997《提高机械安全性的儿童服装设计和生产实施规范》(英文版)。

本标准与 BS 7907:1997 的主要差异如下：

——删除了英国标准的目录、前言；

——修改了规范性引用文件；

——删除了英国标准的“儿童服装”条文，增加了“机械性危害”条文及定义；调整了“风险评估”、“风险”、“危险”条文的顺序；

——删除了英国标准 6.2 中关于儿童拉带安全的要求和条文，修改为“设计服装的绳索、拉带时，应符合 GB/T 22702、GB/T 22705 的规定”；

——增加了儿童各年龄段的身高；

——删除了资料性附录 A“童装事故统计”；

——修改了附录 B“服装部件脱落强度的测试方法”；

——增加了附录 C“纽扣强度的测试方法”。

本标准的附录 B、附录 C、附录 D、附录 E 为规范性附录，附录 A 为资料性附录。

本标准由中国纺织工业协会提出。

本标准由全国服装标准化技术委员会(SAC/TC 219)归口。

本标准由全国服装标准化技术委员会负责解释。

本标准主要起草单位：上海市服装研究所、泉州格林服装有限公司、红黄蓝集团有限公司、上海雅多服装有限公司。

本标准主要起草人：聂雅渊、施琴、许鉴、赵建河、叶显东、郑雅芳、王宏明。

提高机械安全性的儿童服装设计和生产实施规范

1 范围

本标准规定了14岁以下儿童服装的材料、设计、生产的实施规范，以提高儿童服装的机械安全性。

本标准适用于14岁以下儿童穿着的服装。

2 规范性引用文件

下列文件中的条款通过本标准的引用而成为本标准的条款。凡是注日期的引用文件，其随后所有的修改单(不包括勘误的内容)或修订版均不适用于本标准，然而，鼓励根据本标准达成协议的各方研究是否可使用这些文件的最新版本。凡是不注日期的引用文件，其最新版本适用于本标准。

GB/T 1335.3 服装号型 儿童

GB/T 6529 纺织品 调湿和试验用标准大气

GB/T 8685 纺织品 维护标签规范 符号法

GB/T 15557 服装术语

GB/T 22702 儿童上衣拉带安全规格

GB/T 22705 童装绳索和拉带安全要求

FZ/T 80003 纺织品和服装 缝纫型式 分类和术语

QB/T 2171 金属拉链

QB/T 2172 注塑拉链

QB/T 2173 尼龙拉链

3 术语和定义

GB/T 15557确立的以及下列术语和定义适用于本标准。

3.1

填充材料 filling material

嵌入服装而成为服装组成部分的填料、泡沫等材料。

3.2

合体试验 fit trial

检查样衣的合体性。

3.3

外部部件 foreign objects

不属于服装产品本身的部件。

3.4

不可拆分服装部件 non-detachable components

在正常使用时，不可分开且附在服装上的部件。

3.5

局部缺血性伤害 ischemic injuries

由于血液循环受阻引起对身体部位的伤害。

3.6

花边　motif

通常由面料制成，缝在服装上或粘在服装上的装饰性部件。

注：在本标准中，“花边”并不包括印花设计中直接运用到面料中的涂层或涂料。

3.7

四合扣　snap；press fasteners

起固紧作用的部件，通常由凸和凹两部分固定在服装相应的位置，对齐后运用外力扣紧。

3.8

重复后整理　repeated aftercare

符合洗涤标签的一系列后整理措施，反映了服装的用途和使用寿命。

3.9

危险　hazard

对穿着者构成伤害的潜在因素。

3.10

风险　risk

对穿着者构成伤害的危险发生的可能性和伤害的严重程度。

3.11

风险评估　risk assessment

评估服装设计、结构、材料或部件对最终使用者产生机械性危害的过程。

3.12

尖锐物体　sharp objects

穿着时物体的边或角已经暴露或者可能会暴露，并对穿着者造成刺伤或刮伤的物件，通常包括锐利尖端、锐利边缘。

3.13

粘扣带　touch and close fastener

由勾面和绒面的带子组成，勾面和绒面结合起到固定作用。也称魔术贴。

3.14

穿衣试验　wear trial

服装开发人员通过产品使用者试穿服装产品，获取服装穿着性能和特征信息的活动。

3.15

机械性危害　mechanical hazard

由服装非理化性能因素对穿着者构成的失足、滑倒、摔倒、哽塞、呕吐、缠绊、裂伤、血液循环受阻、窒息伤亡、勒死等伤害，参见附录A。

4　信息交流

4.1　概述

设计与生产部门之间应进行信息交流，保证每个部门了解细节并向其他部门提供足够的信息，合作完成具有机械安全性的服装。信息交流包括可能发生的所有危险的评估结果，见6.1。

4.2　设计细节

设计师必须事先向采购部门和生产部门提供有关材料、部件的要求，可以采用文字、图片、样板或样衣的形式，包括：

——关于服装、设计意图、目标消费者年龄的描述；

——关于附在服装上所有纽扣或四合扣的位置和描述；

——关于附在服装上所有拉链的功能和描述；
——关于附在服装上所有粘扣带的位置和描述；
——关于嵌入服装中所有填充材料和泡沫的位置和描述；
——关于服装上所有松紧带的位置和描述；
——关于附在服装上所有有绒球、蝴蝶结或花边的位置和描述；
——关于附在服装上所有绳索或缎带的位置和描述；
——关于附在服装上风帽的描述；
——风险评估描述，见6.1。

5 材料和部件

5.1 概述

服装材料和部件应从质量有保证的生产商处采购。按照GB/T 8685的规定正确选择护理标签。按照护理标签重复后整理后，部件不被损坏和破裂。评价服装安全性时需考虑后整理类别和频率，所有性能测试都应经过至少五次合适的后整理。

5.2 面料

5.2.1 作为服装的组成部分，面料不应对穿着者产生机械性危险或危害。

5.2.2 用于支撑缝合部件(如纽扣)的面料在低负荷下不应被撕破，宜在部件缝合处使用加固材料。服装部件脱落强度的测试方法按照附录B。

5.3 填充材料

用于衬里或絮料的填充材料不得含有硬或尖的物体。

5.4 线

单丝缝纫线用于加工细薄织物或针织物，童装制作中不应使用单丝缝纫线。在低负荷下，缝合部件(如纽扣)的缝纫线不应被拉断，服装部件脱落强度的测试方法按照附录B。

5.5 不可拆分部件

5.5.1 纽扣

5.5.1.1 童装纽扣应进行强度测试，测试步骤按照附录C。两个或两个以上刚硬部分构成的纽扣，容易引发组件分离或脱离服装的危险，不应用于三岁及三岁以下(身高90 cm及以下)童装。

注：在本标准中，儿童身高参考GB/T 1335.3。

5.5.1.2 纽扣边缘不允许尖锐，防止造成危险。

5.5.1.3 与食物颜色或外形相似的纽扣不允许用于童装。

5.5.2 其他部件

三岁及三岁以下(身高90 cm及以下)童装不应使用绒球。花边、图案和标签不能只用胶粘剂粘贴在服装上，应保证经多次服装后整理后不脱落。

5.6 拉链

拉链的采购应遵循QB/T 2171、QB/T 2172、QB/T 2173。塑料拉链可减轻夹住事故的伤害程度。

5.7 松紧带

松紧带的使用应避免给服装穿着者带来伤害，见6.7。

6 设计

6.1 概述

设计时不仅要考虑产品的所有号型、各年龄阶段儿童的能力，还要考虑服装在各种情况下的机械性危害，包括失足、滑倒、摔倒、哽塞、呕吐、缠绊、裂伤、血液循环受阻、窒息伤亡、勒死等，参见附录A。应考虑每一种危险，并采取相应措施降低危险发生的可能性。

6.2 绳索、缎带、蝴蝶结和领带

6.2.1 设计服装的绳索、拉带时，应符合GB/T 22702、GB/T 22705的规定。

6.2.2 三岁或三岁以下(身高90 cm及以下)童装上的蝴蝶结应固定以防止被误食，且蝴蝶结尾端不超过5 cm。缎带、蝴蝶结的末端应充分固定保证不松开。可运用恰当的工艺技术，包括套结、热封或在绳索上使用塑料管套。在绳索末端使用塑料管套应能承受至少100 N的拉力，测试步骤按照附录D。

6.2.3 五岁(身高100 cm及以下)以下儿童服装不允许使用与成年人领带类似的领带。儿童领带应设计为易脱卸，防止缠绕，可在领圈上使用粘扣带或夹子。

6.3 絮料和泡沫

6.3.1 带有絮料或泡沫的服装，其填充材料不得被儿童获取，保证安全可靠。

6.3.2 服装生产过程中应确保包覆填充材料的缝线牢固，防止穿着时缝线断、脱。

6.4 连脚服装

室内穿着的连脚服装应增强防滑性，如在服装脚底面料上粘合摩擦面。

6.5 风帽

6.5.1 三岁或三岁以下(身高90 cm及以下)儿童的睡衣不允许带有风帽。

6.5.2 为童装设计风帽和头套时，应将影响儿童视力或听力的危害降至最低。

6.5.3 设计师应对勾住、夹住危险进行风险评估。凡发生问题的地方，应采取措施降低危害。

6.6 服装号型

按GB/T 1335.3或其他合适的人体测量数据。

6.7 带松紧带的袖口

袖口松紧带过紧或过硬会阻碍手或脚部的血液循环，特别是在婴儿服中需要注意，其设计应参照GB/T 1335.3。生产说明书中应包括伸缩性和弹性测试在内的面料使用记录、关键试验记录等。

6.8 男童裤装拉链

6.8.1 五岁及五岁以下(身高100 cm及以下)男童服装的门襟区域不得使用功能性拉链。

6.8.2 男童裤装拉链式门襟应设计至少2 cm宽的内盖，覆盖拉链开口，沿门襟底部将拉链开口缝住。

7 生产步骤

7.1 概述

生产商应记录生产过程、步骤，详细记录与产品安全有关的所有环节，保证能随时查询。

7.2 松紧带

生产说明书和松紧带缝合工序中应写明松紧带松弛状态的尺寸，见6.7。

7.3 尖锐物体

服装生产过程中的针、钉或其他尖锐物与穿着者接触会造成严重伤害。生产商应尽量避免尖锐物的使用。

7.4 缝纫针

7.4.1 生产商应注重厂房管理，记录各生产步骤，保证服装不受针或断针带来的污染。生产商宜引进缝针控制工序，包括：

a) 确定1人负责缝纫针的发放；

b) 保证只有指定的人才能接触缝纫针；

c) 保证收回旧缝针后才发放新缝针；

d) 回收所有断针碎片或处理断针服装；

e) 记录所有断针事件和处理办法。

7.4.2 书面记录所有工序和处理办法，可独立审查各环节。

7.4.3 上述方法同样适用于针织机针和套口机针。

7.5 金属污染

7.5.1 金属探测

7.5.1.1 使用服装金属扫描探测仪使服装免受金属污染，但不完全替代针控和其他程序。

7.5.1.2 每天进行金属探测装置的校准，应保证设备的灵敏度。

7.5.1.3 带有金属成分的部件在附入服装之前应进行金属探测。

7.5.1.4 缝针探测器和兼容仪器应在生产完成后使用。

7.5.2 服装分类

应明确区分已检验、未检验或被退回的服装。

7.6 纽扣

锁式线迹和手缝线迹的工序应得到有效控制，固定在服装上的纽扣应较牢固。链式线迹固定在服装上的纽扣易脱落，因此不适用于三岁或三岁以下(身高 90 cm 及以下)童装。线迹分类类型参照 FZ/T 80003。

7.7 四合扣

7.7.1 四合扣的使用说明应告知生产工序的操作人员，包括四合扣类型、位置等。

7.7.2 生产商应按照下列程序控制四合扣的牢固性，按照附录 E 对四合扣自身的牢固性进行测试：

a) 确认选择了合适的四合扣，见 5.1。

b) 确认机器金属模板和配置的精确性。

c) 设置机器检测路线和频率。

d) 设置服装检测标准。

e) 记录异常现象以便今后查询。

f) 明确标注或鉴别特殊的服装，与正常产品区分开。

g) 四合扣机夹持设置变动一次，至少检查和记录两次，保证四合扣的正确使用。

h) 预水洗的服装在水洗工序完成后安装四合扣。

7.8 絮料和泡沫

处理絮料或泡沫的缝份时，保证足够的缝份量，见 6.3。

8 材料、服装的检验和测试

8.1 概述

8.1.1 检验和测试人员根据说明书、工作明细表及本标准，有效完成服装安全性检查工作。

8.1.2 服装制作过程中、制作完成后均应进行安全性检测。

8.2 组合部件

不允许各部件由于面料破损(见 5.2.2)、缝线损坏(见 5.4)等原因，从服装上脱落，见附录 B 和附录 E。

8.3 松线和浮线

12 个月以下(身高 75 cm 及以下)儿童服装，在手或脚处不应有松线和长度超过 1 cm 的未修剪的浮线。

8.4 外部部件

制作完成后进行服装检测，不允许与服装无关的部件隐藏在服装内。连脚服装应翻出，保证检测的进行。

8.5 对退回服装的处理

退回的服装应做好明确标记，不与完好的服装混淆。由于安全问题被退回的服装只能在完全修正后出售。

附　录　A
（资料性附录）
服装对儿童可能产生的机械性危害

A.1　局部缺血性伤害

在人体足部或手部，松散、未修剪的绳线会包覆手指或脚趾，阻碍血液循环，产生局部缺血性伤害。这种危害短时间内不易察觉。为婴儿设计服装时需注意，袖口的松紧带太紧或太硬都会阻碍足部或手部血液循环。

A.2　拉链引起的夹持事故

带有拉链的男裤易造成儿童生殖器被拉链齿夹住。虽然减少拉链的使用可消除危险，但不是长久、实用的方法。

A.3　尖锐物体伤害

包含尖锐物体的服装会对儿童产生刺伤、划伤或更严重的伤害。纽扣、拉链或装饰物上的尖锐边缘、穿着或后整理过程中部件磨损产生的尖锐边缘都会对穿着者造成伤害。服装生产、包装过程中使用的针、钉和其他尖锐物体，如果残留在服装中，也会给消费者带来严重伤害。

A.4　可拆分部件伤害

纽扣是服装意外事故和消费者投诉的最主要原因，其次是四合扣部件。当四合扣与服装分离时，其尖爪暴露在外，给穿着者带来伤害。纽扣、套环、花边等许多部件与服装分离，可能会给儿童带来危害，特别是三岁及三岁以下的儿童。儿童把服装部件放入嘴里、鼻子、耳朵，造成窒息危险，例如石洗工序中的残渣。

A.5　勒伤、勾住和缠绊

带有绳索的服装易导致勒伤、勾住和缠绊等伤害。非功能性绳索应尽量避免使用，功能性绳索可由安全的设计元素代替。用坚硬部件终结绳索末端，例如套环或铃铛等，可能会增加缠绊的危险，尤其是青少年服装。与成年人领带类似的传统领带易产生勒伤和缠绊的危险。

A.6　视力、听力受限

带有风帽和某些种类头套的服装会影响到儿童视力或听力，增加儿童发生事故的可能性，特别是操场事故、交通事故。

A.7　窒息

童装引起的窒息事件较少，但风帽材料不透气可能导致窒息。三岁及三岁以下儿童带有风帽的睡衣也有可能导致窒息。

A.8　哽塞

学龄前儿童，特别是12个月以下的婴儿，在吮吸、吞咽蝴蝶结或缎带等部件时，易产生呕吐事故，造成吸入性呕吐或其他严重疾病。

A.9 绊倒和摔倒

大多数绊倒和摔倒是因为服装不合体，可能是服装选择不当或号型尺寸不正确。腰带或绳索太长、学步儿童只穿袜子或连脚式服装也会导致绊倒和摔倒。

附 录 B
（规范性附录）
服装部件脱落强度的测试方法

B.1 总则

本试验方法适用于成衣测试，但也可用于测试服装设计生产过程中的产品。

B.2 原理

拉力测试仪的上夹具和下夹具夹住服装部件。夹具以设定速度移动，直至部件脱落。记录脱落强度和方式。本标准要求：

——部件直径小于 6 mm，最小脱落强度为 50 N；

——部件直径大于 6 mm，最小脱落强度为 70 N。

B.3 仪器

B.3.1 拉力测试仪应满足以下条件：

——能不断测试并记录脱落强度；

——夹持分离率为（100±10）mm/min；

——上下夹具之间的距离可设定为 1 mm 至 75 mm 之间，误差为±0.5 mm。

B.3.2 带有沟槽平板的实验箱主要用于测试纽扣、工字扣、绒球、珠子等服装部件。不同部件所使用的实验箱见图 B.1。实验箱沟槽平板的大小应满足不同部件的测试。沟槽平板见图 B.2，厚度为（1.65±0.15）mm，沟槽宽度（W）不损坏部件的附着方式。

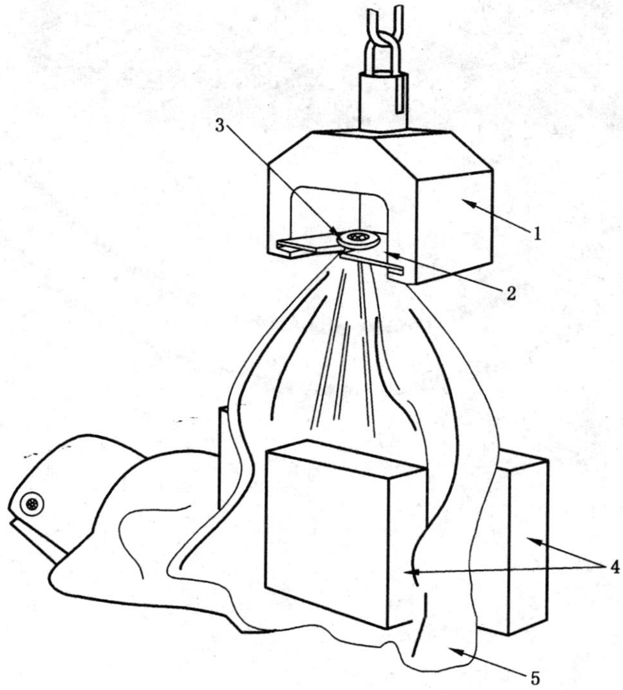

1——实验箱；
2——沟槽平板；
3——测试中的纽扣；
4——平面夹具；
5——服装面料。

a）纽扣

图 B.1 实验箱

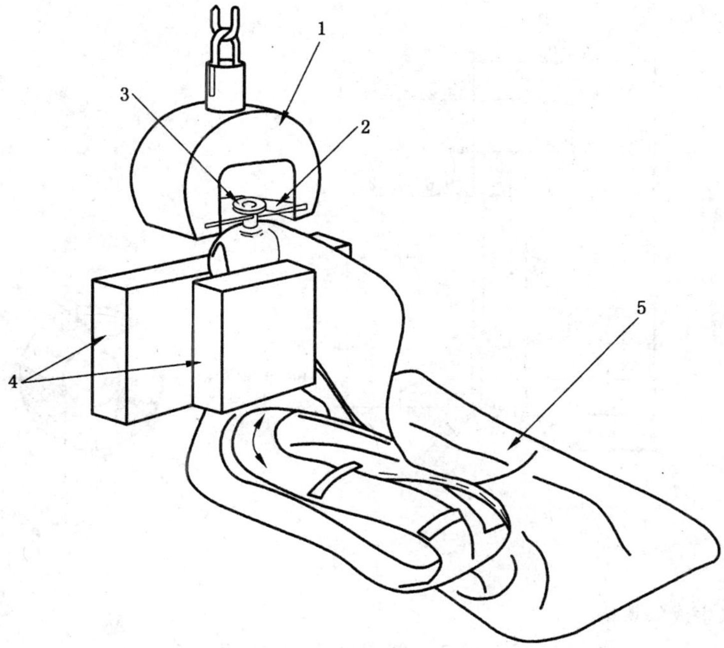

1——实验箱；
2——沟槽平板；
3——测试中的工字扣；
4——平面夹具；
5——服装面料。

b) 工字扣

图 B.1（续）

单位为毫米

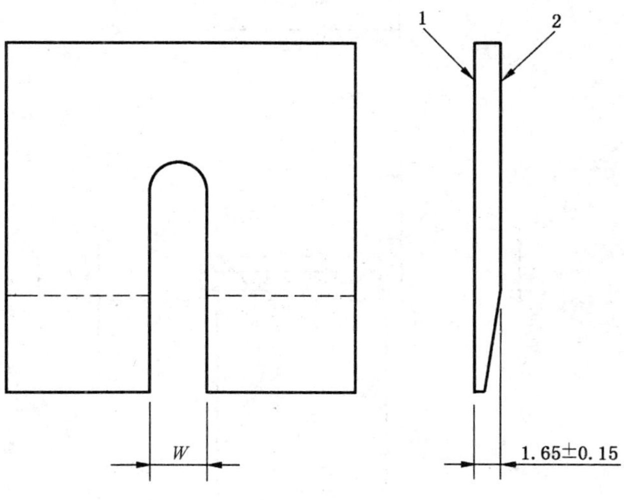

1——平板上表面；
2——平板下表面。

图 B.2 实验箱的平板

B.3.3 四合扣上夹具包含至少 3 个尖爪并且至少能握持四合扣外边缘的 70%，夹爪应分布均匀。在不变形、不损坏部件的情况下，夹具稳固地夹紧部件外边缘，上夹具正视图、俯视图见图 B.3。若凸部分的外边缘无法夹住，可采取替代办法夹住中心柱。

单位为毫米

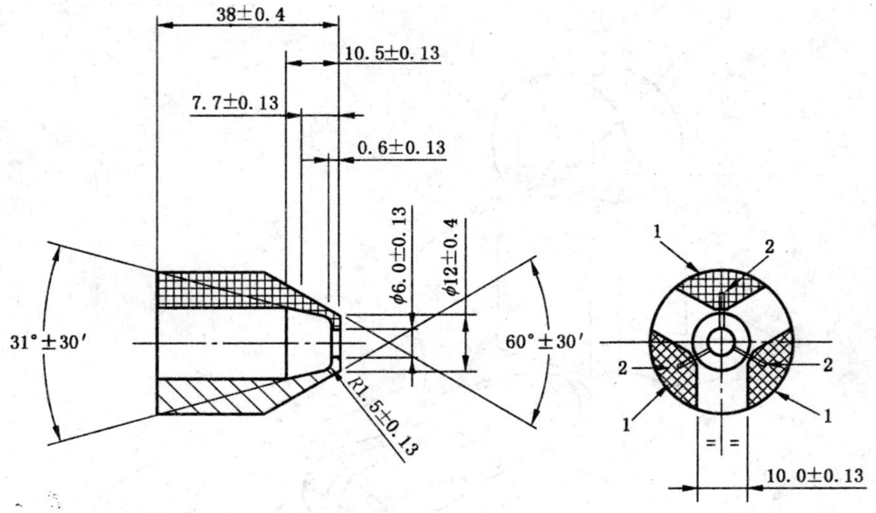

1——无尖爪区域；

2——0.4 mm 宽纵锯生成的狭槽。

图 B.3　四合扣的上夹具

B.3.4　四合扣下夹具装置见图 B.4，图中的尺寸适合大部分童装四合扣的测试。

单位为毫米

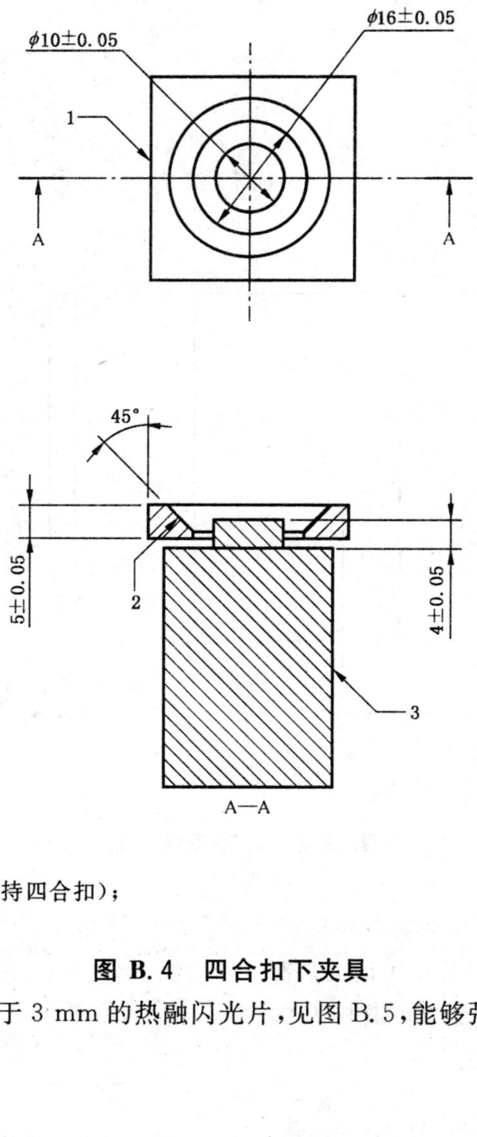

1——夹环；

2——下夹具斜面（方便上夹具握持四合扣）；

3——中心柱。

图 B.4　四合扣下夹具

B.3.5　亮片上夹具用于测试大于 3 mm 的热融闪光片，见图 B.5，能够张开并夹住亮片下边缘。

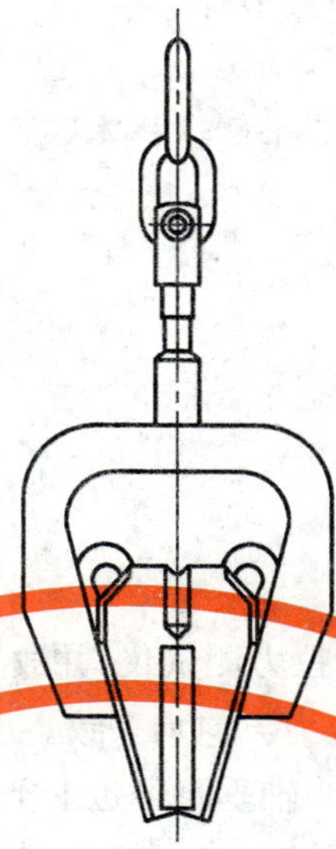

图 B.5 亮片上夹具

B.3.6 亮片下夹具用于测试大于 3 mm 的热融闪光片，由中心柱和夹环构成，见图 B.6。

单位为毫米

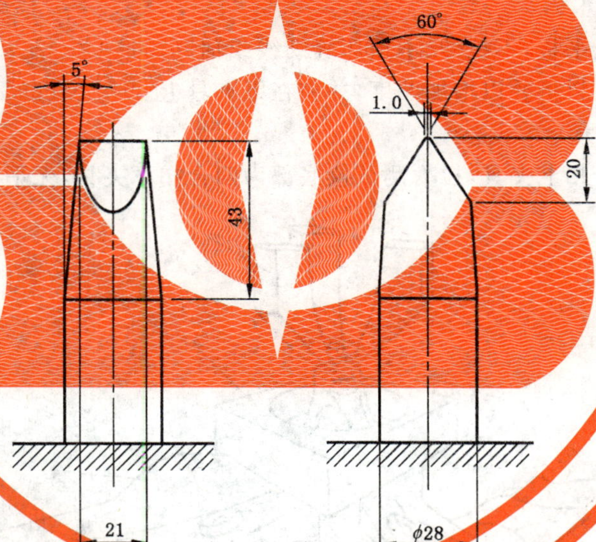

图 B.6 亮片下夹具

B.3.7 在四合扣、亮片、拉链以外的部件测试中，下夹具一般为平面夹具，前夹持面为(25±1)mm×(25±1)mm、后夹持面不小于(25±1)mm×(50±1)mm。

B.3.8 楔形夹具用于测试面料类装饰物，如蝴蝶结、标签的上夹具。

B.3.9 带钩夹具用于测试拉链头上的装饰物。

B.3.10 起屏蔽作用的平板可用于测试拉链头上的装饰物。

B.4 测试环境要求

按照 GB/T 6529，所有测试样本测试前应置于该环境 24 h。

B.5 测试样本的准备

B.5.1 取样

对服装或服装部件进行取样，要求具有代表性，数量符合 B.5.2 中推荐的样本量。

产品生产阶段的测试应从大货生产线直接取样。

B.5.2 测试样本

按照部件种类、尺寸、组合不同，各选取5个测试样本。产品数量不够时，可减少样本数，但考察测试结果时应谨慎。

B.6 测试步骤

B.6.1 夹持分离率

设置夹持分离率为(100±10)mm/min。

B.6.2 启动拉力测试仪和放置样本

B.6.2.1 概述

按照B.6.2.2至B.6.2.8的步骤，启动拉力测试仪，并放置样本。

调整夹具位置，保持上下夹具中心轴、拉力方向均一致。

放置样本于夹具中央，保证样本纵向中心轴垂直经过上下夹具中心线。

放置样本时应确保无任何损坏或滑移。

B.6.2.2 纽扣和工字扣

拉力测试仪顶部为实验箱和沟槽平板，上下夹具之间的距离可设定为(20±0.5)mm，拉力测试仪底部为平面夹具。

将纽扣和工字扣滑移至平板，不拉伸、不损坏缝纫线或轴钉。

将纽扣和工字扣下方面料折叠以增加厚度，并夹在下夹具上。

B.6.2.3 四合扣

拉力测试仪顶部为四合扣上夹具，拉力测试仪底部为四合扣下夹具，无平板，见图B.7。

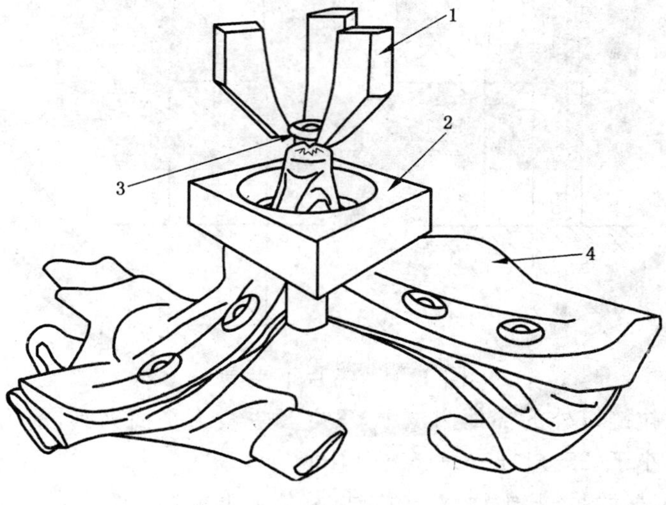

1——上夹具；

2——下夹具；

3——测试中的四合扣；

4——服装面料。

图B.7 测试四合扣

上夹具移开，将服装放置在下夹具上，四合扣放置在中心柱上，关闭夹环。上夹具移至四合扣下边缘并夹紧。

B.6.2.4 大于3 mm的珠子和类似组件

拉力测试仪顶部为实验箱和合适的沟槽平板，上下夹具之间的距离可设定为(20±0.5)mm，拉力测试仪底部为平面夹具。

将珠子滑移至平板，不拉伸、不损坏缝纫线。

将珠子下方面料折叠以增加厚度，并夹在下夹具上。

B.6.2.5 大于3 mm的亮片和热融组件

拉力测试仪顶部为亮片上夹具，拉力测试仪底部为亮片下夹具，无平板，见图B.8。

将服装放置在下夹具柱子上，亮片位于柱子中央，不拉伸、不损坏部件附着方式。柱子上套夹环，固定其位置以防止面料滑移。上夹具降低至亮片以下，停留在亮片周围的面料上，仪器启动后往上提，亮片夹在夹具上并承受拉力。

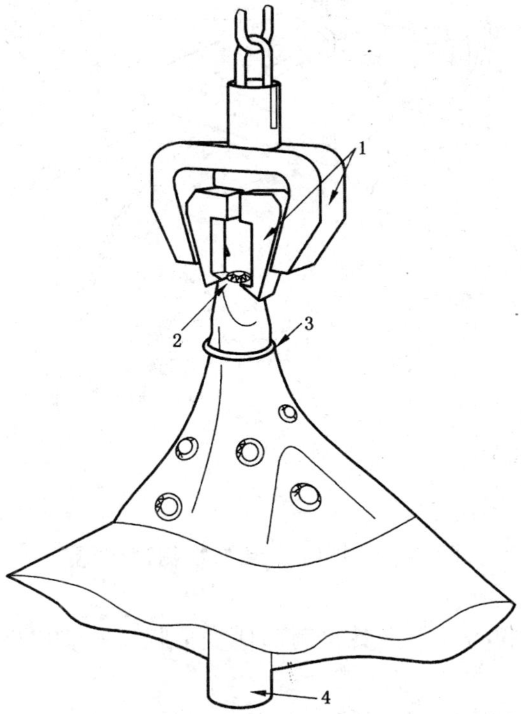

1——上夹具；

2——测试中的亮片；

3——夹环；

4——柱子。

图 B.8 亮片测试仪器

B.6.2.6 面料类装饰物

拉力测试仪顶部为楔形夹具或平面夹具，上下夹具之间的距离可设定在10 mm至20 mm之间，拉力测试仪底部为平面夹具。

上夹具夹住装饰物。对于蝴蝶结，下夹具夹住其所有自由端或尾端。

将装饰物下方面料折叠以增加厚度，并夹在下夹具上。不施加预张力。

B.6.2.7 绒球和流苏

拉力测试仪顶部为实验箱和合适的沟槽平板，上下夹具之间的距离可设定为(20±0.5)mm，拉力测试仪底部为平面夹具。

将绒球和流苏滑移至平板，不拉伸、不损坏缝纫线。

将绒球和流苏下方面料折叠以增加厚度，并夹在下夹具上。

B.6.2.8 拉链头上的装饰物

拉力测试仪顶部为楔形夹具或带钩夹具，上下夹具之间的距离取决于拉链长度和装饰物长度，拉力测试仪底部为起屏蔽作用的平板，见图B.9。

将带有装饰物的拉链头穿过平板上的孔，运用上夹具固定装饰物。不施加预张力。

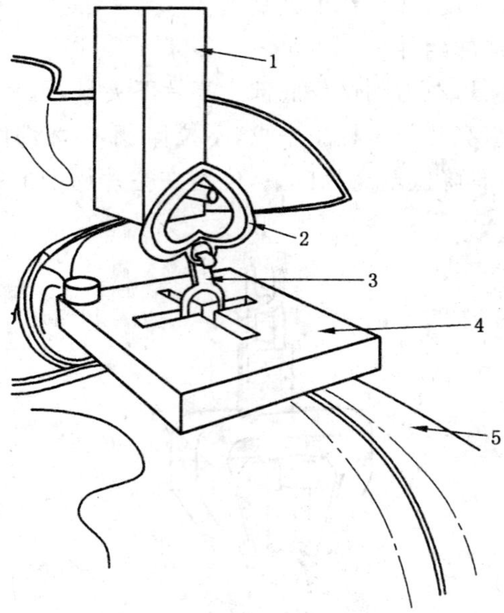

1——带钩夹具；
2——装饰物；
3——拉链头；
4——起屏蔽作用的平板；
5——服装面料。

图 B.9　拉链头装饰物测试仪器

B.6.3　拉力测试仪的操作

运用拉力测试仪记录最大拉力。上夹具拉动部件直至脱离服装或破损。主要损坏方式为部件损坏、附着方式损坏、面料损坏。

记录每个样本的最大拉力，以牛顿为单位，精确到 0.1 N。

B.7　测试报告

测试报告应包含以下内容：

a)　本标准编号；
b)　测试日期；
c)　服装描述及款式号；
d)　供应商、制造商名称；
e)　上下夹具之间的距离，以毫米(mm)为单位；
f)　测试样本环境；
g)　测试样本数量；
h)　部件类型、尺寸、组件及位置；
i)　每个样本的脱离强度和损坏方式，脱离强度以牛顿为单位，精确到 0.1 N；
j)　其他情况。

附 录 C
（规范性附录）
纽扣强度的测试方法

C.1 总则

本测试方法适用于直径为 10 mm 及以上的各种纽扣，用于测试在服装生产及使用过程中纽扣抵抗强拉、撞击的性能。

C.2 原理

a） 将纽扣固定在张力测试仪上，逐渐增加张力，直到纽扣表面出现裂痕，测试拉伸强度。

b） 将纽扣固定在冲击测试仪上，从一定高度释放一定质量的重锤撞击纽扣，测试冲击强度。

C.3 仪器

C.3.1 张力测试仪

C.3.1.1 机械传动张力计，夹持分离率为 6.35 mm/min。

C.3.1.2 夹具，用于固定纽扣的外边缘，见图 C.1。

C.3.1.3 焊条，1.6 mm 宽，穿过纽孔并与夹钳连接。对于特殊类型的纽扣，可采用不同的连接方式进行水平拉伸。

C.3.1.4 夹钳，在测试过程中固定住焊条末端。

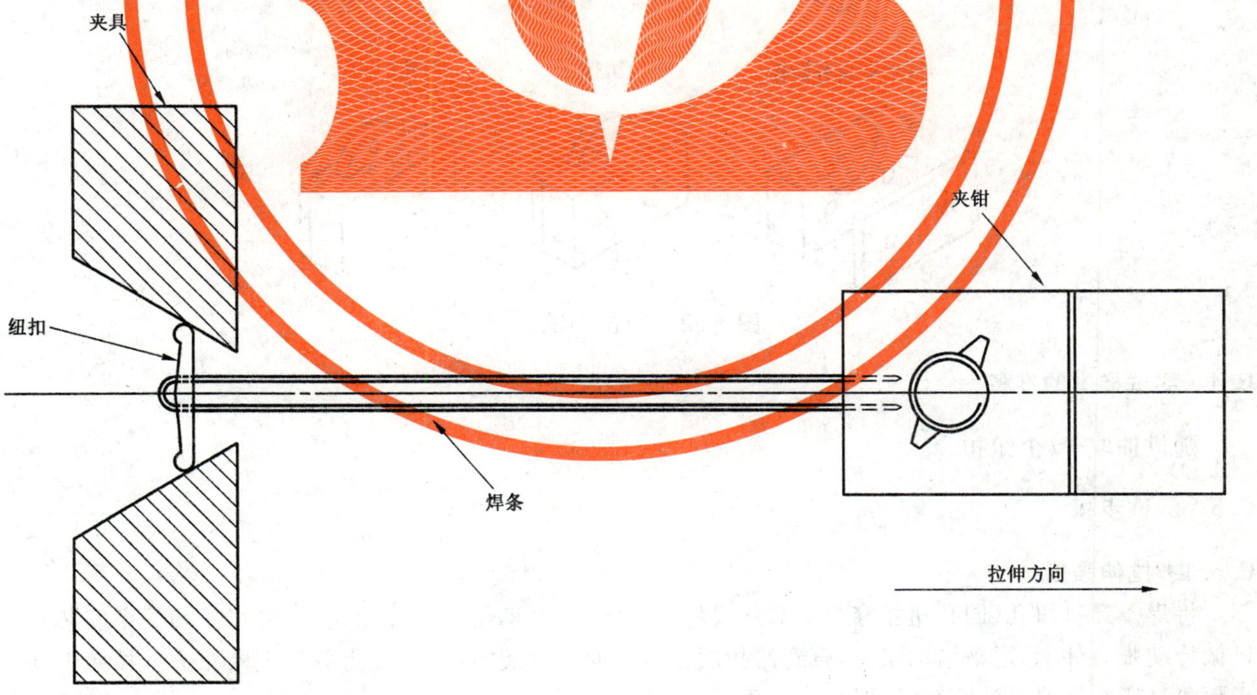

图 C.1 张力测试仪

C.3.2 冲击测试仪

C.3.2.1 缺口(Izod)冲击仪，见图 C.2。

C.3.2.2 夹具，大小合适，固定纽扣，见图 C.2。

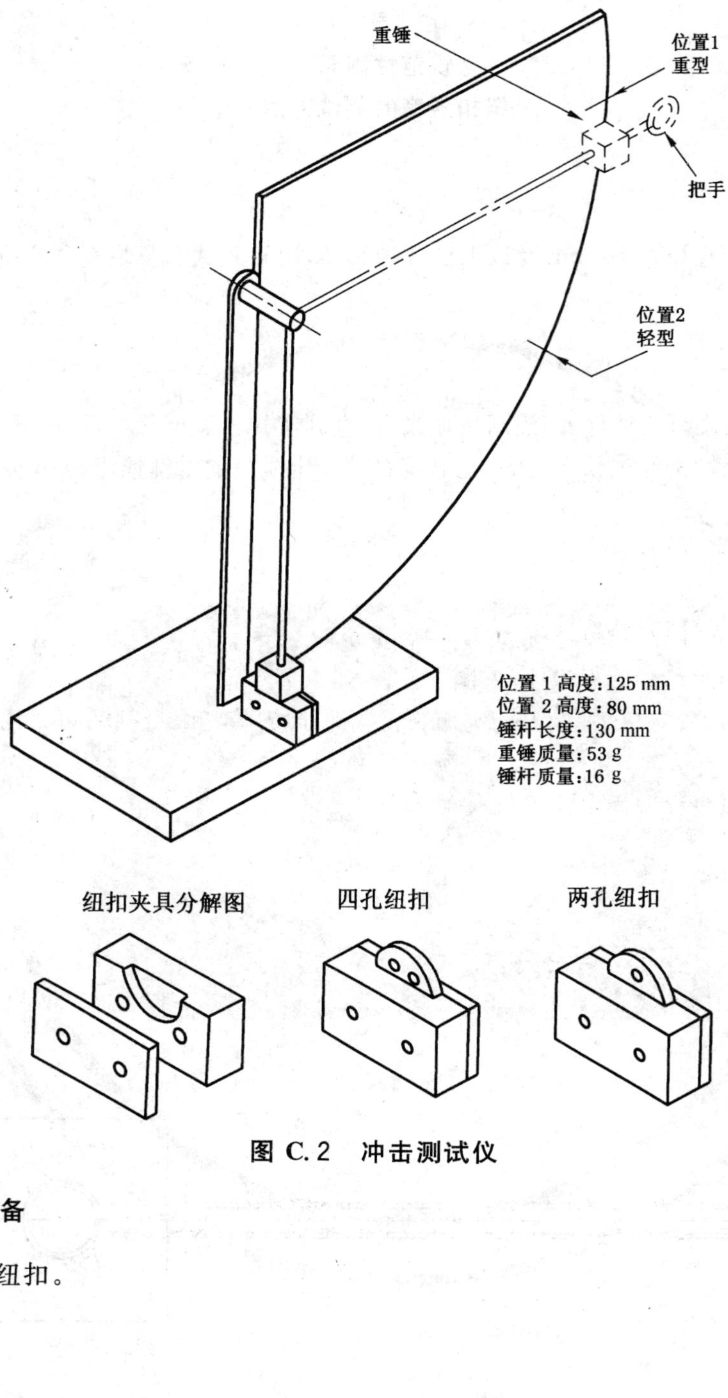

图 C.2 冲击测试仪

C.4 测试样本的准备

随机抽取 10 个纽扣。

C.5 测试步骤

C.5.1 拉伸强度

将焊条穿过纽孔(四孔纽扣穿过呈对角线的两个扣孔;带柄纽扣穿过扣柄)。将纽扣和焊条安装在机械传动张力计上,逐渐增加张力,直到纽扣或扣柄表面出现裂痕,以牛顿为单位记录张力。按照上述步骤测试所有样本。计算算术平均值,记录最大、最小值。

C.5.2 冲击强度

将纽扣置入夹具的半圆槽内,夹具面朝重锤。四孔纽扣漏出两孔,两孔纽扣露出一孔。合上夹具,安装冲击仪的所有部件。测试直径≤15 mm 的纽扣时,将重锤升至位置 2。测试直径>15 mm 的纽扣时,将重锤升至位置 1。松开把手,释放重锤,撞击纽扣。记录纽扣是否出现折断、破裂或变形等情况。按照上述步骤测试所有样本。

C.6 测试结果判定

纽扣强度测试结果按照下列原则判定：

a) 拉伸测试中，根据张力大小和纽扣直径，分为“轻型”和“重型”，参见表 C.1；

b) 撞击测试中，纽扣以不折断、破裂或变形为准。

表 C.1 平均拉伸强度值

纽扣直径/mm	平均拉伸强度/N	
	轻型	重型
≤13	65	130
13～16	90	155
16～23	110	180
23～30	130	200

C.7 测试报告

测试报告应包括以下内容：

a) 标准编号；

b) 纽扣强度；

c) 其他情况。

附 录 D
（规范性附录）
绳索塑料管套安全性的测试方法

D.1 原理

用拉力测试仪测量将塑料管套从绳索上拔出所需的拉力。

D.2 仪器

D.2.1 拉力测试仪应满足以下条件：

——能不断测试并记录拉力大小；

——夹持分离率为(100±10)mm/min；

——测试的拉力最大可达 500 N,精确到 0.1 N。

D.2.2 上夹具用于夹持塑料管套,应满足以下条件：

——边缘垂直；

——平板带有“V”型沟槽,“V”型顶部宽度约 3 mm,厚约 3 mm；

——夹具标准长度约 35 mm。

D.3 测试样本的准备

D.3.1 至少需要准备六个测试样本。

D.3.2 测试前,将样本置于温度为(20±2)℃、相对湿度为(65±2)%的可控环境中至少 48 h,并在此环境中测试。

D.4 测试步骤

D.4.1 将绳索滑移至沟槽,使塑料管套被夹在上夹具中,保证管套底部接近金属平板。

D.4.2 对齐塑料管套与拉力测试仪的中心轴。

D.4.3 将绳索放置在下夹具上,绳子处于拉紧状态。

D.4.4 启动拉力测试仪,夹持分离率为(100±10)mm/min,直至塑料管套与绳索分离。

D.4.5 以牛顿为单位记录最大的拉力,精确到 0.1 N。

D.4.6 如果出现下列现象,判定实验结果无效并重新测试新样本：

——塑料管套在沟槽滑移时不脱离绳索；

——塑料管套在沟槽滑移时因刮伤而损坏；

——塑料管套底部被扣住变形。

D.4.7 重复 D.4.1 到 D.4.6 的步骤,直到获得六个有效结果。如果有一个没有达到要求即判定为不合格。

D.4.8 记录每一个测试值,计算算术平均值。

D.5 测试报告

测试报告应包括以下内容：

a) 标准编号；

b) 绳索和塑料管套的描述；

c) 判定结果是否有效。本测试指标要求为在绳索末端使用塑料管套应能承受至少 100 N 的拉力。根据本测试指标,判定绳索塑料管套的安全性。

附 录 E
（规范性附录）
四合扣(除缝纫外其他方法固定于面料上)操作性的测试方法

E.1 原理

将四合扣固定于两层面料中，其中一层夹在拉力测试仪的上夹具中，另一层夹在拉力测试仪的下夹具中。施加拉力直到四合扣分离或面料撕裂，记录拉力。对四合扣的两部分均进行测试。

E.2 仪器

拉力测试仪应具备以下特征：

——能不断测试，记录拉力大小；

——夹持分离率为(100±10)mm/min；

——测量宽度最小为 75 mm；

——测试最大拉力可达 500 N，精确到 0.1 N。

E.3 测试样本的准备

E.3.1 准备 20 条带有四合扣、面积接近 50 mm×140 mm 的条状面料作为样本。

E.3.2 将两个面料样本合放，保证周边对齐，并按正常生产工序，将凸或凹的四合扣固定于面料上，夹持两个面料样本在夹具中。

E.3.3 用五种凸型四合扣和五种凹型四合扣来重复 E.3.2 的步骤，共 5 个样本。

E.4 测试步骤

E.4.1 将一层面料的两端夹在拉力测试仪的上夹具中，将另一层面料的两端夹在拉力测试仪的下夹具中。

E.4.2 启动拉力测试仪，夹持分离率为(100±10)mm/min，直到四合扣分离或面料撕裂。

E.4.3 四合扣分离或面料撕裂时记录拉力，精确到 0.1 N。

E.4.4 按照 E.4.1 至 E.4.3 的步骤测试 10 个样本，获得有效结果，如果有一个没有达到要求即判定为不合格。

E.4.5 记录四合扣分离或面料撕裂时的每一个测试值。

E.5 测试报告

测试报告应包括以下内容：

a) 标准编号；

b) 面料和四合扣的描述；

c) 以牛顿为计量单位，描述四合扣分离或面料撕裂时所需的平均拉力；

d) 以牛顿为计量单位，描述四合扣分离或面料撕裂时所需的最小拉力；

e) 确定是四合扣分离还是面料撕裂。

ICS 61.020
Y 75

中华人民共和国国家标准

GB/T 22705—2008

童装绳索和拉带安全要求

Safety specifications for cords and drawstrings on children's clothing

2008-12-31 发布 2009-08-01 实施

中华人民共和国国家质量监督检验检疫总局
中国国家标准化管理委员会 发布

前　言

本标准修改采用欧洲标准 EN 14682:2007《童装绳索和拉带安全要求》(英文版)。

本标准与 EN 14682:2007 的主要差异如下：

——删除了欧洲标准的前言、引言；

——修改了欧洲标准的“范围”；

——删除了欧洲标准的“儿童服装”条文，并修改了“幼童”、“大童和青少年”条文中的身高内容；删除了“箍筋”、“肩带”条文；

——删除了欧洲标准关于绳索和拉带规格及规格测量方法的条文，并明确规定“儿童服装上使用的拉带规格要求按 GB/T 22702 的规定执行”；

——修改了欧洲标准 3.5 条文，将“腰围线以下的服装下摆”改为“臀围线以下的服装下摆”；

——增加了 4.7.2 条文，对短袖上的拉带和绳索提出要求；

——删除了资料性附录 A、附录 B、附录 C、附录 D、附录 E；

——调整附录 F“绳索和拉带图示说明”至对应条文中。

本标准由中国纺织工业协会提出。

本标准由全国服装标准化技术委员会(SAC/TC 219)归口。

本标准由全国服装标准化技术委员会负责解释。

本标准主要起草单位：上海市服装研究所、红黄蓝集团有限公司、泉州格林服装有限公司、上海雅多服装有限公司。

本标准主要起草人：施琴、聂雅渊、许鉴、叶显东、雷艇、郑雅芳、秦威。

童装绳索和拉带安全要求

1 范围

本标准规定了在14岁以下儿童服装上使用绳索和拉带的安全要求。本标准不包括绳索和拉带的规格。

本标准不适用于以下情况：

——儿童使用及护理用品中，比如围兜、尿片或奶嘴拉手；

——鞋子、靴子和类似的脚部穿着物；

——手套、帽子、围巾；

——衬衣或T恤上的领带；

——腰带和护腕；

——宗教服装和节庆服装；

——只在特定时期和监护下才穿着的专业运动服和运动时穿的服装，比如橄榄球短裤、西服、戏服和舞衣，但不包括经常白天穿着和晚上穿着的服装；

——演出时穿着的戏服；

——围裙。

2 规范性引用文件

下列文件中的条款通过本标准的引用而成为本标准的条款。凡是注日期的引用文件，其随后所有的修改单(不包括勘误的内容)或修订版均不适用于本标准，然而，鼓励根据本标准达成协议的各方研究是否可使用这些文件的最新版本。凡是不注日期的引用文件，其最新版本适用于本标准。

GB/T 1335.3 服装号型 儿童

GB/T 15557 服装术语

GB/T 22702 儿童上衣拉带安全规格

3 术语和定义

GB/T 15557确立的以及下列术语和定义适用于本标准。

3.1

幼童 young child

从出生到7岁(身高130 cm及以下)的儿童。

3.2

大童和青少年 older child and young person

从7岁到14岁的儿童。

注：在本标准中，儿童身高参考GB/T 1335.3。

3.3

拉带 drawstring

穿过绳道、绳线环、孔眼或类似部件，带有或不带有装饰物(如套环、绒球、羽毛或念珠等)，以各种纺织或非纺织材料制成的绳索、链条、系带、绳带或绳线，用于调整服装开口部位或部件穿着时的尺寸松紧度，或用于系紧服装本身。

3.4

功能性绳索　functional cord

带有或不带有装饰物(如套环、绒球、羽毛或念珠等)、以各种纺织或非纺织材料制成、固定长度的绳索、链条、系带、绳带或绳线,用于调整服装开口或部件穿着时的尺寸松紧度,或用于系紧服装本身。

3.5

装饰性绳索　decorative cord

非功能性绳索,带有或不带有装饰物(如套环、绒球、羽毛或念珠等)、以各种纺织或非纺织材料制成、固定长度的绳索、链条、系带、绳带或绳线,并非用于调整服装开口或部件穿着时的尺寸松紧度,或用于系紧服装本身。

3.6

弹性绳索　elastic cord

一种用橡胶、橡皮筋、弹性聚合物或类似材料的纱线制成的绳索,具有高度弹性、完全或几乎完全回复性。

3.7

三角背心颈部系绳　halter neck cord

露肩和露背上装(例如连衣裙、女衬衫或比基尼泳装)中,把服装固定住、绕后颈一周的功能性绳索。

3.8

打结腰带或装饰腰带　tied belt and sash

环绕腰部的拉带、绳索、不窄于 3 cm 的纺织织物。

3.9

套环　toggle

连在拉带末端的,以木质、塑料、金属或其他复合材料做成的配件,用于装饰或防止拉带从绳道中抽出。

3.10

带袢　loop

弯曲的绳索或窄条,长度固定或可调整,两端固定在服装上。

3.11

风帽和颈部　hood and neck area

头顶至两腋窝前点水平线、两腋窝前点向上延伸至肩部的区域,见图 1。

3.12

胸腰部　chest and waist area

两腋窝前点水平线至会阴点水平位置之间的区域,见图 1。

3.13

臀部以下　below hip area

会阴点水平位置以下的区域,见图 1。

3.14

背部　back area

人体躯干和腿的后部,见图 1。

3.15

拉链头　zip puller

附于拉链滑块上便于操作的拉链组件。

3.16

拉链滑锁　zip slider

由拉链滑块和拉链头组合的可移动组件,通过分离或咬合拉链齿来打开或关闭拉链。

3.17

可调节搭袢 adusting tab

不窄于 20 mm 的小布条，用于调整服装开口大小。

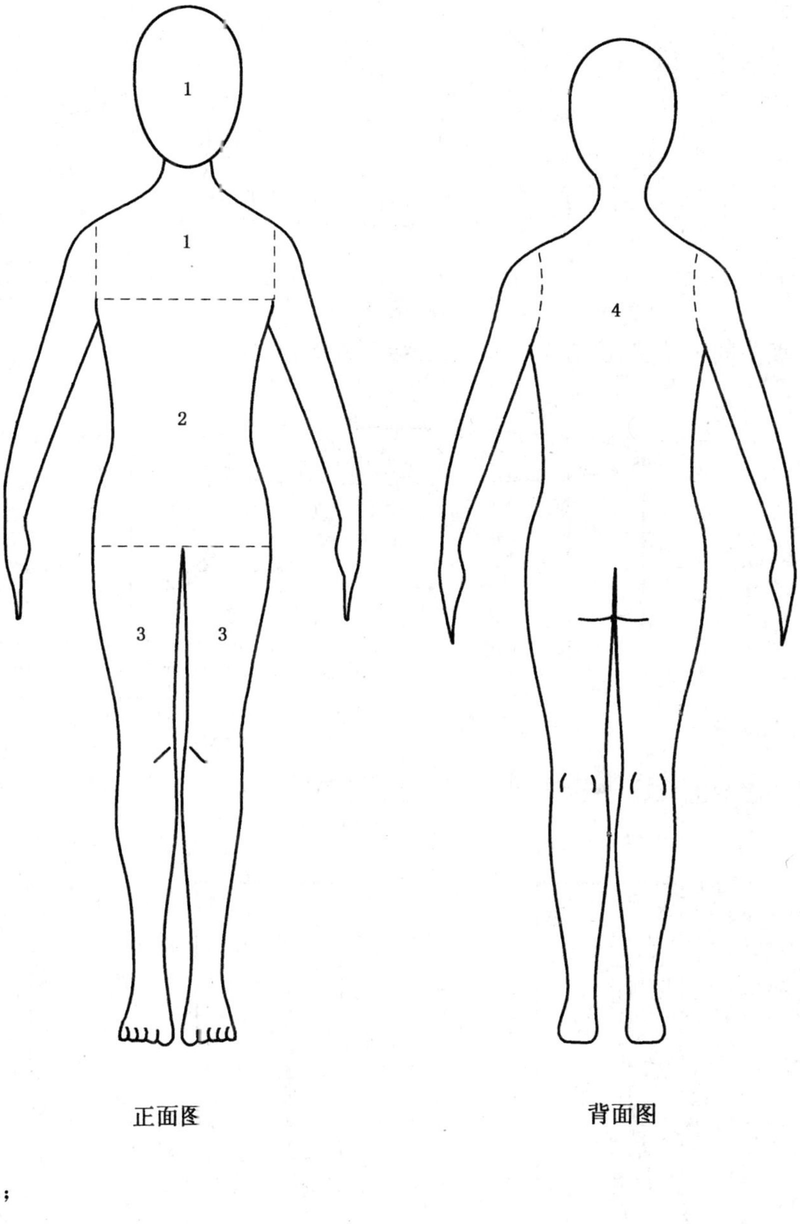

1——风帽和颈部；

2——胸腰部；

3——臀部以下；

4——背部。

图 1

4 要求

4.1 总则

4.1.1 拉带、功能性绳索和腰带的末端不允许打结或使用立体装饰物，防止其磨损散开，宜采用热封、套结、重叠或折叠的方法。

4.1.2 套环只能用于无自由端的拉带和装饰性绳索，见图 2。

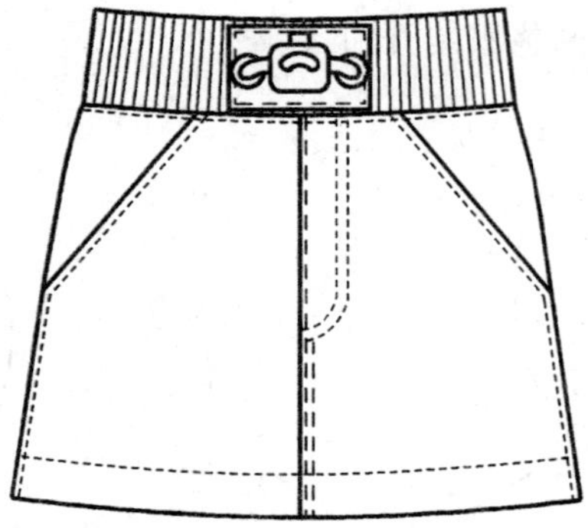

图 2

4.1.3　在两出口点中间处应固定拉带，可运用套结等方法，见图 3。

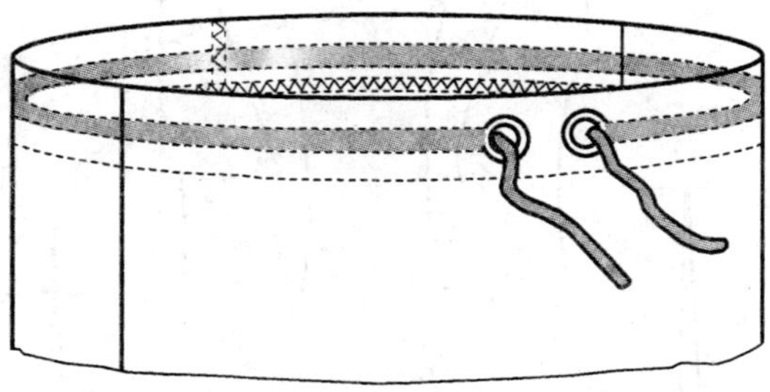

图 3

4.1.4　长至脚踝的服装上拉链头不应超出服装底边，见图 4。

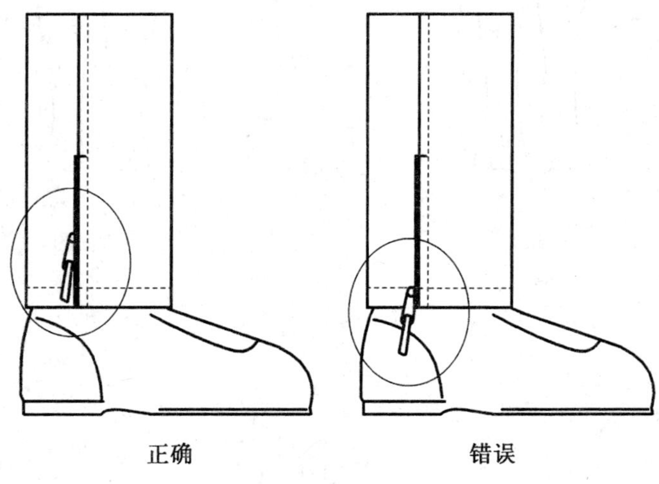

图 4

4.1.5　儿童服装上使用的拉带规格要求应按 GB/T 22702 的规定执行。

4.2　幼童服装的风帽和颈部

4.2.1　幼童服装的风帽和颈部不得设计、生产或使用拉带、绳索。

4.2.2　儿童三角背心的颈部系带在风帽和颈部区域应扣牢，不应呈松散、自由状态，见图 5。

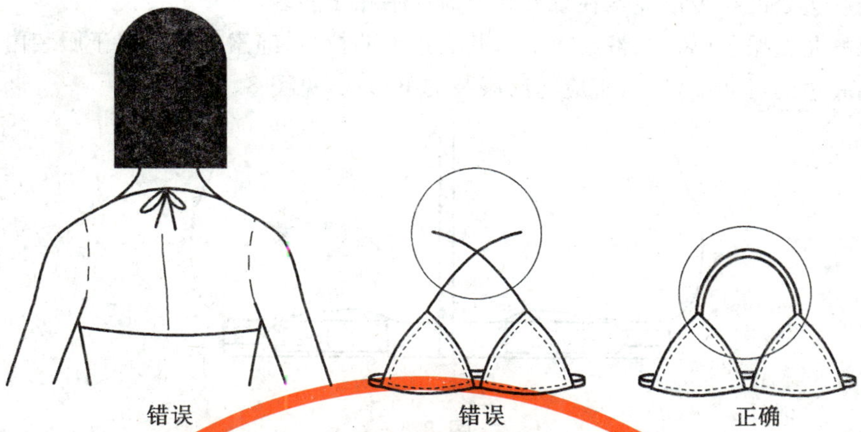

图 5

4.3 **大童和青少年服装的风帽和颈部**

4.3.1 拉带不允许有自由端。当服装放平摊开至最大宽度时，不应有突出的带袢，见图 6。

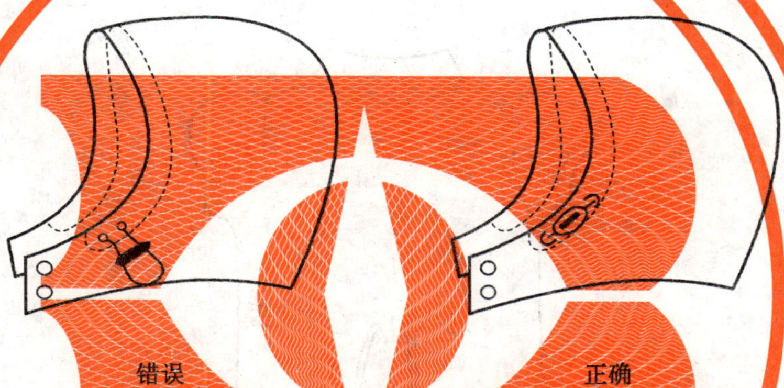

图 6

4.3.2 位于服装外面的功能性绳索不得使用弹性绳索制作。

4.3.3 位于服装外面的装饰性绳索不得使用弹性绳索制作。

4.3.4 儿童三角背心的颈部系带在风帽和颈部区域应扣牢，不应呈松散、自由状态，见图 5。

4.4 **儿童服装腰部**

幼童服装上的打结腰带或装饰腰带在未系着状态时不应超出服装底边。

4.5 **臀围线以下的服装下摆**

4.5.1 长至臀围线以下的服装，其底边处的拉带、绳索（包括套环等部件）不应超出服装下边缘，见图 7。

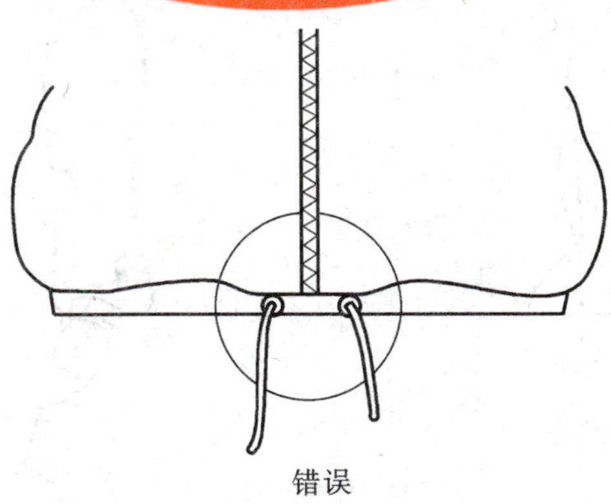

图 7

4.5.2 位于服装底边处的拉带或绳索在系着状态时应平贴于服装。

4.5.3 长至脚踝的儿童服装(风衣、裤或裙等),其底边处的拉带、绳索应完全置于服装内。

4.5.4 位于服装底边的可调节搭袢,不应超出服装的下边缘,见图8。

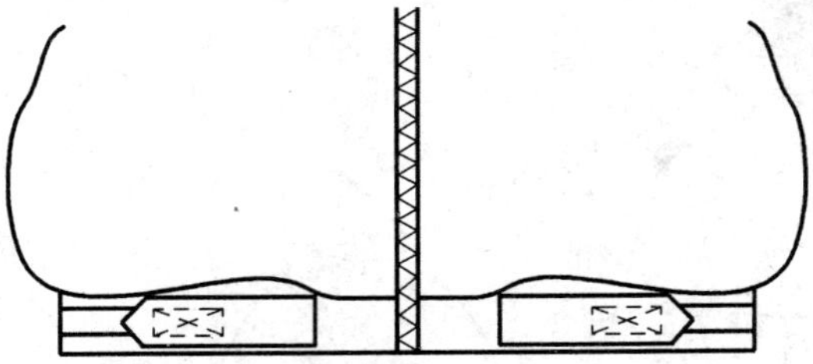

图 8

4.6 儿童服装背部

4.6.1 拉带、绳索不允许从童装背部伸出或系着,见图9。

4.6.2 允许使用打结腰带和装饰腰带。

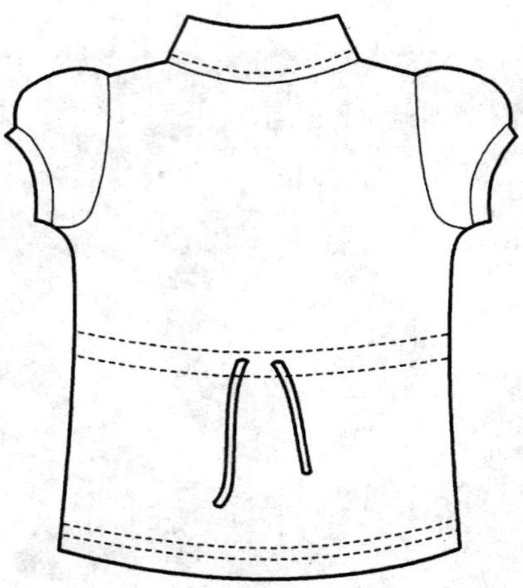

错误

图 9

4.7 儿童服装袖子

4.7.1 在肘关节以下长袖上的拉带、绳索,袖口扣紧时应完全置于服装内,见图10。

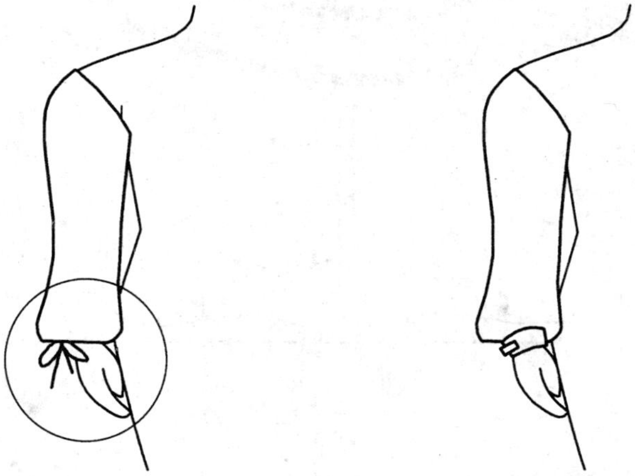

错误　　　　正确

图 10

4.7.2 在肘关节以上短袖上的拉带、绳索，袖口扣紧时，应固定且平贴。

4.7.3 在袖子上的可调节搭袢，不应超出袖子底边，见图 11。

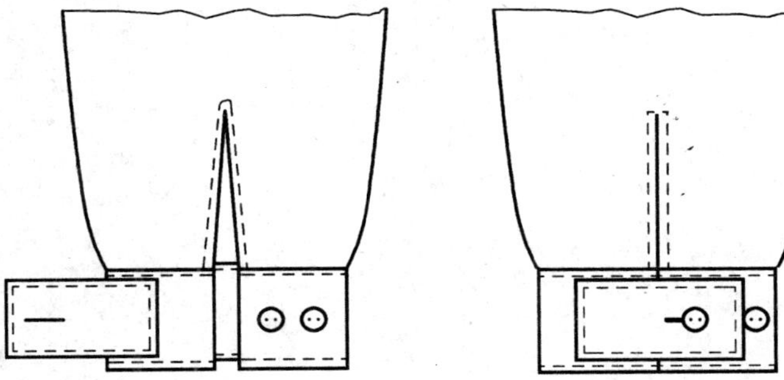

图 11

ICS 59.080.01
W 04

中华人民共和国国家标准

GB/T 23155—2008

进出口儿童服装绳带安全要求及测试方法

Safety requirements and test methods of drawstrings and cords on children's clothing for import and export

2008-12-30 发布　　　　2009-09-01 实施

中华人民共和国国家质量监督检验检疫总局
中国国家标准化管理委员会　发布

前　言

本标准的附录B和附录D为规范性附录,附录A、附录C、附录E和附录F为资料性附录。

本标准由国家认证认可监督管理委员会提出并归口。

本标准起草单位:中华人民共和国上海出入境检验检疫局、东华大学、上海申美商品检测有限公司、中华人民共和国深圳出入境检验检疫局、中华人民共和国江西出入境检验检疫局。

本标准主要起草人:吴雄英、陈李红、袁志磊、丁雪梅、谢吉鸿、褚乃清、李丽霞、周丽萍。

进出口儿童服装绳带
安全要求及测试方法

1 范围

本标准规定了进出口儿童服装上绳带的安全要求和测试方法。

本标准适用于进出口儿童服装上的绳索或束带,其他儿童纺织产品参照执行。

本标准不适用于附录A中所列产品。

2 规范性引用文件

下列文件中的条款通过本标准的引用而成为本标准的条款。凡是注日期的引用文件,其随后所有的修改单(不包括勘误的内容)或修订版均不适用于本标准,然而,鼓励根据本标准达成协议的各方研究是否可使用这些文件的最新版本。凡是不注日期的引用文件,其最新版本适用于本标准。

GB/T 15557 服装术语

GB/T 18746 拉链术语

3 术语和定义

下列术语和定义适用于本标准。

3.1

儿童服装 children's wear

设计、生产或销售给14岁以下儿童的服装。

3.2

低龄儿童 young child

从出生到7岁(年龄<7岁)的所有儿童。

3.3

大龄儿童 older child and young person

7岁到14岁(7岁≤年龄<14岁)的所有儿童。

3.4

绳带 drawstring and cord

束带和绳索的总称,指任何纺织或非纺织材料的绳索、链带、条带、细绳或狭带,包括绳带末端的饰物,如绳索扣、毛绒球、羽毛或珠子等。

3.5

束带 drawstring

任何纺织或非纺织材料的绳索、链带、条带、细绳或狭带,包括绳带末端的饰物,如绳索扣、毛绒球、羽毛或珠子等。束带通过通道、扣袢、纽眼或其他类似装置调整开口尺寸,或调整服装局部尺寸,或收紧服装本身。

3.6

功能性绳索 functional cord

任何纺织或非纺织材料的带有或没有饰物的绳索、链带、条带、细绳或狭带,这些通常被用来调整开口尺寸,或调整服装局部尺寸,或收紧服装本身。

3.7

装饰性绳索　decorative cord

任何纺织或非纺织材料的非功能性的带有或没有饰物的绳索、链带、条带、细绳或狭带，这些不是用来调整开口尺寸或收紧服装本身，而是永久固定的起装饰性作用的绳索。

3.8

肩带　shoulder strap

连接服装前后片位于肩部的功能性绳索，这条带子是接近合体的，并且完全通过肩部。

3.9

颈部系带　halter neck cord

系在颈部后面，固定服装顶部贴在肩部和后背（如：裙子、女吊颈衫、三点式泳装）的功能性绳索。

3.10

打结腰带或装饰腰带　tied belt or sash

系在服装腰部周围宽度不少于 30 mm 的纺织材料的束带、装饰性或功能性的绳索或布条。

3.11

箍筋　stirrup

纺织或非纺织材料的附在裤脚口、紧贴在脚下或鞋子下通过的狭带。

3.12

绳索扣　toggle

附在绳带上的木质、塑料、金属或其他材质的扣环。

3.13

绳圈　loop

用绳索或狭条的面料弯曲成的绳圈，可以被固定，也可以调整长度，两端都被固定在服装上。

3.14

拉链拉片　zip puller

是拉头的一个组件，它可设计成各种几何形状与拉头体连接或通过中间件与拉头体连接，实现拉链开合。

3.15

拉链拉头　zip slider

使链牙啮合和分开的滑动部件，主要由拉头主体和拉片组成。

注：拉头可以加入锁定装置。拉头上装上倒逆拉片和双拉片形成功能不同的拉头，方便里外操作。

3.16

可调节搭袢　adjusting tab

调节服装开口的宽度不小于 20 mm 的狭条面料，如裤脚口和袖口。

3.17

打套结　bar tack

手针或机打套结。

3.18

头部/颈部区域　hood and neck area

身体从头的顶部到胸的顶部的部分，两肩点之间的部分垂直到腋窝（见附录 B 中图 B.1 的 A 区）。

3.19

胸部和腰部区域　chest and waist area

身体从胸的顶部到人体两腿分叉处（见附录 B 中图 B.1 的 B 区）。

3.20

臀部以下区域 below hip area

人体两腿分叉处以下区域(见附录 B 中图 B.1 的 C 区)。

3.21

背部区域 back area

身体和腿的后部区域(见附录 B 中图 B.1 的 D 区)。

4 使用要求

4.1 基本要求

4.1.1 绳带的自由末端不应有绳结栓、花结及各种附件。

4.1.2 绳索扣仅在没有自由末端的束带或装饰性绳索上使用(参见附录 C 中的图 C.1)。

4.1.3 束带要缝合在服装上,至少在两出口点中间处要固定在服装上,如可打套结固定。

4.1.4 在服装外面露出的绳圈,周长最大不应超过 75 mm。

4.1.5 以缝纫或其他方式固定在服装上的装饰,如蝴蝶结,不应有长度超过 75 mm 的自由末端。

4.1.6 拉链拉头上拉片的长度不应超过 75 mm,拉片也不应垂在服装底摆以下(参见附录 C 中的图 C.2),包括连接在拉片上的其他任何装饰。

4.2 头部/颈部区域

4.2.1 低龄儿童服装

头部/颈部区域不应有任何绳带,可改用揿纽、纽扣、尼龙搭扣或橡皮筋作为服装的闭合方式(参见附录 C 中的图 C.3)。

4.2.2 大龄儿童服装

4.2.2.1 束带不应有自由末端。当服装自然展开至最大尺寸且平放时,不应有外露的绳圈;当服装自然展开至最小尺寸,即服装目标合适尺寸时,外露的绳圈周长不应超过 150 mm(参见附录 C 中的图 C.4)。

4.2.2.2 功能性或装饰性绳索,每端伸出长度均不应超过 75 mm,且上述绳带均不应用弹性材料制造。

4.2.2.3 颈部系带式服装在颈部区域不应有自由末端(参见附录 C 中的图 C.5)。

4.2.2.4 肩带应由连续的绳带制成且绳带的两端应固定在服装上,不应有自由末端;固定在肩带上的装饰性绳索,不应有长度超过 140 mm 的自由末端,且形成的绳圈周长也不应超过 75 mm(见附录 C 中的图 C.6)。

4.3 腰部区域

4.3.1 当服装自然展开至最大尺寸且平放时,束带拉绳的任一端伸出绳索通道的最大长度不应超过 140 mm;当服装自然收到最小腰围时,伸出长度不应超过 280 mm(参见附录 C 中的图 C.7)。

4.3.2 束带的自由末端不应有绳结栓、花结或其他附件。

4.3.3 束带要缝合在服装上,至少应在两出口点中间处与服装缝牢,以避免束带拉绳从任何一端被完全抽出。

4.3.4 功能性或装饰性绳索,伸出服装的最大长度不应超过 140 mm。

4.3.5 打结腰带或装饰腰带,当未系着时,从腰带固定点至末端的长度不应超过 360 mm,且对于低龄儿童,腰带未系着时不应超出服装底摆(参见附录 C 中的图 C.8)。

4.4 背部区域

绳带在背部不应存在自由末端或系着打结,打结腰带和装饰腰带(见 4.3.5)除外。

4.5 臀部以下区域

4.5.1 服装底摆在胯部以下时,底摆绳带不应垂在服装底摆以下(参见附录 C 中的图 C.9)。

4.5.2 服装底摆处的绳带应平贴在服装上,即使服装被收紧时也要平贴。

4.5.3 底摆在脚踝处的服装(如:风衣、裤子或裙子),底摆处的绳带应该完全在服装里面,但裤子底摆的箍筋是允许的。

4.5.4 底摆处可调节搭袢的长度不应超过 140 mm,且开口时不应垂在服装底摆以下(参见附录C中的图C.10)。

4.6 袖子

4.6.1 当袖口收紧时,长袖袖口处的绳带要完全在服装里面(参见附录C中的图C.11)。

4.6.2 袖子长度在肘以上的短袖服装,当袖子自然展开至最大尺寸且平放时,对于低龄儿童,袖摆处绳带的伸出长度不应超过 75 mm,对于大龄儿童,袖摆处绳带的伸出长度不应超过 140 mm(参见附录C中的图C.12)。

4.6.3 袖口处可调节搭袢的长度不应超过 100 mm,且开口时不应垂在袖口外边缘以下(参见附录C中的图C.13)。

4.7 其他部位

上述未提到的服装上的其他部位,当服装完全铺平时,绳带的伸出长度不应超过 140 mm,外露绳圈的周长不超过 75 mm。

5 测试方法

所有测量在 22 N 的拉力下,依据附录D中所规定的方法进行,没有固定点的绳带的测量(参见附录E),结果精确到 1 mm。

附　录　A
（资料性附录）
本标准不适用的儿童纺织产品

本标准不适用的儿童纺织产品如下：

——儿童护理用品，如围兜、尿布；

——靴子、溜冰鞋及类似鞋子；

——手套、帽子、领巾；

——皮带和护腕；

——宗教服装、国家或地区节日上穿的庆祝服装；

——专业运动及特定时期穿的服装，如橄榄球短裤、雨衣、舞蹈服，除了那些被看作是日常便服或晚间家常服的服装；

——戏剧表演中的戏服；

——特定时期为防止活动中的污渍而穿着的围裙，如烹饪或用餐时穿着的围裙。

附 录 B
（规范性附录）
身体部位示意图

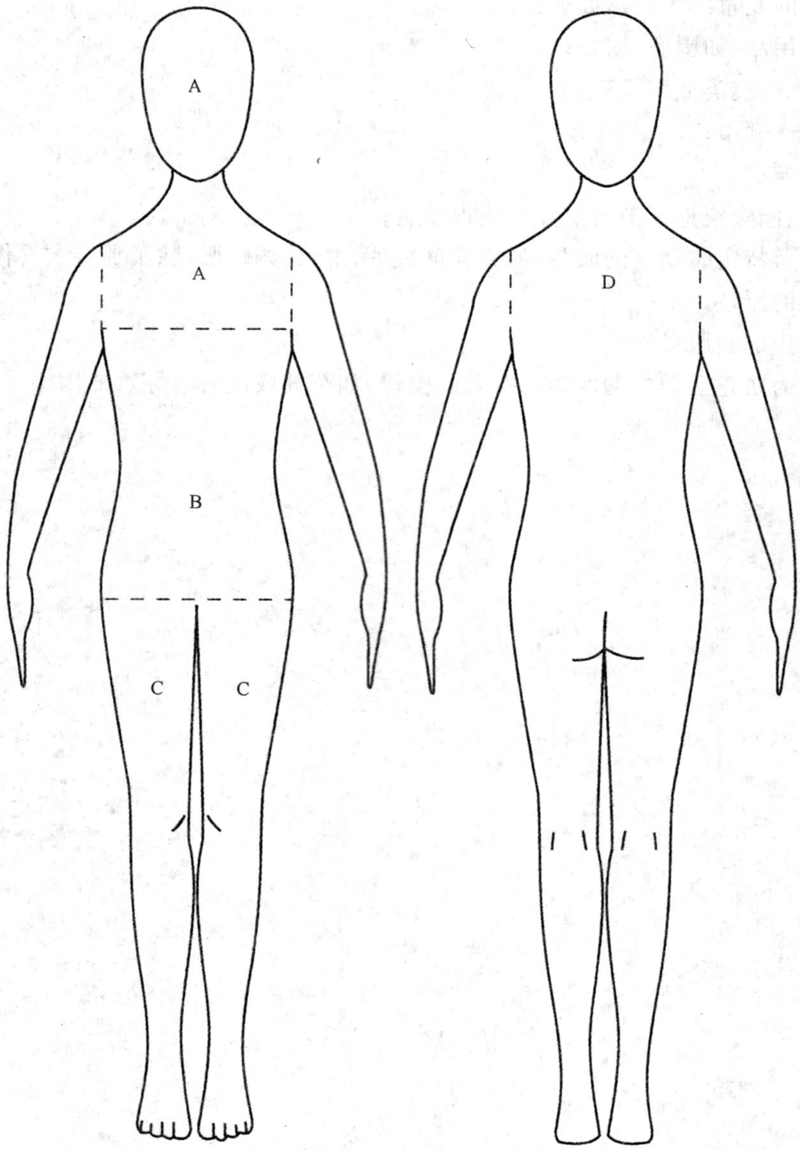

A——头部/颈部区域；
B——胸部和腰部区域；
C——臀部以下区域；
D——背部区域。

图 B.1 身体部位示意图

附 录 C
（资料性附录）
各种绳带、拉链、搭袢示意图

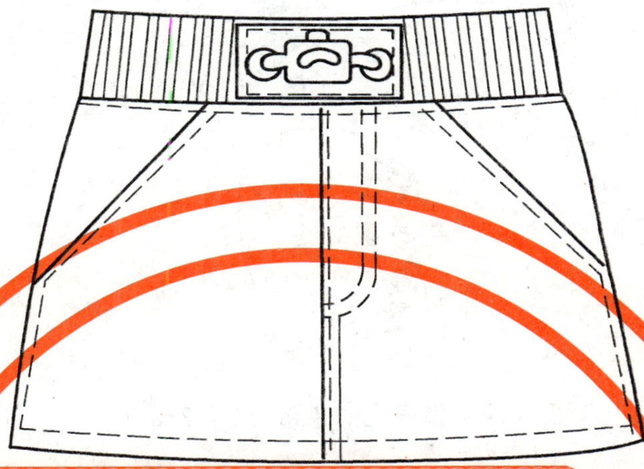

图 C.1 无自由末端的带有绳索扣的束带(见 4.1.2)

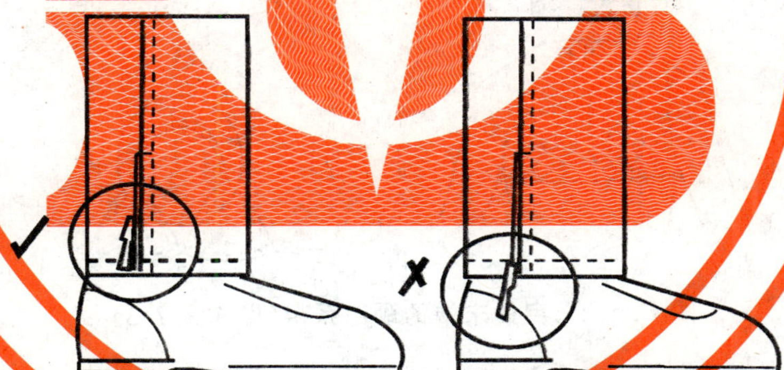

图 C.2 服装底摆处的拉链头(见 4.1.6)

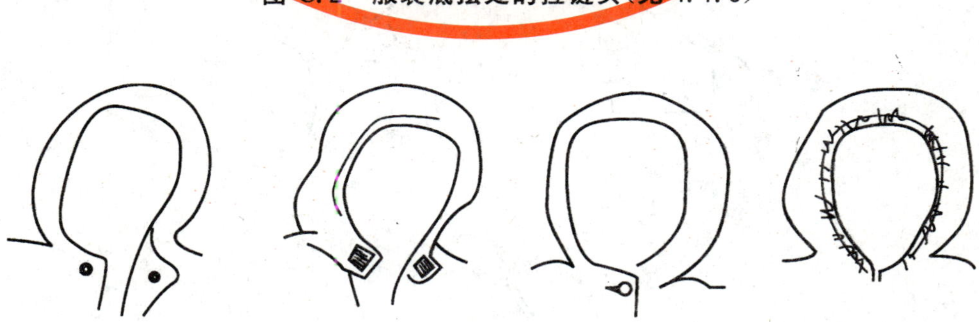

图 C.3 服装的闭合方式(见 4.2.1)

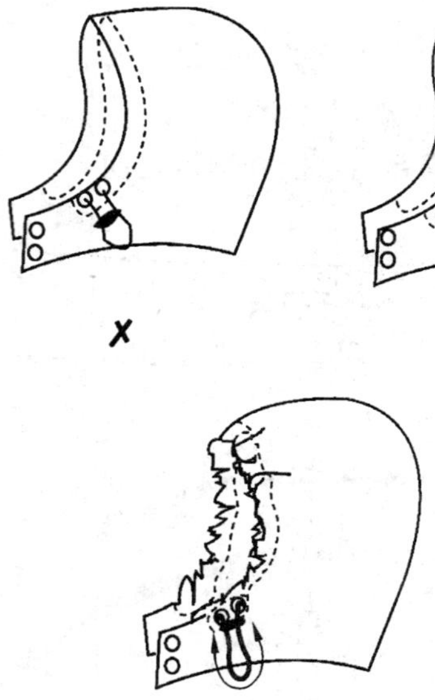

图 C.4　帽子上的束带(见 4.2.2.1)

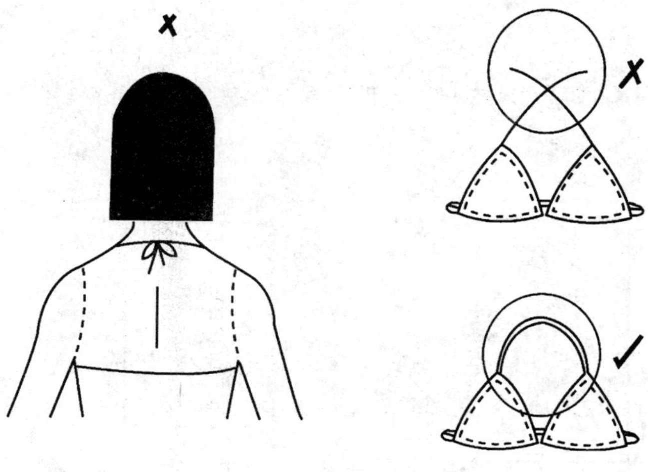

图 C.5　无自由末端的颈部系带(见 4.2.2.3)

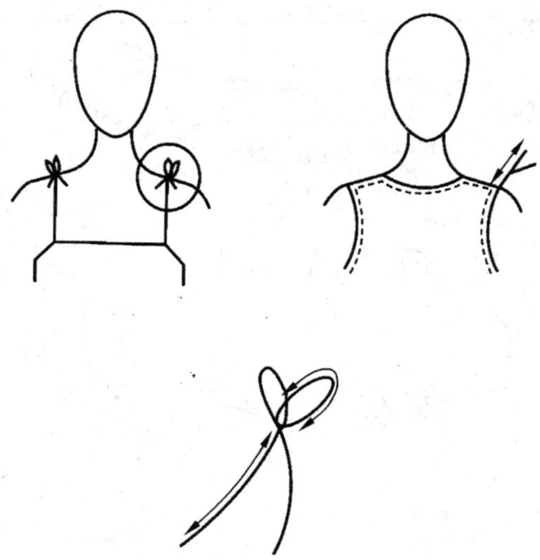

图 C.6　有装饰性绳索的肩带(见 4.2.2.4)

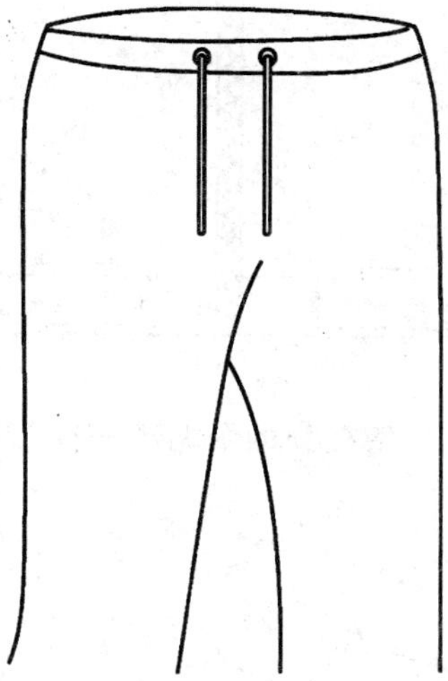

图 C.7 腰部绳带(见 4.3.1)

图 C.8 前后的打结腰带和装饰腰带(见 4.3.5)

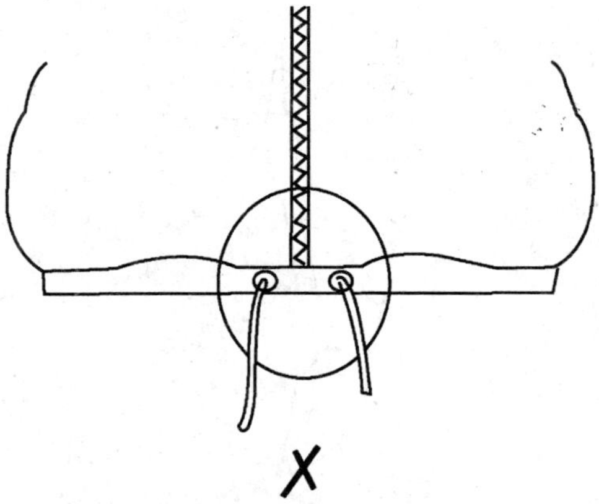

图 C.9 绳带不应垂在服装底摆以下(见 4.5.1)

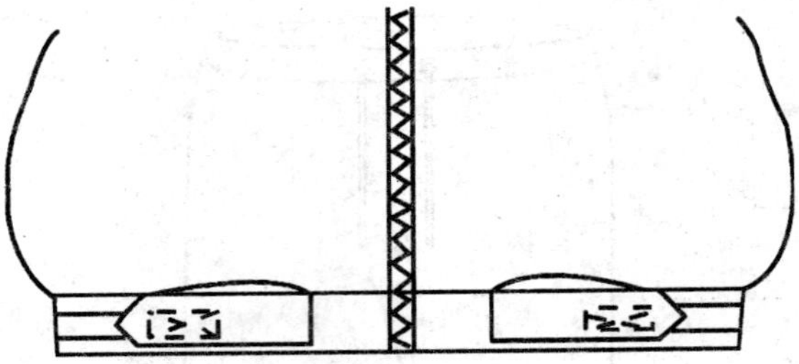

图 C.10　底摆处的可调节搭袢(见 4.5.4)

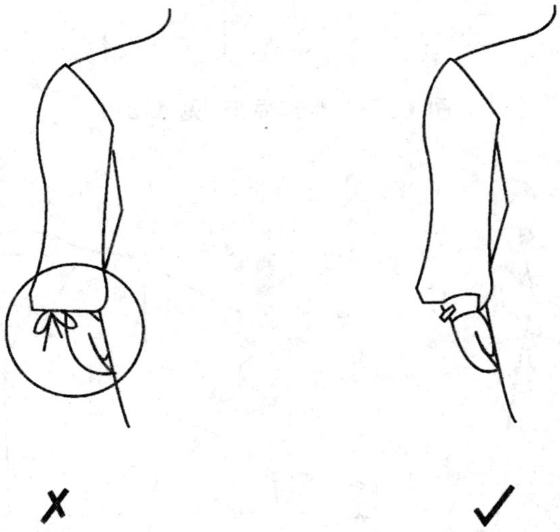

图 C.11　长袖袖摆处绳带(见 4.6.1)

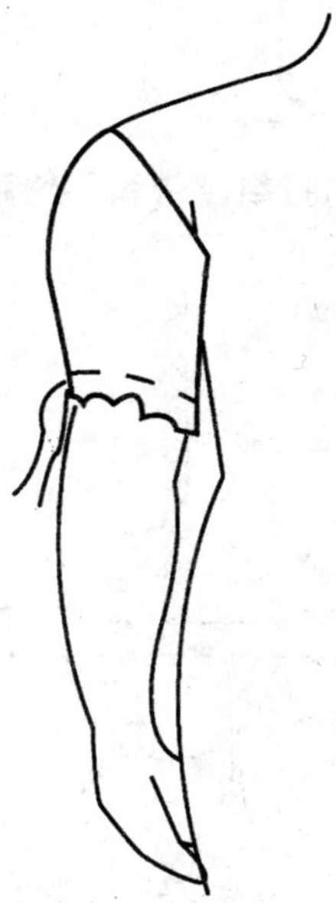

图 C.12　短袖袖摆处绳带(见 4.6.2)

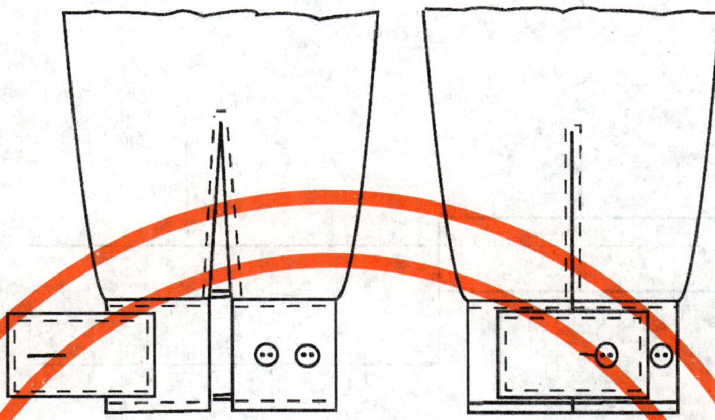

图 C.13　袖子上的可调节搭袢(见 4.6.3)

附 录 D
（规范性附录）
绳带长度的测量方法

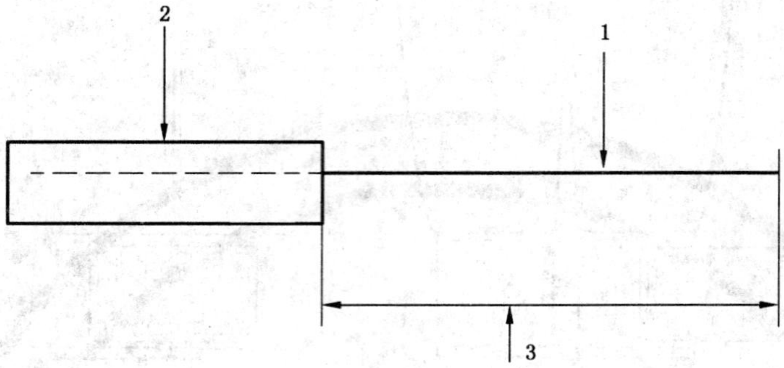

1——绳带：垂直，一个自由末端；
2——服装；
3——绳带长度（单位为毫米）。

图 D.1 带有一个自由末端的绳带长度的测量示意图

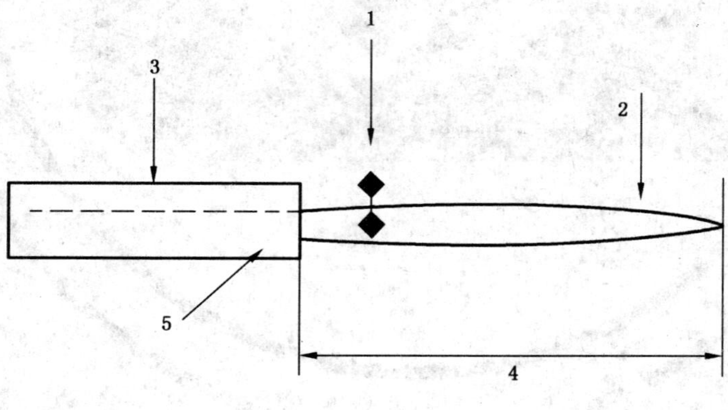

1——绳索扣；
2——绳带：无自由末端；
3——服装；
4——绳圈的长度（单位为毫米）；
5——固定在服装里面的安全末端。

注：绳圈的周长是平放状态时长度的 2 倍。

图 D.2 无自由末端的绳带长度的测量示意图

附 录 E
（资料性附录）
没有固定点的绳带的测量示意图

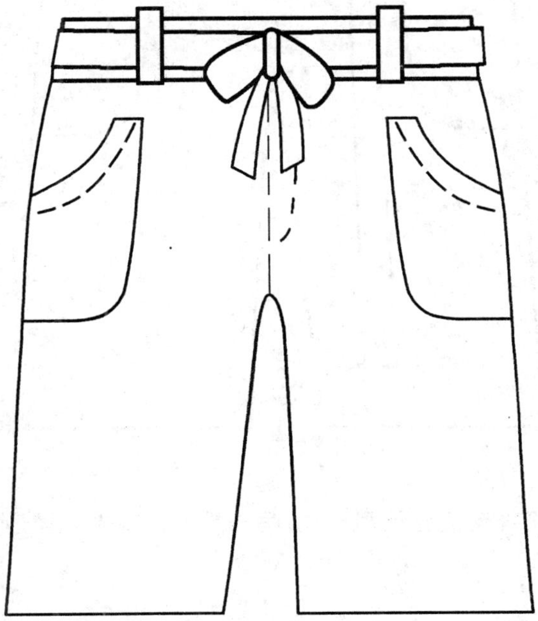

图 E.1 系成蝴蝶结的绳带

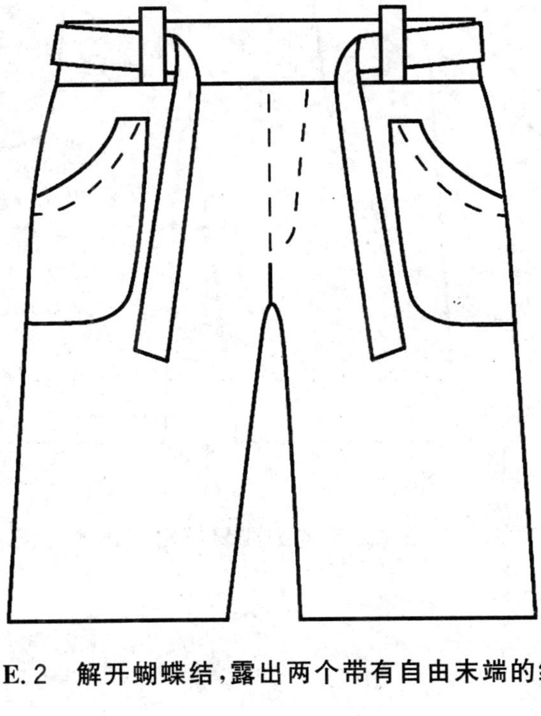

图 E.2 解开蝴蝶结，露出两个带有自由末端的绳带

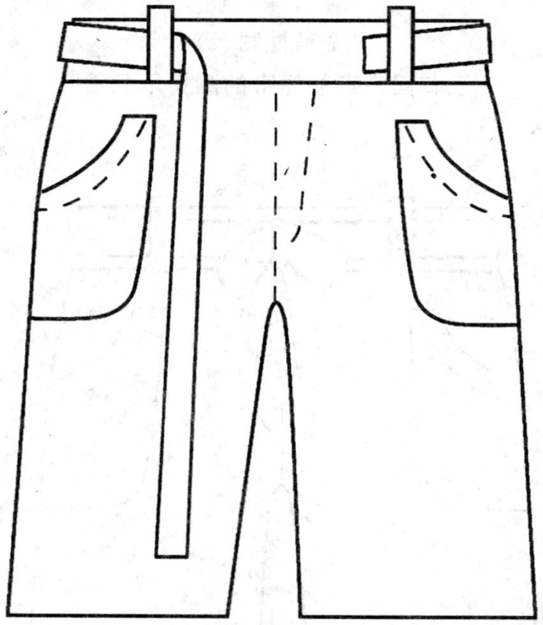

图 E.3 把绳带完全拉到一边，另一端的最末端在通道的出口处

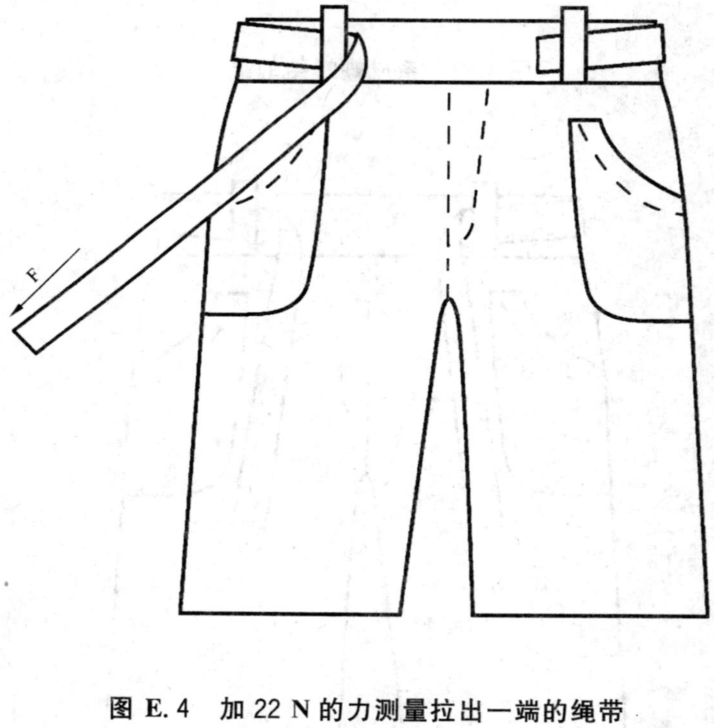

图 E.4 加 22 N 的力测量拉出一端的绳带

附 录 F
（资料性附录）

表 F.1 适用于美国的儿童服装束带要求

机构/地区	美国材料试验协会(ASTM) 美国消费品安全委员会(CPSC)	纽约州(New York)	威斯康新州(Wisconsin)
标准/法规	● ASTM F 1816-97(2004) 儿童外套上束带安全要求(Standard safety specification for drawstrings on children's upper outerwear) ● CPSC 指南 儿童外套上束带指南(Guidelines for drawstrings on children's upper outerwear)	● 纽约州法规 391. b 节(N. Y. Gen. Bus. Law Section 391. b)(Consol. 2002)	● 威斯康新州法规 ATCP139,消费品安全法(Wisconsin State law ATCP 139, Consumer product safety)
头部/颈部区域			
服装类别	儿童外套	所有儿童服装	所有儿童服装
年龄/号型	2 岁～10 岁(Sizes 2T-12)	2 岁～12 岁(Sizes 2T-16)	0 岁～12 岁(Sizes 0-16)
要求	头部/颈部区域不应有任何束带拉绳	头部/颈部区域不应有任何束带拉绳	头部/颈部区域不应有任何束带拉绳
腰部/底摆区域			
服装类别	儿童外套	所有儿童服装	所有儿童服装
年龄/号型	2 岁～12 岁(Sizes 2T-16)	2 岁～12 岁(Sizes 2T-16)	0 岁～12 岁(Sizes 0-16)
要求	● 当服装完全铺平的情况下,束带拉绳伸出绳索通道的长度不能超过 3 in; ● 束带拉绳的自由端不应有绳结栓、花结或其他附件; ● 束带拉绳应在中间部位与服装缝牢,以防止从绳索通道的任何一端将束带拉绳完全抽出。	● 当服装完全铺平的情况下,束带拉绳伸出绳索通道的长度不能超过 3 in; ● 束带拉绳在中间部位应与服装缝牢。	● 当服装完全铺平的情况下,束带拉绳伸出绳索通道的长度不能超过 3 in; ● 束带拉绳的自由端不应有绳结栓、花结或其他附件; ● 束带拉绳应在中间部位与服装缝牢,以防止从绳索通道的任何一端将束带拉绳完全抽出。

表 F.2　适用于欧盟的儿童服装束带和绳索要求

服装类别	标准/法规	规 范 要 求
所有儿童服装	● EN 14682:2007. 儿童服装绳索和束带安全要求(Safety of children's clothing-Cords and drawstrings on children's clothing-Specifications) ● UK SI 1976 No. 2[a] ● Ireland SI 1976 No. 40[a]	头部/颈部区域的束带： ● 0岁～7岁：不应有任何束带； ● 胸围测量≤44 cm的外套：不应有任何束带(仅仅是UK SI 1976 No. 2规定)； ● 7岁～14岁的儿童服装：束带不能有自由末端，但环绳圈是允许的。当服装自然展开至最大尺寸且平放时，不能有突出的环绳圈。当服装展开至目标合适尺寸时，伸出的环绳圈的周长不应超过15 cm； ● 有自由末端的束带，末端不能有绳结栓、花结或其他附件，但是在没有自由末端的束带中，末端是允许有这些饰物的； ● 背部不能露出任何束带； ● 束带应在两出口点中间处采用加固缝套结固定。 头部/颈部区域的绳索： ● 0岁～7岁：不应有任何绳索； ● 胸围测量≤44 cm的外套：不应有任何绳索(仅仅是UK SI 1976 No. 2规定)； ● 7岁～14岁的儿童服装：功能性或装饰性绳索每一端的伸出长度不能超过3 in，也不能有弹性绳；颈部系带式服装在颈部区域不允许有未扣牢的一端；肩带必须由连续的绳带制成且绳带的两端应固定在服装上，不应有自由末端；固定在肩带上的装饰性绳索，不应有长度超过140 mm的自由末端，且形成的绳圈周长也不应超过75 mm。 腰部/底摆束带： ● 0岁～14岁的儿童服装：当服装自然展开至最大尺寸且平放时，束带拉绳的任一端伸出绳索通道的最大长度不应超过140 mm；当服装自然收到最小腰围时，伸出长度不应超过280 mm； ● 服装底摆在胯部以下时，腰部/底摆束带不应垂在服装底摆以下； ● 底摆在脚踝处的服装(如：风衣、裤子或裙子)，底摆处的束带应该完全在服装里面，但裤子底摆的箍筋是允许的； ● 有自由末端的束带，末端不能有绳结栓、花结或其他附件，但是在没有自由末端的束带中，末端是允许有这些饰物的； ● 背部不能露出任何束带； ● 束带应在两出口点中间处采用加固缝套结固定； ● 打结腰带或装饰腰带，当未系着时，从腰带固定点至末端的长度不应超过360 mm，且对于低龄儿童，腰带未系着时不应超出服装底摆；

表 F.2（续）

服装类别	标准/法规	规 范 要 求
所有儿童服装	● EN 14682:2007.儿童服装绳索和束带安全要求(Safety of children's clothing-Cords and drawstrings on children's clothing-Specifications) ● UK SI 1976 No. 2[a] ● Ireland SI 1976 No. 40[a]	腰部/底摆绳索： ● 功能性或装饰性绳索，包含绳索末端的任何装饰在内，伸出服装的最大长度不应超过 140 mm； ● 打结腰带或装饰腰带，当未系着时，从腰带固定点至末端的长度不应超过 360 mm，且对于低龄儿童，腰带未系着时不应超出服装底摆。 袖子上的束带/绳索： ● 当袖口收紧时，长袖袖口处的绳带要完全在服装里面； ● 袖子长度在肘以上的短袖服装，当袖子自然展开至最大尺寸且平放时，对于低龄儿童，袖摆处绳带的伸出长度不应超过 75 mm，对于大龄儿童，袖摆处绳带的伸出长度不应超过 140 mm； ● 袖口处可调节搭袢的长度不应超过 100 mm，且开口时不应垂在服装底摆以下。 其他部位的束带/绳索： ● 服装上的其他部位，当服装完全铺平时，绳带的伸出长度不应超过 140 mm。

[a] UK SI 1976 No. 2 和 Ireland SI 1976 No. 40 仅规定帽子上不能有任何束带/绳索。

ICS 97.190
Y 04

中华人民共和国国家标准

GB/T 23158—2008

进出口婴幼儿睡袋安全要求及测试方法

Safety requirements and test methods of sleeping sack for babies and young children for import and export

2008-12-30 发布　　2009-09-01 实施

中华人民共和国国家质量监督检验检疫总局
中国国家标准化管理委员会　发布

前　　言

本标准附录A为规范性附录。

本标准由国家认证认可监督管理委员会提出并归口。

本标准起草单位:中华人民共和国宁波出入境检验检疫局检验检疫技术中心、宁波申州针织有限公司、中华人民共和国上海出入境检验检疫局、中华人民共和国山东出入境检验检疫局。

本标准主要起草人:杨力生、李宏、傅科杰、冯云、杨树娟、吴雄英、矫丽珍、孙晓强。

进出口婴幼儿睡袋安全要求及测试方法

1 范围

本标准规定了进出口婴幼儿睡袋的术语和定义、安全要求、试验方法。

本标准适用于以针织或机织面料制成的，以絮用纤维为填充物的婴幼儿睡袋。

本标准不适用于野外用睡袋。

2 规范性引用文件

下列文件中的条款通过本标准的引用而成为本标准的条款。凡是注日期的引用文件，其随后所有的修改单(不包括勘误的内容)或修订版均不适用于本标准，然而，鼓励根据本标准达成协议的各方研究是否可使用这些文件的最新版本。凡是不注日期的引用文件，其最新版本适用于本标准。

GB/T 2910 纺织品 二组分纤维混纺产品定量化学分析方法(GB/T 2910—1997，eqv ISO 1833：1977)

GB/T 2911 纺织品 三组分纤维混纺产品定量化学分析方法(GB/T 2911—1997，eqv ISO 5088：1976)

GB/T 3917.1 纺织品 织物撕破性能 第1部分：撕破强力的测定 冲击摆锤法

GB/T 3923.1 纺织品 织物拉伸性能 第1部分：断裂强力和断裂伸长率的测定 条样法

GB 5296.4 消费品使用说明 纺织品和服装使用说明

GB 6675—2003 国家玩具安全技术规范

GB/T 7742.1 纺织品 织物胀破性能 第1部分：胀破强力和胀破扩张度的测定 液压法(GB/T 7742.1—2005，ISO 13938-1：1999，MOD)

GB/T 13773 机织物及制品接缝强力和接缝效率试验方法

GB 18383 絮用纤维制品通用技术要求

GB 18401—2003 国家纺织产品基本安全技术规范

FZ/T 01053 纺织品 纤维含量的标识

FZ/T 01057 纺织纤维鉴别试验方法

EN 1811 直接和长期与皮肤接触的产品镍释放量的参考测试方法

EN 12472 测定涂层覆盖材料镍释放量的穿着和腐蚀模拟方法

3 术语和定义

下列术语和定义适用于本标准。

3.1

睡袋 sleeping sack

以针织或机织面料制成袋形或带袖子的袋形，并内充填充物用于保暖的纺织品。

3.2

填充物 filling

具有一定压缩回弹性、填于两层织物中间起保暖作用的絮用纤维。

3.3

婴幼儿睡袋　sleeping sack for babies

供年龄在36个月以内的婴幼儿使用的睡袋产品。

3.4

安全项目　safety specification

涉及人身安全、卫生、环保、健康的项目。

3.5

上止强力　top-stop strength

拉链上止抵抗拉头滑脱的能力。

3.6

拉头锁紧力　slider locking strength

拉攀对拉链牙链的锁紧能力。

3.7

拉链往复性　reciprocating of zipper

拉链在使用过程中往复运动的使用持久性能。

3.8

拉攀拉手结合强力　puller attachment strength

拉攀与拉手之间连结强度抗拉脱能力。

4　安全要求

4.1　物理安全要求

物理安全要求按表1规定。

表1　进出口婴幼儿睡袋物理安全要求

<table>
<tr><th colspan="3">项　目</th><th>安全要求</th><th>备　注</th></tr>
<tr><td rowspan="4">面料</td><td colspan="2">撕破强力/N　≥</td><td>7</td><td rowspan="3">不同纤维成分、不同织物结构的面辅料需分别测试</td></tr>
<tr><td colspan="2">断裂强力/N　≥</td><td>150</td></tr>
<tr><td colspan="2">接缝强力/N　≥</td><td>100</td></tr>
<tr><td colspan="2">胀破强力/kPa　≥</td><td>300</td><td>仅适用于针织面料</td></tr>
<tr><td rowspan="9">辅料</td><td rowspan="2">钮扣</td><td>钮扣拉力/N　≥</td><td>90</td><td rowspan="7"></td></tr>
<tr><td>钮扣表面</td><td>光滑，无锐利边缘和尖端，按GB 6675执行</td></tr>
<tr><td rowspan="5">拉链</td><td>拉攀拉手结合强力/N　≥</td><td>200</td></tr>
<tr><td>上止强力/N　≥</td><td>90</td></tr>
<tr><td>拉头锁紧力/N　≥</td><td>70</td></tr>
<tr><td>拉链往复性/次　≥</td><td>500</td></tr>
<tr><td>拉链表面</td><td>平滑，无锐利边缘和尖端，按GB 6675执行</td></tr>
<tr><td colspan="2">绳带</td><td>颈部不允许有任何绳带；胸围值≤44 cm的睡袋不允许有任何绳带；若有腰部束带，则每端不超过14 cm。所有绳带要求固定牢固，不易抽出。绳带自由末端不能有立体装饰或结纽，绳带末端不存在被夹住或钩住的危险；搭攀长度不超过7.5 cm。</td><td></td></tr>
<tr><td colspan="2">贴件、小部件、装饰物固定强力/N　≥</td><td>70</td><td></td></tr>
</table>

4.2 化学安全要求

化学安全要求按表 2 规定。

表 2 进出口婴幼儿睡袋化学安全要求

项目		安全要求
面料	纤维成分	按 FZ/T 01053 执行
	甲醛	按 GB 18401—2003 中 A 类产品要求执行
	pH 值	
	色牢度(耐水、耐汗渍、耐干摩擦、耐唾液)	
	可分解芳香胺染料	
	异味	
辅料	镍释放量/[$\mu g/(cm^2$·周)] ≤	0.5

4.3 其他安全要求

4.3.1 产品整体燃烧性能按 GB 6675—2003 中 B5.8 测试时，其火焰蔓延速度应小于或等于30 mm/s。

4.3.2 产品填充物的卫生安全要求符合 GB 18383 的要求。

4.3.3 产品无缝针、断针等对人体有伤害的金属异物。

4.4.4 产品标识应符合 GB 5296.4 要求。

5 试验方法

5.1 撕破强力的测定按 GB/T 3917.1 执行。

5.2 断裂强力的测定按 GB/T 3923.1 执行。

5.3 接缝强力的测定按 GB/T 13773 执行。

5.4 胀破强力的测定按 GB/T 7742.1 执行。

5.5 钮扣的测定按 GB 6675 执行。

5.6 拉链拉攀拉手结合强力、上止强力、拉头锁紧力、拉链往复性的测试方法(见附录 A)，拉链毛刺性测定按 GB 6675 执行。

5.7 绳带长度、贴件、小部件、装饰物固定强力安全要求按 GB 6675 执行。

5.8 纤维含量的测定按 GB/T 2910、GB/T 2911、FZ/T 01053、FZ/T 01057 执行。

5.9 甲醛含量、pH 值、耐水色牢度、耐汗渍色牢度、耐干摩擦色牢度、耐唾液色牢度、可分解芳香胺染料和异味的测定按 GB 18401 执行。

5.10 辅料镍释放量的测定按 EN 1811、EN 12472 执行。

5.11 面料燃烧性能的测定按 GB 6675—2003 中 B5.8 执行。

5.12 填充物的测定按 GB 18383 执行。

5.13 缝针、断针等金属异物采用金属检测仪检测。

附 录 A
（规范性附录）
拉链测试方法

A.1 拉攀拉手结合强力

将测试样品放在拉力测试机的卡口处，并使拉手通过遮盖装置上的一个洞。设置遮盖装置以保证拉锁和拉链紧紧的扣住，只让拉手和连接拉锁的部位自由。确保拉手的末端和卡口相连，这样在 90 ℃时张力会作用到拉锁上。设置测试装置运行一直至达到测试压力，或至测试样品损坏。

A.2 上至强力

将测试样品处于闭合的位置，将拉手拉到顶端，并将拉手勾在机器顶端钩子上，另一端夹在机器底部，避免损坏拉链牙齿，设置测试装置运行一直至达到测试压力，或至测试样品损坏。

A.3 拉头紧锁强力

将测试样品处于打开的位置，并将拉链的链锁置于距离拉链顶部 25 mm 的位置。设置卡口之间的距离为 50 mm，确保上弦在抓口并紧挨着拉头，这样上部的拉扣到两边的抓口正好各 25 mm，运行机器，并提高拉力直到拉锁滑动，达到特定的压力，或至测试样品损坏。

A.4 往复性

把测试样品放在竖直的面上，这样底部挡板就会离开测试机器的弹簧底部。将弦条分在另一端这样它们就可以在测试机上各自运行。

设置机器使滑动杆在各自的方向上来回运行距离为 75 mm～90 mm，环形往复运动为 150 mm～180 mm。程序如下：

A.4.1 手动操作测试机直到滑杆抓手到最下端底垫的位置。

A.4.2 抓紧拉手，确保锁定装置退回。

A.4.3 把按钮至于上部抓手处。

A.4.4 确保按钮末端在底部抓手处。

A.4.5 抓住在上端按钮的洞往上拉，直到针阻止了任何往上的运动，并不会拉扯带子，旋紧抓手。松弛抓手，切断每一段底部袋子的末端，重新设置从第 3 步开始。

A.4.6 连接弹簧应设置合适的垂直压力。

A.4.7 把滑动抓手连在按钮带子上，保证滑动抓手和离它们最近的链子之间的空隙为 5 mm。确保抓手的中心线正好穿过滑轮线，使抓手紧紧的抓在低垫和按钮袋子上，安装完抓手后将低垫退出。

A.4.8 连接弹簧，设置合适的水平压力。

A.4.9 设置计数器为 0，将机器运行一周，到测试样品的位置。

A.4.10 将机器的速度设置为每分钟 30 圈。

A.4.11 测试开始后，无需重新调整弹簧。

A.4.12 将机器一直运行，直到设定的圈数完成，或至测试样品损坏。

产品标准

ICS 59.080.30
W 63

中华人民共和国国家标准

GB/T 22853—2009

针织运动服

Knitted sportwear

2009-04-21 发布　　　　2009-12-01 实施

中华人民共和国国家质量监督检验检疫总局
中国国家标准化管理委员会　发布

前　言

本标准的附录A、附录B为规范性附录。

本标准由中国纺织工业协会提出。

本标准由全国纺织品标准化技术委员会针织品分技术委员会归口(SAC/TC 209/SC 6)。

本标准起草单位:李宁(中国)体育用品有限公司、安踏(中国)有限公司、七匹狼体育用品有限公司、福建泉州匹克体育用品有限公司、国家针织产品质量监督检验中心。

本标准主要起草人:徐明明、李苏、郭沧旸、戴建辉、刘凤荣。

针 织 运 动 服

1 范围

本标准规定了针织运动服产品的号型、要求、检验规则、判定规则、产品使用说明、包装、运输和贮存。

本标准适用于鉴定针织运动服的品质。

2 规范性引用文件

下列文件中的条款通过本标准的引用而成为本标准的条款。凡是注日期的引用文件，其随后所有的修改单(不包括勘误的内容)或修订版均不适用于本标准，然而，鼓励根据本标准达成协议的各方研究是否可使用这些文件的最新版本。凡是不注日期的引用文件，其最新版本适用于本标准。

GB/T 250 纺织品 色牢度试验 评定变色用灰色样卡(GB/T 250—2008，ISO 105-A02:1993，IDT)

GB/T 251 纺织品 色牢度试验 评定沾色用灰色样卡(GB/T 251—2008，ISO 105-A03:1993，IDT)

GB/T 1335(所有部分) 服装号型

GB/T 2910 纺织品 二组分纤维混纺产品定量化学分析方法(GB/T 2910—1997，eqv ISO 1833:1977)

GB/T 2911 纺织品 三组分纤维混纺产品定量化学分析方法(GB/T 2911—1997，eqv ISO 5088:1976)

GB/T 2912.1 纺织品 甲醛的测定 第1部分:游离水解的甲醛(水萃取法)

GB/T 3920 纺织品 色牢度试验 耐摩擦色牢度(GB/T 3920—2008，ISO 105-X12:2001，MOD)

GB/T 3921 纺织品 色牢度试验 耐皂洗色牢度(GB/T 3921—2008，ISO 105-C10:2006，MOD)

GB/T 3922 纺织品耐汗渍色牢度试验方法(GB/T 3922—1995，eqv ISO 105-E04:1994)

GB/T 4802.1 纺织品 织物起毛起球性能的测定 第1部分:圆轨迹法

GB/T 4856 针棉织品包装

GB 5296.4 消费品使用说明 纺织品和服装使用说明

GB/T 5713 纺织品 色牢度试验 耐水色牢度(GB/T 5713—1997，eqv ISO 105-E01:1994)

GB/T 6411 针织内衣规格尺寸系列

GB/T 7573 纺织品 水萃取液 pH 值的测定(GB/T 7573—2002，ISO 3071:1980，MOD)

GB/T 8170 数值修约规则与极限数值的表示和判定

GB/T 8427 纺织品 色牢度试验 耐人造光色牢度:氙弧

GB/T 8629 纺织品 试验用家庭洗涤和干燥程序

GB/T 8878 棉针织内衣

GB/T 14576 纺织品耐光、汗复合色牢度试验方法

GB/T 14801 机织物与针织物纬斜和弓纬的试验方法

GB/T 17592 纺织品 禁用偶氮染料检测方法

GB 18401—2003 国家纺织产品基本安全技术规范

GB/T 19976 纺织品 顶破强力的测定 钢球法

FZ/T 01026　四组分纤维混纺产品定量化学分析方法
FZ/T 01031　针织物和弹性机织物接缝强力和伸长率的测定　抓样拉伸法
FZ/T 01053　纺织品　纤维含量的标识
FZ/T 01057(所有部分)　纺织纤维鉴别试验方法
FZ/T 01095　纺织品　氨纶产品纤维含量的试验方法
GSB 16-1523-2002　针织物起毛起球样照
GSB 16-2159-2007　针织产品标准深度样卡(1/12)
GSB 16-2500-2008　针织物表面疵点彩色样照

3　号型

针织运动服的号型按 GB/T 1335(所有部分)或 GB/T 6411 规定执行。

4　要求

4.1　要求内容

要求分为内在质量和外观质量两个方面,内在质量包括起球、顶破强力、接缝强力、水洗尺寸变化率、水洗后扭曲率、拼接互染程度、耐皂洗色牢度、耐水色牢度、耐汗渍色牢度、耐摩擦色牢度、印(烫)花耐皂洗色牢度、印(烫)花耐摩擦色牢度、耐光色牢度,耐光、汗复合色牢度,甲醛含量、pH 值、异味、可分解芳香胺染料、纤维含量等项指标,外观质量包括表面疵点、规格尺寸偏差、本身尺寸差异、缝制规定等项指标。

4.2　分等规定

4.2.1　针织运动服的质量等级分为:优等品、一等品、合格品。

4.2.2　内在质量按批(交货批)以最低一项评等,外观质量按件以最低一项评等,两者结合以最低等级定等。

4.3　内在质量要求

内在质量要求见表 1。

表 1　内在质量要求

项　　目			优等品	一等品	合格品
起球/级	≥		3.5	3.0	2.5
顶破强力/N	≥	上衣	180		
		裤子	220		
接缝强力/N	≥	裤后裆缝	140		
水洗尺寸变化率/%		直向	−4.0～+2.0	−5.5～+3.0	−6.5～+3.0
		横向	−4.0～+2.0	−5.5～+3.0	−6.5～+3.0
水洗后扭曲率/%	≤	上衣	4.0	6.0	8.0
		长裤	1.5	3.0	3.5
耐皂洗色牢度/级	≥	变色	4	4	3-4
		沾色	4	3-4	3
耐水色牢度/级	≥	变色	4	3-4	3
		沾色	4	3-4	3

表 1（续）

项目		优等品	一等品	合格品
耐汗渍色牢度/级 ≥	变色	4	3-4	3
	沾色	4	3-4	3
耐摩擦色牢度/级 ≥	干摩	4	3-4	3
	湿摩	3	2-3（深色 2）	2-3（深色 2）
印（烫）花耐皂洗色牢度/级 ≥	变色	4	3-4	3
	沾色	3-4	3	3
印（烫）花耐摩擦色牢度/级 ≥	干摩	3-4	3	3
	湿摩	3	2-3	2-3（深色 2）
拼接互染程度/级 ≥		4-5	4	
耐光色牢度/级 ≥		4	4（浅色 3）	3
耐光、汗复合色牢度（碱性）/级 ≥		3-4	3	2-3
甲醛含量/（mg/kg） ≤		按 GB 18401 规定执行		
pH 值				
异味				
可分解芳香胺染料/（mg/kg）				
纤维含量（净干含量）/%		按 FZ/T 01053 规定执行		

色别分档：按 GSB 16-2159-2007 标准，＞1/12 标准深度为深色，≤1/12 标准深度为浅色。

注 1：镂空织物、含氨纶织物不考核顶破强力和接缝强力。

注 2：短裤、罗纹织物及含氨纶织物不考核横向水洗尺寸变化率。

注 3：耐光、汗复合色牢度只考核短袖上衣、背心及短裤。

注 4：拼接互染程度只考核深色与浅色相拼接的产品。

注 5：磨毛、起绒类产品不考核起球。

注 6：罗纹和松紧下摆款式不考核水洗后扭曲率。

4.4 外观质量要求

4.4.1 表面疵点评等规定见表 2。

表 2 表面疵点评等规定

类别	疵点名称	优等品	一等品	合格品
面料	粗纱、大肚纱、油纱、色纱、面子跳纱、里子纱露面	主要部位不允许，其他部位轻微者允许	轻微者允许	
	毛丝、稀密路、横路	不允许		轻微者允许
	花针、油针、丝拉紧	主要部位不允许，其他部位轻微者允许		轻微者允许
	色差	主料之间 4-5 级，主辅料之间 4 级	主料之间 4 级，主辅料之间 3-4 级	主料之间 3-4 级，主辅料之间 3 级
	纹路歪斜/% ≤	3.0	4.0	6.0
	起毛不匀、起毛露底、脱绒、风渍、极光印、折痕、色花	不允许	主要部位不允许，其他部位轻微者允许	

表 2（续）

类别	疵点名称	优等品	一等品	合格品
面料	断纱、破洞、细纱、烫黄、锈斑、修疤	不允许		
缝纫	油污线	浅淡 1 cm 3 处或 2 cm 1 处，领、襟部位不允许		浅淡的 20 cm，深色的 10 cm
	跳针	链式线迹及领、襟部位不允许，其他线迹 1 针 2 处		链式线迹不允许，其他线迹 1 针 4 处或 2 针 2 处
	针洞、漏缝	不允许		
	底边脱针	每面 1 针 3 处，不应连续脱针，骑缝处三线包缝≤3 针，四、五线包缝≤4 针		不考核
	表面死线头	2 cm 2 处或 3 cm 1 处	3 cm 2 处或 4 cm 1 处	允许
	缝纫不平服	主要部位不允许，其他部位轻微者允许	轻微者允许	
	重针	合理接头外限 4 cm 1 处，领、襟部位不允许		限 4 cm 2 处
	接线双轨	主要部位不允许，其他部位 1 cm 2 处		1 cm 3 处或 2 cm 1 处
	明线曲折高低	主要部位 0.2 cm，其他部位 0.5 cm（不包括止口及捏缝）		0.5 cm
印花	沙眼、气泡、露底	不明显允许		不严重允许
	阴花、渗花	主要部位不允许，其他部位细线条不超过一倍，粗线条小于 0.2 cm 允许		不严重允许
绣花	露底线、变形	主要部位不允许，其他部位轻微者允许	轻微者允许	
	套版不正、缺花	主要部位不允许，次要部位轻微者允许	轻微者允许	主要部位轻微者允许，次要部位超出明显者不允许
	漏绣	不允许		
辅（配）料	扣与眼位互差	≤0.3 cm	≤0.5 cm	
	粘衬渗胶	不允许	轻微者允许	
	掉扣、拉链缺牙、锁头脱落、洗涤后掉漆或锈蚀	不允许		

表面疵点程度按 GSB 16-2500-2008 执行。

注 1：上衣的主要部位指前身上部的三分之二（包括后领窝露面部位）。

注 2：裤子的主要部位指裤前身上部二分之一。

注 3：纹路歪斜仅考核彩条上衣的横向。

注 4：本标准未涉及到的疵点可参照 GB/T 8878 疵点规定。

注 5：在同一件产品上只允许有两个同等级的极限表面疵点，超过者降一个等级。

4.4.2　成衣主要测量部位及规定（精确至 0.1 cm）

4.4.2.1　背心测量部位见图 1。

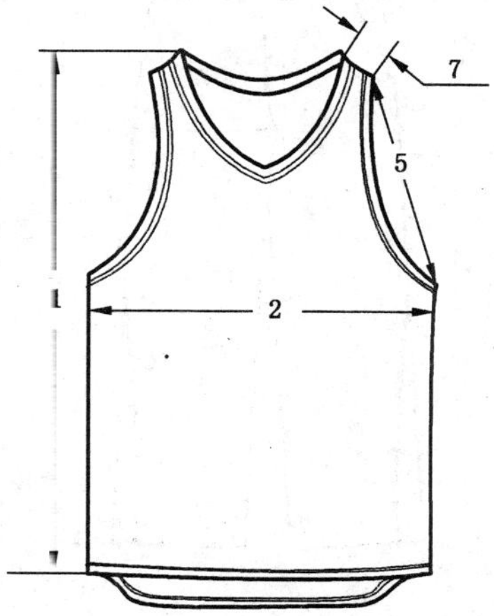

1——衣长；
2——1/2 胸围；
5——挂肩；
7——肩带宽。

图 1　背心测量部位

4.4.2.2　上衣测量部位见图 2。

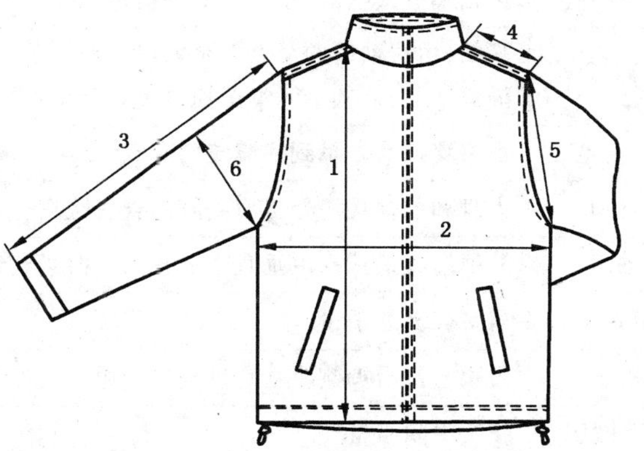

1——衣长；
2——1/2 胸围；
3——袖长；
4——单肩宽；
5——挂肩；
6——袖阔。

图 2　上衣测量部位

4.4.2.3　裤子测量部位见图 3。

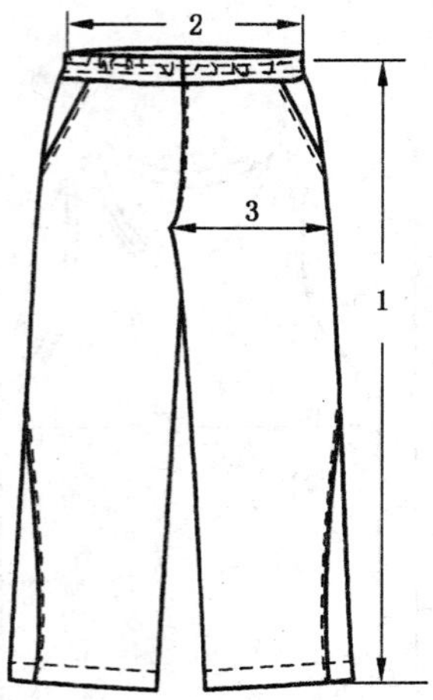

1——裤长；

2——1/2 腰围；

3——横裆。

图 3 裤子测量部位

4.4.2.4 成衣测量部位规定见表 3。

表 3 成衣测量部位规定

类 别	序 号	部 位	测量规定
上衣	1	衣长	平袖的由前身肩缝最高处垂直量到底边，插肩袖的由后领窝中间垂直量到底边
	2	1/2 胸围	由袖窿缝最低点向下 2 cm 处横量
	3	袖长	平袖：由肩袖缝的交点量至袖口边， 插肩袖：由后领中间量至袖口边
	4	单肩宽	由肩缝最高处量到袖窿缝的交点
	5	挂肩	大身和衣袖接缝处自肩到腋的直线距离
	6	袖阔	从袖窿缝最低点沿垂直于袖长的方向量到袖侧边
	7	肩带宽	肩带合缝处平量
裤子	1	裤长	由腰上口沿裤侧缝垂直量至脚口边
	2	1/2 腰围	腰头中间横量
	3	横裆	从裆底处沿垂直于裤长的方向量到裤侧边

4.4.3 规格尺寸偏差见表 4。

表 4 规格尺寸偏差

单位为厘米

类 别	项 目		优等品	一等品	合格品
上衣	衣长		±1.0	+2.0 −1.5	−2.0
	1/2 胸围		±1.0	±1.5	−2.0
	袖长	长袖	±1.5	+2.0 −1.5	−2.0
		短袖	−0.8	−1.0	−1.5
裤子	裤长	长裤	±1.5	±2.0	−3.0
		短裤	−1.0	−1.5	−2.0
	1/2 腰围		±1.5	±2.0	−2.0

4.4.4　本身尺寸差异见表5。

表5　本身尺寸差异

单位为厘米

类　　别	项　　目		优等品 ≤	一等品 ≤	合格品 ≤
上衣	门襟不一		0.5	0.8	1.0
	左、右侧缝不一		1.0	1.5	2.0
	袖长不一	长袖	0.8	1.0	1.5
		短袖	0.5	0.8	1.0
	袖阔不一、挂肩不一		0.5	1.0	1.5
	肩宽不一		0.5	0.8	1.2
	肩带宽不一		0.5	0.5	0.8
裤子	裤长不一	长裤	0.8	1.0	1.5
		短裤	0.5	0.8	1.0
	腿阔不一		0.8	1.0	1.5

4.4.5　缝制规定

4.4.5.1　合肩处应加衬本料直纹条或纱带，在包缝机上缝制。

4.4.5.2　合缝处明缝迹用四线或五线包缝。

4.4.5.3　平缝机在缝纫结束时应打回针。

4.4.5.4　沿边包缝合缝处应打回针或加固。

4.4.5.5　凡采用包缝机上领的，后领部位应采用双针绷缝或包领条。

4.4.5.6　缝制时需采用适合所用面辅料性能的近似色的缝纫线(装饰线颜色除外)。

4.4.5.7　缝制时应采用与面料相适宜的粘合衬、纽扣、拉链及附件，其质量应该符合相应产品标准的规定。

4.4.5.8　针迹密度规定见表6。

表6　针迹密度规定

项　　目	针迹密度	备　　注
明暗线　≥	7针/2 cm	装饰线除外
包缝线　≥	6针/2 cm	缝边宽度大于0.5 cm
锁眼　≥	9针/cm	按角计量，两端各打套结2针～3针
钉扣　≥	5针/眼	—

5　检验(测试)方法

5.1　抽样数量

5.1.1　内在质量按批分品种、色别、规格尺寸随机抽样4件，不足时可以增加件数。

5.1.2　外观质量按件分品种、色别、规格尺寸随机抽样1%～3%，但不少于20件。

5.2　外观质量检验条件

5.2.1　一般采用灯光检验，用40 W青光或白光日光灯一支，上面加灯罩，灯罩与检验台面中心垂直距离为80 cm±5 cm，或在D65光源下。

5.2.2　如在室内利用自然光，光源射入方向为北向左(或右)上角，不应使阳光直射产品。

5.2.3 检验时应将产品平摊在检验台上，台面铺一层白布，检验人员的视线应正视产品的表面，目视距离为 35 cm 以上。

5.3 试样的准备和试验条件

5.3.1 所取试样不应有影响试验的疵点。

5.3.2 进行顶破强力、水洗尺寸变化率试验时，需将试样在常温下平摊放置 20 h，在实验室温度为 20 ℃±2 ℃，相对湿度为 65%±4%的条件下，调湿放置 4 h 后再进行试验。

5.4 试验项目

5.4.1 起球试验

按 GB/T 4802.1 规定执行。其中压力为 780 cN，起毛次数为 0 次，起球次数为 600 次，评级按 GSB 16-1523-2002 针织物起毛起球样照评定。

5.4.2 强力试验

按 GB/T 19976 规定执行。钢球直径采用为(38±0.02)mm。

5.4.3 接缝强力试验

按 FZ/T 01031，取样部位按本标准附录 B 规定，取样一条，接缝处应适当加宽取样，以免脱线影响试验结果。

5.4.4 水洗尺寸变化率试验

5.4.4.1 测量部位

上衣取衣长与胸围作为直向和横向的测量部位，衣长以前后左右 4 处的平均值作为计算依据，胸围以腋下 5 cm 处作为测量部位。裤子取裤长与裆宽作为直向和横向的测量部位，直向以左右侧裤长的平均值作为计算依据，横向以左右裆宽的平均值作为计算依据。在测量时做出标记，以便水洗后测量。

5.4.4.2 洗涤程序

按 GB/T 8629 中 5A 规定执行，洗涤件数为 3 件。

5.4.4.3 干燥方法

采用悬挂晾干。上衣采用竿穿过两袖，使胸围挂肩处保持平直，并从下端用手将前后身分开理平。裤子采用对折搭晾，使横裆部位在晾竿上，并轻轻理平。将晾干后的试样放置在温度为(20±2)℃，相对湿度为(65±4)%环境的平台上。停放 4 h 后，轻轻拍平折痕，再进行测量。

5.4.4.4 结果计算

按式(1)分别计算直向和横向的水洗尺寸变化率，以负号(一)表示尺寸收缩，以正号(+)表示尺寸伸长。以 3 件试样的算术平均值作为检验结果，若同时存在收缩与倒涨的试验结果，以收缩(或倒涨)的两件试样的算术平均值作为检验结果，合格者判定该批产品合格，不合格者判定为该批产品不合格。最终结果按 GB/T 8170 修约到 0.1。

$$A = \frac{L_1 - L_0}{L_0} \times 100 \qquad \cdots\cdots (1)$$

式中：

A——直向或横向水洗尺寸变化率，%；

L_1——直向或横向水洗后尺寸的平均值，单位为厘米(cm)；

L_0——直向或横向水洗前尺寸的平均值，单位为厘米(cm)。

5.4.5 水洗后扭曲率

5.4.5.1 水洗方法：按 GB/T 8629 中 5A 规定执行，洗涤件数为 3 件。

5.4.5.2 水洗后测量方法：将水洗后的成衣平铺在光滑的台面上，用手轻轻拍平。每件成衣以扭斜程度最大的一边测量，以 3 件的扭曲率平均值作为计算结果。

5.4.5.3 成衣扭曲部位见图 4、图 5。

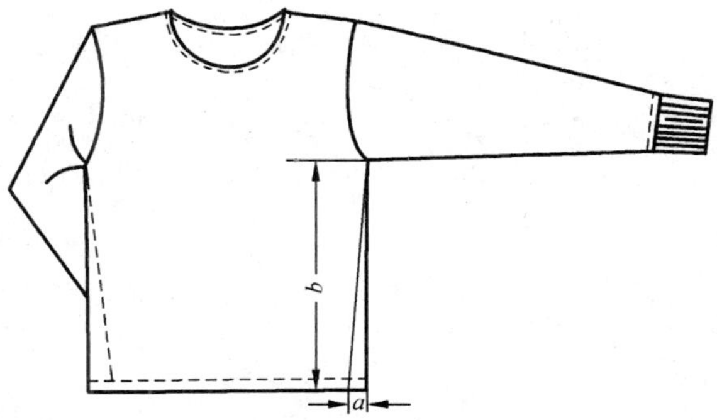

a——侧缝与袖窿交叉处垂到底边的点与水洗后侧缝与底边交点间的距离；

b——侧缝与袖窿缝交叉处垂直到底边的距离。

图 4　上衣扭曲部位示意

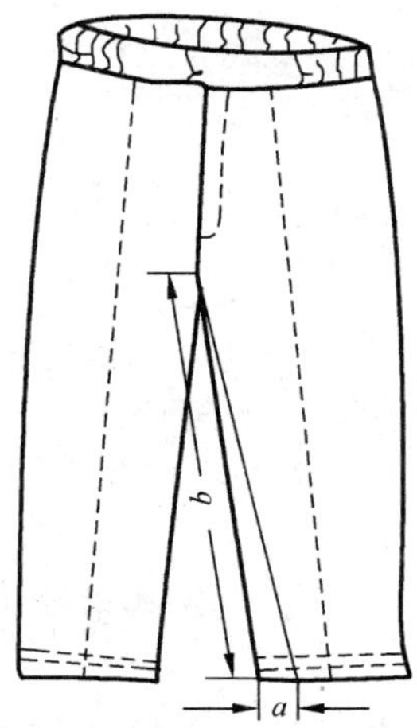

a——内侧缝与裤口边交叉点与水洗后内侧缝与底边交点间的距离；

b——裆底点到裤边口的内侧缝距离。

图 5　裤子扭曲部位示意

5.4.5.4　扭曲率计算方法见式(2)，最终结果精确到 0.1。

$$F = a/b \times 100 \quad \cdots\cdots(2)$$

式中：

F——扭曲率，%。

5.4.6　耐皂洗色牢度、印(烫)花耐皂洗色牢度

按 GB/T 3921 试验方法 A(1)规定执行。

5.4.7　耐水色牢度

按 GB/T 5713 规定执行。

5.4.8　耐汗渍色牢度

按 GB/T 3922 规定执行。

5.4.9　耐摩擦色牢度、印(烫)花耐摩擦色牢度

按 GB/T 3920 规定执行。

5.4.10　拼接互染程度试验

按附录 A 规定执行。

5.4.11　耐光色牢度

按 GB/T 8427 方法 3 规定执行。

5.4.12　耐光、汗复合色牢度

按 GB/T 14576 B 法规定执行。

5.4.13 **甲醛含量**

按 GB/T 2912.1 规定执行。

5.4.14 **pH 值**

按 GB/T 7573 规定执行。

5.4.15 **异味**

按 GB 18401—2003 中 6.7 规定执行。

5.4.16 **可分解芳香胺染料**

按 GB/T 17592 规定执行。

5.4.17 **纤维含量**

按 FZ/T 01057(所有部分)、GB/T 2910、GB/T 2911、FZ/T 01026、FZ/T 01095 规定执行。

5.4.18 **色差**

按 GB/T 250、GB/T 251 评定。

5.4.19 **纹路歪斜**

按 GB/T 14801 规定执行。

6 判定规则

6.1 内在质量

6.1.1 水洗尺寸变化率以全部试样平均值作为检验结果,平均合格为合格。若同时存在收缩与倒涨的试验结果时,以收缩(或倒涨)的两件试样的算术平均值作为检验结果,合格者判定该批产品合格,不合格者判定该批产品不合格。

6.1.2 顶破强力、水洗后扭曲率、起球检验结果,取全部被测试样的算术平均值,合格者判定该批产品合格,不合格者判定该批产品不合格。

6.1.3 纤维含量、甲醛含量、pH 值、可分解芳香胺染料、异味检验结果合格者,判定该批产品合格,不合格者判定该批产品不合格。

6.1.4 耐光色牢度、耐光、汗复合色牢度、耐皂洗色牢度、耐汗渍色牢度、耐水色牢度、耐摩擦色牢度、印花耐皂洗色牢度、印花耐摩擦色牢度、拼接互染程度检验合格者,判定该批产品合格,不合格者,分色别判定该批不合格。

6.1.5 严重影响服用性能的产品不允许。

6.2 外观质量

6.2.1 外观质量按品种、色别、规格尺寸等计算不符品等率,凡不符品等率在 5%及以内者,判定该批产品合格,不符品等率在 5%以上者,判定该批产品不合格。

6.2.2 内包装标志差错按件计算,不应有外包装差错。

6.3 复检

6.3.1 检验时任何一方对所检验的结果有异议时,在规定期限内,对所有异议的项目均可要求复检。

6.3.2 提请复检时,应保留提请复检数量的全部。

6.3.3 复检时检验数量为验收时检验数量 2 倍,复检结果按 6.1、6.2 规定执行,以复检结果为准。

7 产品使用说明、包装、运输和贮存

7.1 使用说明按 GB 5296.4、GB 18401 规定执行。

7.2 包装按 GB/T 4856 规定执行。

7.3 产品装箱运输应防潮、防火、防污。

7.4 产品应存放在阴凉、通风、干燥、清洁的库房内,防蛀、防霉。

附 录 A
（规范性附录）
拼接互染程度测试方法

A.1 原理

成衣中拼接的两种不同颜色的面料组合成试样，放于皂液中，在规定的时间和温度条件下，经机械搅拌，再经冲洗、干燥。用灰色样卡评定浅色（白色）试样的沾色。

A.2 试验要求与准备

A.2.1 在成衣上选取拼接部位，以拼接接缝为样本中心，取样尺寸为 40 mm×200 mm，使试样的一半为拼接的一个颜色，另一半为另一个颜色。

A.2.2 成衣上无合适部位可直接取样的，可在成衣上分别剪取拼接面料的 40 mm×100 mm，再将两块试样沿短边缝合成组合试样。

A.2.3 对于拼接面料很窄或加牙产品的取样，以拼接面料或拆开加牙部位，剪取最大面积，再将两块试样沿短边缝合成组合试样。

A.3 试验操作程序

A.3.1 按 GB/T 3921 方法 A(1)进行洗涤测试。

A.3.2 用 GB/T 251 样卡评定试样中两种面料的沾色。

附 录 B
（规范性附录）
裤子后裆接缝强力试验取样部位示意图

裤子后裆接缝强力试验取样部位见图 B.1。

单位为厘米

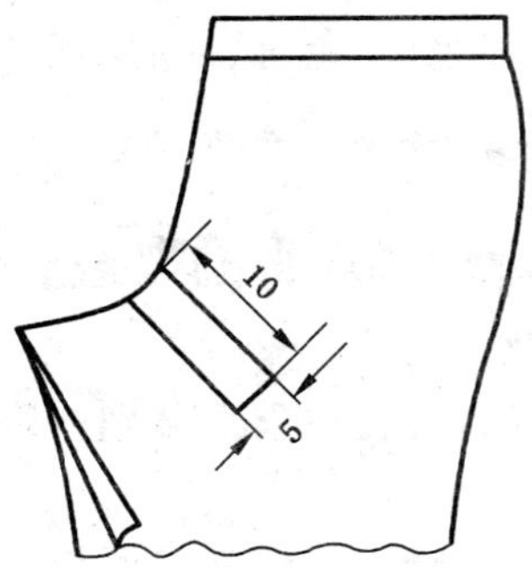

注：横向取样。

图 B.1 裤子后裆接缝强力试验取样部位示意图

ICS 59.080.30
W 63

中华人民共和国国家标准

GB/T 22854—2009

针 织 学 生 服

Knitted school uniform

2009-04-21 发布 2009-12-01 实施

中华人民共和国国家质量监督检验检疫总局
中国国家标准化管理委员会 发布

前　　言

本标准的附录A、附录B为规范性附录。

本标准由中国纺织工业协会提出。

本标准由全国纺织品标准化技术委员会针织品分技术委员会归口(SAC/TC 209/SC 6)。

本标准起草单位:浙江省纤维检验局、深圳市纤维纺织检测所、安踏(中国)有限公司、深圳默根服装有限公司、温州市智升服装有限公司、国家针织产品质量监督检验中心、北京市服装质量监督检验一站等。

本标准主要起草人:徐勤、杨志敏、于建军、李苏、张岩峰、李光亮、裘日亮、王艺。

针 织 学 生 服

1 范围

本标准规定了针织学生服的号型、要求、检验规则、判定规则、产品使用说明、包装、运输和贮存。

本标准适用于鉴定以针织物为主要原料成批生产的学生服产品。

2 规范性引用文件

下列文件中的条款通过本标准的引用而成为本标准的条款。凡是注日期的引用文件，其随后所有的修改单(不包括勘误的内容)或修订版均不适用于本标准，然而，鼓励根据本标准达成协议的各方研究是否可使用这些文件的最新版本。凡是不注日期的引用文件，其最新版本适用于本标准。

GB/T 250 纺织品 色牢度试验 评定变色用灰色样卡(GB/T 250—2008，ISO 105-A02：1993，IDT)

GB/T 251 纺织品 色牢度试验 评定沾色用灰色样卡(GB/T 251—2008，ISO 105-A03：1993，IDT)

GB/T 1335(所有部分) 服装号型

GB/T 2910 纺织品 二组分纤维混纺产品定量化学分析方法(GB/T 2910—1997，eqv ISO 1883：1977)

GB/T 2911 纺织品 三组分纤维混纺产品定量化学分析方法(GB/T 2911—1997，eqv ISO 5088：1976)

GB/T 2912.1 纺织品 甲醛的测定 第1部分：游离水解的甲醛(水萃取法)

GB/T 3920 纺织品 色牢度试验 耐摩擦色牢度(GB/T 3920—2008，ISO 105-X12：2001，MOD)

GB/T 3921 纺织品 色牢度试验 耐皂洗色牢度(GB/T 3921—2008，ISO 105-C10：2006，MOD)

GB/T 3922 纺织品耐汗渍色牢度试验方法(GB/T 3922—1995，eqv ISO 105-E04：1994)

GB/T 4802.1 纺织品 织物起毛起球性能的测定 第1部分：圆轨迹法

GB 5296.4 消费品使用说明 纺织品和服装使用说明

GB/T 5713 纺织品 色牢度试验 耐水色牢度

GB/T 6411 针织内衣规格尺寸系列

GB/T 8170 数值修约规则与极限数值的表示和判定

GB/T 8427 纺织品 色牢度试验 耐人造光色牢度：氙弧

GB/T 8878 棉针织内衣

GB/T 14576 纺织品耐光、汗复合色牢度试验方法

GB 18401 国家纺织产品基本安全技术规范

GB/T 19976 纺织品 顶破强力的测定 钢球法

FZ/T 01031 针织物和弹性机织物接缝强力和伸长率的测试 抓样拉伸法

FZ/T 01053 纺织品 纤维含量的标识

FZ/T 01057(所有部分) 纺织纤维鉴别试验方法

FZ/T 01095 纺织品 氨纶产品纤维含量的试验方法

FZ/T 80002 服装标志、包装、运输和贮存

GSB 16-1523—2002 针织物起毛起球样照

GSB 16-2159—2007　针织产品标准深度样卡(1/12)
GSB 16-2500—2008　针织物表面疵点彩色样照

3　号型

针织学生服号型设置按 GB/T 1335(所有部分)或 GB/T 6411 规定选用执行。

4　要求

4.1　要求内容

要求分为内在质量和外观质量两个方面。内在质量包括顶破强力、接缝强力、水洗尺寸变化率、水洗后扭曲率、耐皂洗色牢度、耐汗渍色牢度、耐摩擦色牢度,耐光、汗复合色牢度,耐水色牢度、耐光色牢度、印花耐皂洗色牢度、印花耐摩擦色牢度、起球、甲醛含量、pH 值、可分解芳香胺染料、异味、纤维含量、拼接互染程度等项指标。外观质量包括表面疵点、规格尺寸偏差、本身尺寸差异、缝制规定等项指标。

4.2　分等规定

4.2.1　针织学生服的质量等级分为优等品、一等品和合格品。

4.2.2　针织学生服的质量定等:内在质量按批以最低一项评等,外观质量按件以最低一项评等,二者结合以最低等级定等。

4.3　内在质量要求

内在质量要求见表 1。

表 1　内在质量要求

项　　目		优等品	一等品	合格品
顶破强力/N　≥		180		
接缝强力/N　≥	裤后裆缝	140		
水洗尺寸变化率/%	直向	−4.0～+2.0	−5.5～+3.0	−6.5～+3.0
	横向	−4.0～+2.0	−5.5～+3.0	−6.5～+3.0
水洗后扭曲率/%　≤	上衣	5.0	6.0	7.0
	裤子	1.5	2.5	3.0
耐皂洗色牢度/级　≥	变色	4	3-4	3
	沾色	4	3-4	3
耐汗渍色牢度/级　≥	变色	4	3-4	3
	沾色	4	3-4	3
耐水色牢度/级　≥	变色	3-4	3	3
	沾色	3-4	3	3
耐摩擦色牢度/级　≥	干摩	4	3-4	3
	湿摩	3	3(深 2-3)	2-3
印花耐皂洗色牢度/级　≥	变色	3-4	3	3
	沾色	3-4	3	3
印花耐摩擦色牢度/级　≥	干摩	3-4	3	3
	湿摩	3	2-3	2

表 1（续）

项　　目		优等品	一等品	合格品
耐光色牢度/级	≥	4	4(浅色 3)	3
耐光、汗复合色牢度(碱性)/级	≥	3-4	3	2-3
起球/级	≥	4.0	3.5	3.0
甲醛含量/(mg/kg)		按 GB 18401 规定执行		
pH 值				
异味				
可分解芳香胺染料/(mg/kg)				
纤维含量(净干含量)/%		按 FZ/T 01053 规定执行		
拼接互染程度/级	≥	4-5	4	3-4

色别分档按 GSB 16-2159—2007，>1/12 标准深度为深色，≤1/12 标准深度为浅色。

注 1：茄克式学生服上衣不考核水洗后扭曲率。

注 2：磨毛、起绒类产品不考核起球。

注 3：弹性织物产品不考核横向水洗尺寸变化率，短裤不考核水洗尺寸变化率。

注 4：拼接互染程度只考核深色与浅色相拼接的产品。

注 5：耐光、汗复合色牢度只考核 B 类(直接接触皮肤)产品。

4.4 外观质量要求

4.4.1 表面疵点规定见表 2。

表 2 表面疵点规定

序号	疵点名称		优等品	一等品	合格品
1	毛丝		不允许		
2	色差(不低于)		主料之间 4 级，主副料之间 3-4 级		
3	大肚纱、长花针		主要部位：不允许，次要部位：轻微者允许	轻微者允许	
4	修疤、变质、残破		不允许		
5	丝拉紧(挂紧丝)		不允许	累计不超过 5 cm	累计不超过 8 cm
6	油棉飞花		不允许	布面平整无洞眼者 1 cm 一处	布面平整无洞眼者 1 cm 两处
7	门襟	不平直	不允许	轻微的允许	明显的允许，显著的不允许
8	拉链	绱拉链不平服、不顺直	不允许	轻微的允许	明显的允许，显著的不允许
		拉链拉脱	不允许		
9	熨烫	不平服	不允许	轻微的允许	明显的允许，显著的不允许
		烫黄、烫焦	不允许		
10	锁眼间距		锁眼间距互差不大于 0.3 cm	锁眼间距互差不大于 0.5 cm	锁眼间距互差不大于 0.8 cm

表 2（续）

序号	疵点名称	优等品	一等品	合格品
11	扣眼互差	扣与眼位互差不大于 0.2 cm	扣与眼位互差不大于 0.3 cm	扣与眼位互差不大于 0.5 cm
12	钉扣不牢	不允许		
13	丢工、错工、缺件	不允许		

表面疵点程度按 GSB 16-2500—2008 执行。

注 1：未列入表内的疵点按 GB/T 8878 中表面疵点评等规定执行。

注 2：主要部位是指上衣前身上部的三分之二(包括领窝露面部位)，裤类无主要部位。

注 3：在同一件产品上只允许有两个同等级的极限表面疵点，超过者降一个等级。

注 4：轻微：直观上不明显，通过仔细辩认才可看出。明显：不影响整体效果，但能感觉到疵点的存在。显著：明显影响整体效果的疵点。

4.4.2 规格尺寸偏差见表 3。

表 3 规格尺寸偏差

单位为厘米

项目		身高 160 cm 及以下			身高 160 cm 以上		
		优等品	一等品	合格品	优等品	一等品	合格品
衣长		−0.5	−1.0	−1.0	±1.0	+2.0 −1.5	+2.0 −2.0
1/2 胸(腰)围		−0.5	−1.0	−1.5	±1.0	±1.5	±2.0
袖长	长袖	−0.5	−1.0	−1.0	±1.0	±1.5	±2.0
	短袖	−0.5	−1.0	−1.0	−1.0	−1.0	−1.5
裤长	长裤	−1.0	−1.5	−1.5	±1.0	±1.5	±2.0
	短裤	−0.5	−1.0	−1.0	−1.0	−1.5	−2.0
总肩宽		±0.5	±0.8	±1.0	±1.0	±1.5	±2.0
挂肩		−0.5	−0.8	−1.0	−1.0	−1.5	−2.0
直裆		±1.0	±1.5	±1.5	±1.0	±1.5	±2.0
横裆		−1.0	−1.5	−2.0	−1.0	−1.5	−2.0
袖口宽		±0.5	±0.5	±0.5	±0.5	±0.5	±0.5

4.4.3 本身尺寸差异见表 4。

表 4 本身尺寸差异

单位为厘米

项目		优等品	一等品	合格品
门襟、左右侧缝不一		0.5	0.8	1.0
肩宽不一		0.5	0.8	1.0
挂肩不一		1.0	1.0	1.5
袖长不一	长袖	0.8	1.0	1.5
	短袖	0.5	0.8	1.0
裤长不一	长裤	0.8	1.0	1.5
	短裤	0.5	0.8	1.0
腿阔不一		0.8	1.0	1.5

4.4.4 成衣测量部位及规定(精确至 0.1 cm)

4.4.4.1 长袖衫测量部位见图 1。

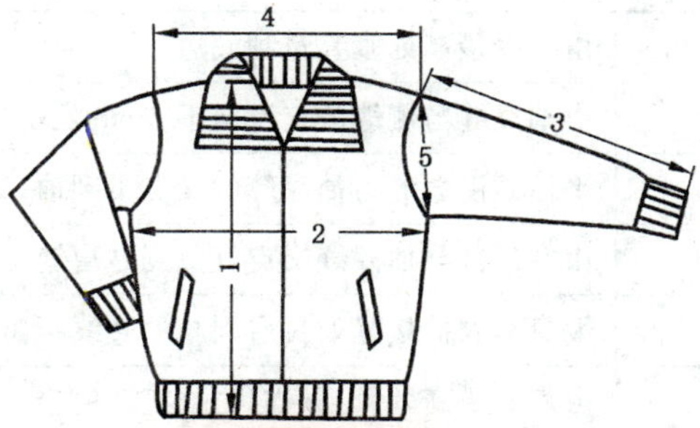

1——衣长；

2——1/2 胸围；

3——袖长；

4——总肩宽；

5——挂肩。

图 1 长袖衫测量部位

4.4.4.2 短袖衫测量部位见图 2。

1——衣长；

2——1/2 胸围；

3——袖长；

5——挂肩；

6——单肩宽。

图 2 短袖衫测量部位

4.4.4.3 裤子测量部位见图 3。

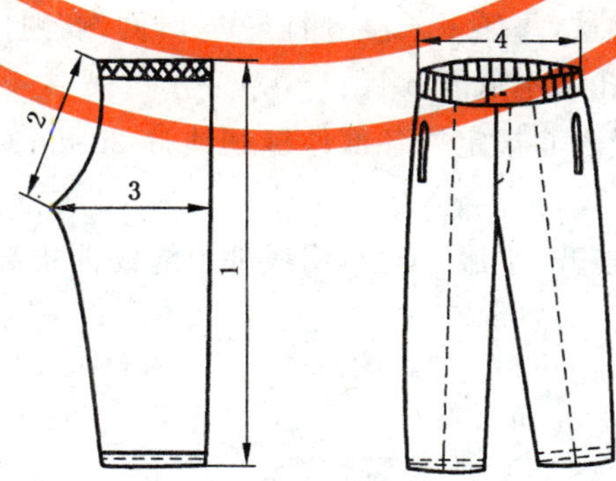

1——裤长；

2——直裆；

3——横裆；

4——1/2 腰围。

图 3 裤子测量部位

4.4.4.4 成衣测量部位规定见表 5。

表 5　成衣测量部位规定

类　别	序　号	部　　位	测量规定
上衣类	1	衣长	由肩缝最高处垂直量到底边
	2	1/2 胸围	由袖窿缝与侧缝的交点向下 2 cm 处横量
	3	袖长	平袖式由肩缝与袖窿缝的交点量到袖口边，插肩式由后领中间量到袖口边
	4	总肩宽	由左肩缝与袖窿缝交点直量到右肩缝与袖窿缝交点
	5	挂肩	大身和衣袖接缝处自肩到腋的直线距离
	6	单肩宽	由肩缝最高处量到肩缝与袖窿缝的交点
裤类	1	裤长	沿裤缝由侧腰边垂直量到裤口边
	2	直裆	裤身相对折，从腰边口向下斜量到裆角处
	3	横裆	裤身相对折，从裆角处横量
	4	1/2 腰围	腰边横量

4.4.5　缝制规定(不分品等)

4.4.5.1　合肩处，应加衬本料直纹条或纱带，在包缝机上缝制。

4.4.5.2　合缝处明缝迹用四线或五线包缝机缝制。

4.4.5.3　平缝机的针迹缝到边口处，应打回针。

4.4.5.4　沿边包缝合缝处应打回针或加固。

4.4.5.5　双针机绷缝：凡上领用包缝机缝制者，后领部位用双针机绷缝或包领条。

4.4.5.6　领型端正，门襟平直，拉链滑顺，不能拉脱，熨烫平整，线头修清。

4.4.5.7　采用适合于面料的纽扣、拉链以及金属附件，无残疵。洗后不变形，不生锈、不变色。

4.4.5.8　针迹密度规定见表 6。

表 6　针迹密度规定　　单位为针迹数每 2 厘米

机种	平缝机	四线包缝机	双针绷缝机	平双针压条机	三针机	宽紧带机	包缝卷边机	捏缝机
针迹数(不低于)	9	8	7	8	9	7	7	8

4.4.5.9　测量针迹密度以一个缝纫过程的中间处计量。

4.4.5.10　锁眼机针迹密度按角计量，每厘米长度 8 针～9 针，两端各打套结 2 针～3 针。

4.4.5.11　钉扣的针迹密度，每个扣眼不低于 5 针。

4.4.5.12　缝纫针迹密度不得低于表 6 规定。各部位缝纫线迹 20 cm 内不得有两处连续跳针，链缝不允许跳线。

4.4.5.13　各部位缝制线路顺直、整齐、平服、牢固，明线部位缝纫曲折高低不大于 0.3 cm。

5　检验规则

5.1　抽样数量

5.1.1　外观质量按批随机采样 1%～3%，但不得少于 20 件(条)。

5.1.2　内在质量按批随机采样 5 件(条)，不足时可增加件(条)数。

5.2　外观质量检验条件

5.2.1　一般采用灯光检验，用 40 W 青光或白光日光灯一支上面加灯罩，灯罩与检验台面中心垂直距离为 80 cm±5 cm。

5.2.2　如在室内利用自然光，光源射入方向为北向左(或右)上角，不能使阳光直射产品。

5.2.3　检验时应将产品平放在检验台上，台面铺白布一层，检验人员的视线应正视平摊产品的表面，目光与产品中间距离为 35 cm 以上。

5.3　**试验方法**

5.3.1　试样准备和试验条件

实验室温度为 20 ℃±2 ℃，相对湿度为 65%±4%。顶破强力、接缝强力、水洗尺寸变化率、水洗后扭曲率试验前，将试样在常温下展开平放 20 h，然后进入实验室展开平放 4 h 后进行试验。

5.3.2　顶破强力试验

按 GB/T 19976 规定执行，钢球的直径为 38 mm±0.02 mm。

5.3.3　裤后裆接缝强力试验

测试 1 条，取样部位按附录 A 执行。试验按 FZ/T 01031 方法 B 规定执行。

5.3.4　水洗尺寸变化率试验

按 GB/T 8878 规定执行，测试 3 件(条)。

5.3.5　水洗后扭曲率试验

5.3.5.1　水洗后扭曲率测量方法：将做完水洗尺寸变化率的成衣平铺在光滑的台上，用手轻轻拍平，每件成衣以扭斜程度最大的一边测量，以 3 件样品扭曲率的平均值作为计算结果。

5.3.5.2　成衣扭曲测量部位

5.3.5.2.1　上衣扭曲测量部位见图 4。

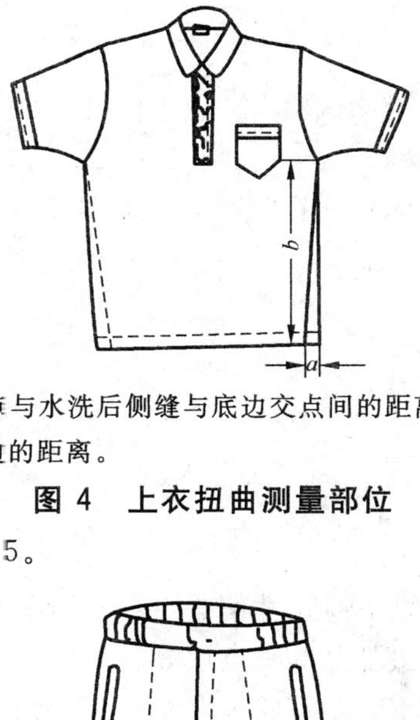

a——侧缝与袖窿交叉处垂到底边的点与水洗后侧缝与底边交点间的距离；

b——侧缝与袖窿缝交叉处垂直到底边的距离。

图 4　上衣扭曲测量部位

5.3.5.2.2　裤子扭曲测量部位见图 5。

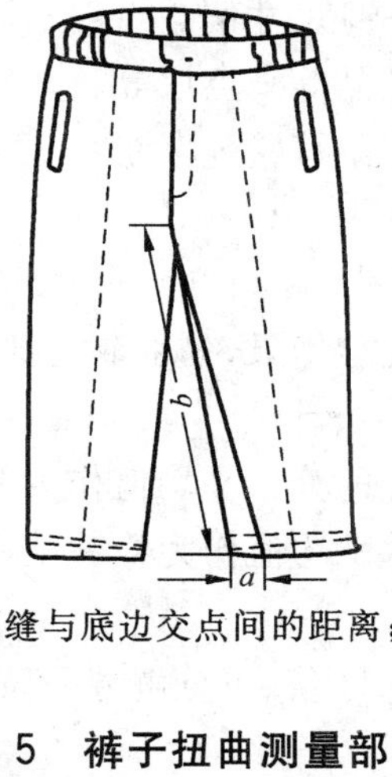

a——内侧缝与裤口边交叉点与水洗后内侧缝与底边交点间的距离；

b——裆底点到裤边口的内侧缝距离。

图 5　裤子扭曲测量部位

5.3.5.3　扭曲率计算方法见式(1)，结果按 GB/T 8170 修约，精确至 0.1。

$$F = a/b \times 100 \qquad (1)$$

式中：

F——扭曲率，%。

5.3.6 耐皂洗色牢度、印花耐皂洗色牢度试验

按 GB/T 3921 规定执行，试验条件按 A(1)执行。

5.3.7 耐汗渍色牢度试验

按 GB/T 3922 规定执行。

5.3.8 耐摩擦色牢度、印花耐摩擦色牢度试验

按 GB/T 3920 规定执行，只做直向。

5.3.9 耐光、汗复合色牢度试验

按 GB/T 14576 规定执行。

5.3.10 耐水色牢度试验

按 GB/T 5713 执行。

5.3.11 耐光色牢度试验

按 GB/T 8427 方法 3 规定执行。

5.3.12 起球试验

按 GB/T 4802.1 规定执行，其中压力为 780 cN，起毛次数 0 次，起球次数 600 次，评级按 GSB 16-1523—2002 评定。

5.3.13 甲醛含量试验

按 GB/T 2912.1 规定执行。

5.3.14 pH 值、可分解芳香胺染料、异味试验

按 GB 18401 规定执行。

5.3.15 纤维含量试验按 GB/T 2910、GB/T 2911、FZ/T 01057(所有部分)、FZ/T 01095 等规定执行。

5.3.16 拼接互染程度试验

按附录 B 执行。

5.3.17 色牢度评级

按 GB/T 250、GB/T 251 评定。

6 判定规则

6.1 外观质量

6.1.1 同件产品上，当规格尺寸偏差、本身尺寸偏差出现不同品等部位，表面疵点、缝制质量出现不同品等疵点时，分别按最低品等部位和最低品等疵点评等。

6.1.2 外观质量按件计算不符品等率。不符品等率在 0.5%及以内者，判定该批产品合格。不符品等率在 5.0%以上者，判该批产品不合格。

6.2 内在质量

6.2.1 顶破强力、水洗后扭曲率、起球检验结果，分别取全部测试样的算术平均值，合格者判定该批产品合格，不合格者判定该批产品不合格。

6.2.2 水洗尺寸变化率以三件(条)试样的算术平均值作为检验结果。若同时存在收缩与倒涨试验结果时，以收缩(或倒涨)的两件试样的算术平均值作为检验结果，合格者判定该批产品合格，不合格者判定该批产品不合格。

6.2.3 接缝强力、纤维含量、甲醛含量、pH 值、可分解芳香胺染料、异味检验结果合格者判定该批产品合格，不合格者判定该批产品不合格。

6.2.4 耐皂洗色牢度、耐汗渍色牢度、耐水色牢度、耐摩擦色牢度、印花耐皂洗色牢度、印花耐摩擦色牢度、耐光色牢度，耐光、汗复合色牢度，拼接互染程度检验合格者，判定该批产品合格，不合格者分色别判

定该批产品不合格。

6.3 复验

6.3.1 任何一方对检验结果(异味除外)有异议时,均可要求复验。

6.3.2 要求复验时,应保留要求复验批的全部。

6.3.3 复验时检验数量为验收时检验数量的2倍,复验结果按本标准6.1、6.2规定执行,以复验结果为准。

7 产品使用说明、包装、运输和贮存

7.1 产品使用说明按GB 5296.4规定执行。

7.2 产品包装按FZ/T 80002或企业自定。

7.3 产品运输应防潮、防火、防污染。

7.4 产品应存放在阴凉、通风、干燥库房内。

附 录 A
（规范性附录）
裤后裆接缝强力试验取样部位示意图

裤后裆接缝强力试验取样部位见图 A.1。

单位为厘米

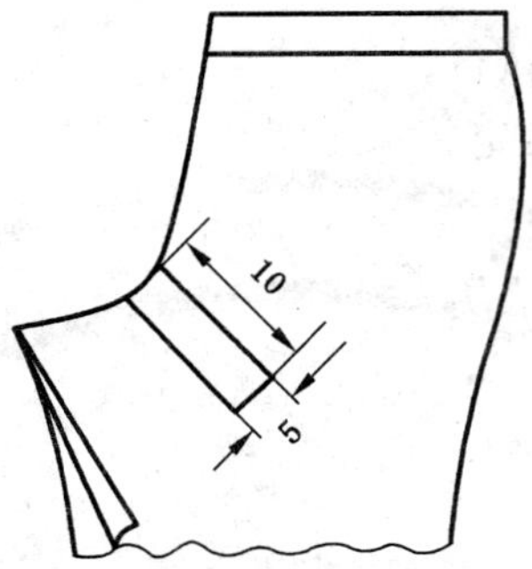

图 A.1 裤后裆接缝强力试验取样部位示意图

附　录　B
（规范性附录）
拼接互染程度测试方法

B.1　原理

成衣中拼接的两种不同颜色的面料组合成试样，放于皂液中，在规定的时间和温度条件下，经机械搅拌，再经冲洗、干燥。用灰色样卡评定试样的沾色。

B.2　试验要求与准备

B.2.1　在成衣上选取面料拼接部位，以拼接接缝为样本中心，取样尺寸为 40 mm×200 mm，使试样的一半为拼接的一个颜色，另一半为另一个颜色。

B.2.2　成衣上无合适部位可直接取样的，可在成衣或该批产品的同批面料上分别剪取拼接面料的 40 mm×100 mm，再将两块试样沿短边缝合成组合试样。

B.2.3　对于拼接面料很窄或加牙产品的取样，以拼接面料或拆开加牙部位，剪取最大面积，再将两块试样沿短边缝合成组合试样。

B.3　试验操作程序

B.3.1　按 GB/T 3921 进行洗涤测试，试验条件按 A(1)执行。

B.3.2　用 GB/T 251 样卡评定试样中两种面料的沾色。

ICS 61.020
Y 76

中华人民共和国国家标准

GB/T 23328—2009

机织学生服

Woven garments for students

2009-03-19 发布　　2010-01-01 实施

中华人民共和国国家质量监督检验检疫总局
中国国家标准化管理委员会　发布

前　言

本标准的附录A、附录B为规范性附录。

本标准由中国纺织工业协会提出。

本标准由全国服装标准化技术委员会(SAC/TC 219)归口。

本标准由全国服装标准化技术委员会负责解释。

本标准主要起草单位：深圳市计量质量检测研究院、上海市服装研究所、深圳市默根服装有限公司、深圳市东泰服饰制品有限公司、深圳市裕达服装有限公司、深圳市思贝特服饰用品有限公司。

本标准主要起草人：杨志敏、许鉴、袁惠芸、钱国庆、李业赞、李光亮、陈汉武、戴伟烽、滕万红、陈国强。

机织学生服

1 范围

本标准规定了机织学生服的要求、检测方法、检验分类规则以及标志、包装、运输和贮存等技术特征。

本标准适用于以纺织机织物为主要面料生产的学生服。

2 规范性引用文件

下列文件中的条款通过本标准的引用而成为本标准的条款。凡是注日期的引用文件，其随后所有的修改单(不包括勘误的内容)或修订版均不适用于本标准，然而，鼓励根据本标准达成协议的各方研究是否可使用这些文件的最新版本。凡是不注日期的引用文件，其最新版本适用于本标准。

GB/T 250　纺织品　色牢度试验　评定变色用灰色样卡

GB/T 1335.1　服装号型　男子

GB/T 1335.2　服装号型　女子

GB/T 1335.3　服装号型　儿童

GB/T 2910　纺织品　二组分纤维混纺产品定量化学分析方法

GB/T 2911　纺织品　三组分纤维混纺产品定量化学分析方法

GB/T 2912.1　纺织品　甲醛的测定　第1部分:游离水解的甲醛(水萃取法)

GB/T 3920　纺织品　色牢度试验　耐摩擦色牢度

GB/T 3921　纺织品　色牢度试验　耐皂洗色牢度

GB/T 3922　纺织品耐汗渍色牢度试验方法

GB/T 3923.1　纺织品　织物拉伸性能　第1部分:断裂强力和断裂伸长率的测定　条样法

GB/T 4802.1　纺织品　织物起毛起球性能的测定　第1部分:圆轨迹法

GB/T 4841.3　染料染色标准深度色卡 2/1、1/3、1/6、1/12、1/25

GB 5296.4　消费品使用说明　纺织品和服装使用说明

GB/T 5713　纺织品　色牢度试验　耐水色牢度

GB/T 7573　纺织品　水萃取液 pH 值的测定

GB/T 8170　数值修约规则与极限数值的表示和判定

GB/T 8427　纺织品　色牢度试验　耐人造光色牢度:氙弧

GB/T 8629　纺织品　试验用家庭洗涤和干燥程序

GB/T 9995　纺织材料含水率和回潮率的测定　烘箱干燥法

GB/T 17592　纺织品　禁用偶氮染料的测定

GB 18401　国家纺织产品基本安全技术规范

GB/T 21295　服装理化性能的技术要求

FZ/T 01053　纺织品　纤维含量的标识

FZ/T 01057(所有部分)　纺织纤维鉴别试验方法

FZ/T 01095　纺织品　氨纶产品纤维含量的试验方法

FZ/T 80002　服装标志、包装、运输和贮存

FZ/T 80004　服装成品出厂检验规则

3 要求

3.1 使用说明

使用说明按 GB 5296.4 和 GB 18401 的规定执行。

3.2 号型规格

3.2.1 号型设置按 GB/T 1335.1、GB/T 1335.2、GB/T 1335.3 的规定选用。

3.2.2 成品主要部位规格按 GB/T 1335.1、GB/T 1335.2、GB/T 1335.3 的有关规定自行设计。

3.3 原材料

3.3.1 面料

按国家有关纺织面料标准选用符合本标准质量要求的面料。

3.3.2 里料

采用与所用面料性能、色泽相适宜的里料。

3.3.3 辅料

3.3.3.1 衬布、垫肩

采用与面料尺寸变化率、性能、色泽相近的粘合衬和垫肩，其质量应符合相应产品标准的规定。

3.3.3.2 缝线

采用适合所用面料质量的缝线；绣花线的缩率应与面料相适应；钉扣线应与扣的色泽相适宜；钉商标线应与商标底色相适宜(装饰线除外)。

3.3.3.3 纽扣、拉链及金属附件

采用适合所用面料的纽扣(装饰扣除外)、拉链及金属附件，无残疵，外表光滑，无利边利角。

3.4 经纬纱向

前身顺翘，不允许倒翘。领面、后身、袖子、前后裤片的允斜程度不大于 3%，色织或印花、条格料不大于 2%。

3.5 对条对格

面料有明显条格在 1.0 cm 及以上的按表 1 规定。

表 1

单位为厘米

部位名称	对条对格规定	备　注
左右前身	条料顺直，格料对横，互差不大于 0.3。	遇格子大小不一时，以衣长二分之一上部为主。
袋与前身	条料对条，格料对格，互差不大于 0.3。斜料贴袋左右对称，互差不大于 0.5(阴阳条格例外)。	遇格子大小不一时，以袋前部为主。
领尖、驳头	条料对称，互差不大于 0.2。	遇有阴阳格，以明显条格为主。
袖子	条料顺直，格料对横，以袖山为准，两袖对称，互差不大于 0.8。	—
背缝	条料对条，格料对横，互差不大于 0.3。	—
摆缝	格料对横，袖窿 10.0 以下互差不大于 0.4。	—
裤侧缝	侧缝袋口 10 以下处格料对横，互差不大于 0.4。	—

3.6 拼接

挂面在驳头下、最下扣眼位置以上允许一拼，但应避开扣眼位，领里可对称一拼(立领不允许)，裙子、裤子腰头在后中缝或侧缝处允许一拼，其他部位除设计需要外不允许拼接。

3.7 色差

领子、驳头、前后过肩、前腰头与大身的色差不低于4级,里子的色差不低于3-4级。覆粘合衬或多层料所造成的色差不低于3-4级,其他表面部位与大身色差不低于4级。套装中上装与下装的色差不低于4级。

3.8 外观疵点

外观疵点按表2规定,各部位划分见图1。每个独立部位只允许疵点一处,超过一处降为下一个缺陷等级,如:轻缺陷降为重缺陷,以此类推。

表2

疵点名称	各部位允许存在程度		
	1号部位	2号部位	3号部位
粗于二倍粗纱3根	不允许	长1 cm~3 cm	长3 cm~6 cm
粗于三倍粗纱4根	不允许	不允许	长小于2.5 cm
经缩	不允许	不明显	长小于4 cm,宽小于1 cm
颗粒状粗纱	不允许	不允许	不影响外观
色档	不允许	不影响外观	轻微
斑疵(油、锈、色斑)	不允许	不影响外观	不大于0.2 cm^2
注:未列入疵点按其形态,参照本表相似疵点执行。			

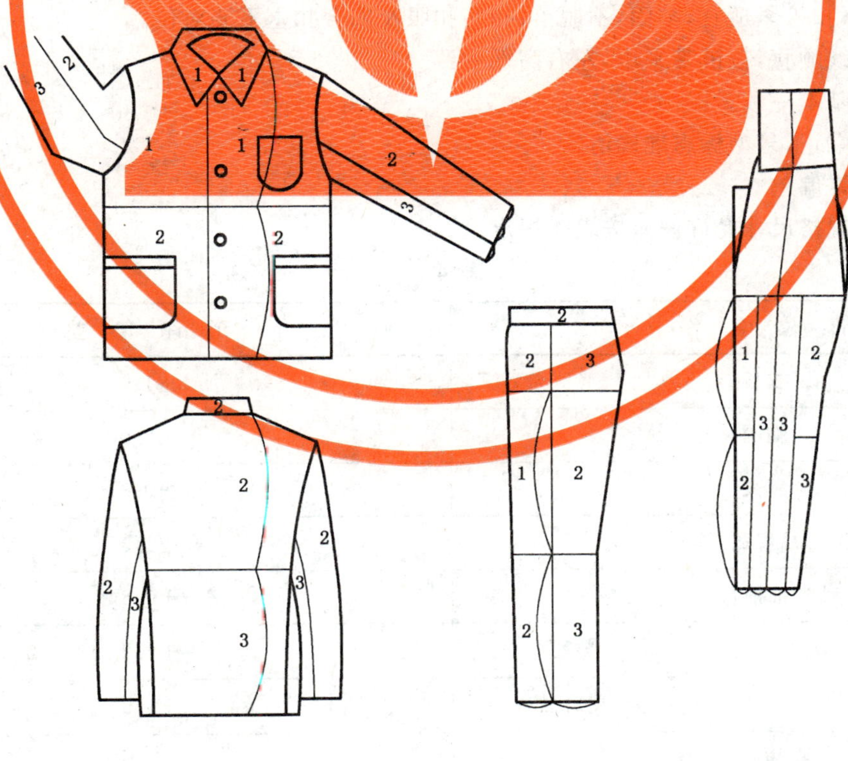

图1

3.9 缝制

3.9.1 针距密度按表3规定,特殊设计除外。

表 3

<table>
<tr><th colspan="2">项　　目</th><th>针 距 密 度</th><th>备　　注</th></tr>
<tr><td colspan="2">明暗线</td><td>3 cm 不少于 12 针</td><td>—</td></tr>
<tr><td colspan="2">包缝线</td><td>3 cm 不少于 9 针</td><td>—</td></tr>
<tr><td colspan="2">手工针</td><td>3 cm 不少于 7 针</td><td>肩缝、袖窿、领子不少于 9 针</td></tr>
<tr><td colspan="2">三角针</td><td>3 cm 不少于 5 针</td><td>以单面计算</td></tr>
<tr><td rowspan="2">锁眼</td><td>细线</td><td>1 cm 不少于 12 针</td><td>—</td></tr>
<tr><td>粗线</td><td>1 cm 不少于 9 针</td><td>—</td></tr>
<tr><td rowspan="2">钉扣</td><td>细线</td><td>每眼不少于 8 根线</td><td rowspan="2">缠脚线高度与扣眼止口厚度相适应</td></tr>
<tr><td>粗线</td><td>每眼不少于 6 根线</td></tr>
</table>

3.9.2　各部位缝制平服，线路顺直、整齐、牢固，针迹均匀，上下线松紧要适宜，起止针处及袋口应回针缉牢。

3.9.3　领子平服，不反翘，领子部位明线不允许有接线。

3.9.4　绱袖圆顺，前后基本一致。袋与袋盖方正、圆顺，前后、高低一致。

3.9.5　各部位缝份不小于 0.8 cm。

3.9.6　所有外露缝份应全部包缝。

3.9.7　锁眼定位准确，大小适宜，扣与眼对位，整齐牢固。眼位不偏斜，锁眼针迹美观、整齐、平服。

3.9.8　钉扣牢固，扣脚高低适宜。钉扣不得钉在单层布上(装饰扣除外)，缠脚高度与扣眼厚度相适宜，缠绕三次以上(装饰扣不缠绕)，收线打结应结实完整，线结不外露。

3.9.9　四合扣上下扣松紧适宜，牢固，不脱落；扣与扣眼及四合扣上下要对位。

3.9.10　绱拉链缉线顺直，拉链带平服，左右高低一致。

3.9.11　对称部位基本一致。

3.9.12　商标位置端正，号型标志准确清晰。

3.10　规格尺寸允许偏差

成品主要部位规格尺寸允许偏差按表 4 规定。

表 4

单位为厘米

<table>
<tr><th colspan="2">部 位 名 称</th><th>允 许 偏 差</th></tr>
<tr><td colspan="2">衣长</td><td>±1.0</td></tr>
<tr><td colspan="2">胸围</td><td>±2.0</td></tr>
<tr><td colspan="2">领大</td><td>±0.8</td></tr>
<tr><td colspan="2">总肩宽</td><td>±1.0</td></tr>
<tr><td colspan="2">短袖袖长</td><td>±0.8</td></tr>
<tr><td rowspan="2">长袖袖长</td><td>装袖</td><td>±1.2</td></tr>
<tr><td>连肩袖</td><td>±1.5</td></tr>
<tr><td colspan="2">裤(裙)长</td><td>±1.0</td></tr>
<tr><td colspan="2">腰围</td><td>±2.0</td></tr>
</table>

3.11　整烫外观

各部位熨烫平服、整洁，无烫黄、水渍及亮光，覆粘合衬部位不允许有脱胶、渗胶及起皱。

3.12 理化性能

3.12.1 水洗尺寸变化率

水洗尺寸变化率按表5规定。

表5 %

部位名称	优等品	一等品	合格品	备 注
领大	≥−1.0	≥−1.5	≥−2.0	只考核关门领
胸围	≥−1.5	≥−2.0	≥−2.5	—
衣长	≥−1.5	≥−2.5	≥−3.5	—
腰围	≥−1.0	≥−1.5	≥−2.0	—
裤长	≥−1.5	≥−2.5	≥−3.5	—
裙长	≥−1.5	≥−2.5	≥−3.5	—

3.12.2 洗后外观

成品经洗涤后不可出现破洞、明显扭曲变形等外观变化，其配件应不变形、变色、生锈、脱落。

3.12.3 色牢度

3.12.3.1 里料的耐干摩擦色牢度不低于3-4级，耐洗沾色色牢度不低于3级；绣花线耐洗沾色色牢度不低于3级。

3.12.3.2 面料的色牢度允许程度按表6规定。

表6 单位为级

项 目		色牢度允许程度		
		优等品	一等品	合格品
耐洗色牢度	变色	≥4	≥3-4	≥3
	沾色	≥4	≥3-4	≥3
耐汗渍色牢	变色	≥4	≥3-4	≥3
	沾色	≥4	≥3-4	≥3
耐摩擦色牢度	干摩	≥4	≥3-4	≥3
	湿摩	≥4	≥3-4(深色3)	3(深色2-3)
耐水色牢度	变色	≥4	≥3-4	≥3
	沾色	≥4	≥3-4	≥3
耐光色牢度	变色	≥4	≥3-4	≥3
按GB/T 4841.3规定，颜色大于1/12染料染色标准深度为深色，颜色小于等于1/12染料染色标准深度为浅色。				

3.12.4 起毛起球

成品起毛起球允许程度按表7规定。

表7 单位为级

产 品 等 级	起毛起球允许程度
优等品、一等品	≥4
合格品	≥3
注：磨毛、起绒类产品不考核起毛起球。	

3.12.5 **纰裂**

纰裂按 GB/T 21295 规定。

3.12.6 **裤后裆缝接缝强力**

裤后裆缝接缝强力按 GB/T 21295 规定。

3.12.7 **回潮率**

主面料的回潮率按表 8 规定。

表 8

%

产品等级	回潮率
优等品	≥5.0
一等品	≥3.0
合格品	≥1.0
注：只考核 GB 18401 规定的直接接触皮肤类产品。	

3.12.8 **纤维成分和含量**

纤维成分和含量按 FZ/T 01053 的规定。

3.12.9 **基本安全性能**

成品的甲醛含量、pH 值、异味和可分解芳香胺染料按 GB 18401 规定。

4 检测方法

4.1 检验工具

4.1.1 钢卷尺。

4.1.2 评定变色用灰色样卡(GB/T 250)。

4.1.3 1/12 染料染色标准深度色卡(GB/T 4841.3)。

4.2 成品规格测定

4.2.1 成品的主要部位规格选用按 3.2.2 规定。

4.2.2 成品主要部位规格允许偏差按表 4 规定，测量方法按表 9 规定，测量部位见图 2。

表 9

序号	部位	测量规定
1	衣长	由前身左襟肩缝最高点垂直量到底边，或由后领中垂直量到底边。
2	胸围	扣上纽扣(或合上拉链)前后身平摊，沿袖窿底缝水平横量(周围计算)。
3	领大	领子摊平横量，立领量上口，其他领量下口(叠门除外)。开门领不考核。
4	袖长	装袖由肩袖缝的交叉点量至袖口边中间，连肩袖由后领中沿肩袖缝的交叉点量至袖口边中间。
5	总肩宽	由袖肩缝的交叉点平摊横量。
6	腰围	扣上裤(裙)钩(纽扣)沿腰中间横量(周围计算)。
7	裤长	由腰上口沿侧缝摊平垂直量至脚口。
8	裙长	短裙由腰上口沿侧缝摊平垂直量至裙底边；连衣裙由肩缝最高点垂直量裙底边，或由后领缝正中量至裙底边。

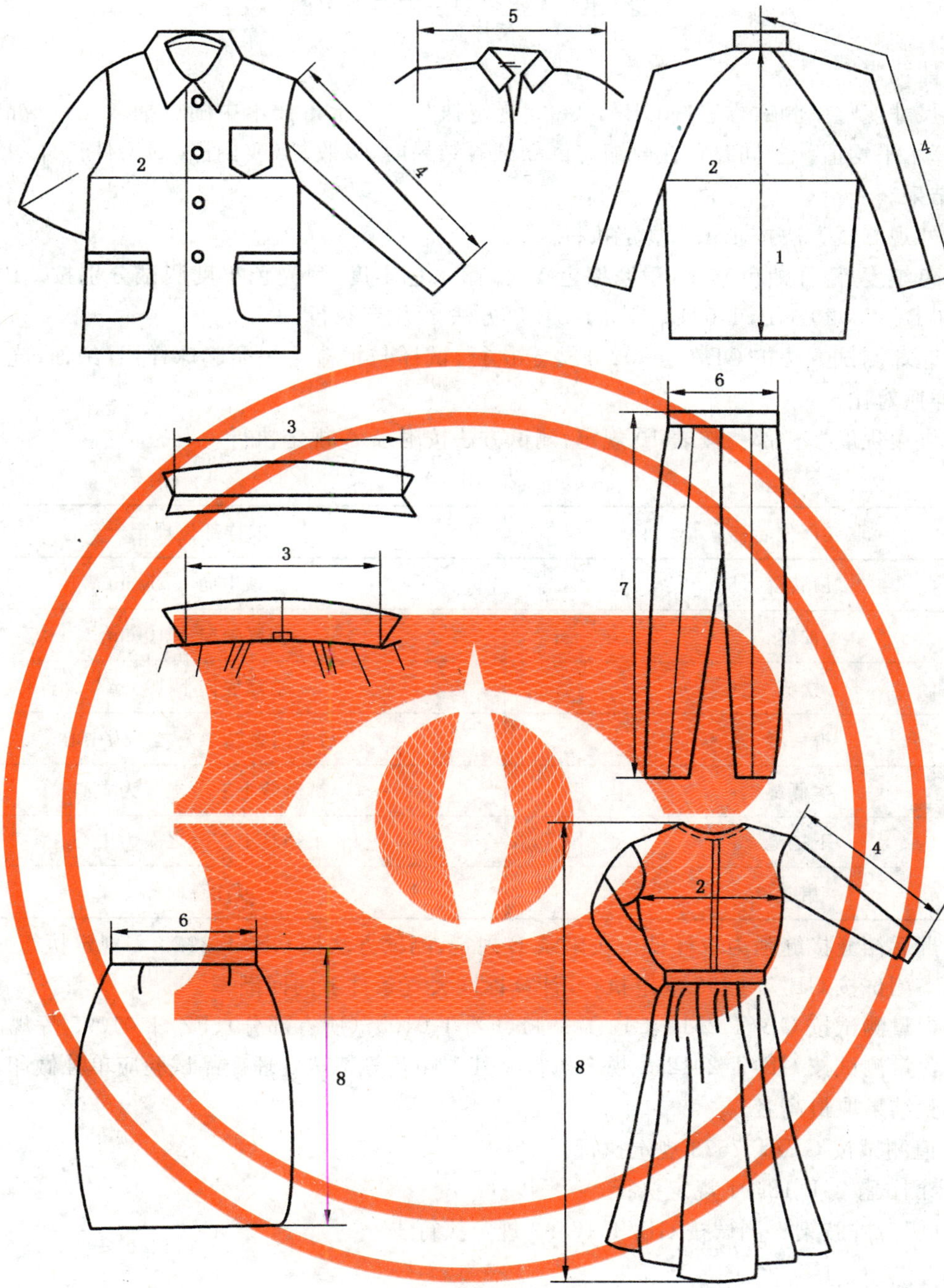

图 2

4.3 外观测定

4.3.1 一般采用灯光检验,用 40 W 青光或白光日光灯一支,上面加灯罩,灯罩与检验台面中心垂直距离为 80 cm±5 cm。

4.3.2 如在室内利用自然光,光源射入方向为北向左(或右)上角,不能使阳光直射产品。检验时应将产品平放在检验台上,台面铺白布一层,检验人员的视线应正视平摊产品的表面,目光与产品中间距离为 35 cm 以上。

4.3.3 测定色差程度时,被测部位应纱向一致。入射光与织物表面约成 45°角,观察方向大致垂直于织物表面,距离 60 cm 目测,并与 GB/T 250 样卡对比。

4.3.4 针距密度的测定方法为:在成品上任取 3 cm 测量(厚薄部位除外)。

4.3.5 纬斜率按式(1)计算:

$$纬斜率 = \frac{纬纱(条格)倾斜与水平最大距离}{衣片宽} \times 100\% \quad \cdots\cdots\cdots(1)$$

4.4 理化性能测定

4.4.1 水洗尺寸变化率测试方法按 GB/T 8629 规定执行。在批量样本中随机抽取三件成品测试，结果取三件的算术平均值。若同时存在收缩与倒涨试验结果时，以收缩(或倒涨)的两件试样的算术平均值作为检验结果。

4.4.2 洗后外观测试方法按 4.4.1 规定执行。

4.4.3 耐洗色牢度、耐汗渍色牢度、耐摩擦色牢度、耐水色牢度、耐光色牢度测试分别按 GB/T 3921、GB/T 3922、GB/T 3920、GB/T 5713、GB/T 8427(方法 3)规定执行。

4.4.4 起毛起球测试方法按 GB/T 4802.1 规定执行，试样与精梳毛织品起球样照(绒面、光面)、粗梳毛织品起球样照对比。

4.4.5 缝子纰裂程度取样部位按表 10 规定，测试方法按附录 A 规定执行。

表 10

取样部位名称	取样部位规定
后背缝	后领中向下 25 cm
袖缝	袖窿处向下 10 cm
摆缝	袖窿底向下 10 cm
裤后缝	后龙门弧线二分之一为中心
裤侧缝	裤侧缝上三分之一为中心
下裆缝	下裆缝上三分之一为中心
裙缝	可任意取样

4.4.6 成品裤后裆缝接缝强力取样部位按附录 B 规定，测试方法按 GB/T 3923.1 规定执行。

4.4.7 回潮率测试按 GB/T 9995 规定执行，计算标准大气条件下的回潮率。

4.4.8 纤维含量测试按 GB/T 2910、GB/T 2911、FZ/T 01057(所有部分)、FZ/T 01095 等规定执行。

4.4.9 甲醛含量测试按 GB/T 2912.1 规定执行。其中印花等特殊处理产品试验应单独做印花等特殊处理部分，试验结果取最高者。

4.4.10 pH 值测试按 GB/T 7573 规定执行。

4.4.11 异味测试按 GB 18401 规定执行。

4.4.12 可分解芳香胺染料测试按 GB/T 17592 规定执行。

5 检验分类规则

5.1 检验分类

成品检验分为出厂检验和型式检验。

5.1.1 出厂检验项目按第 3 章规定，3.12 除外。出厂检验规则按 FZ/T 80004 规定。

5.1.2 型式检验项目按第 3 章规定。

5.2 质量等级划分

成品质量等级划分以缺陷是否存在及其轻重程度为依据。抽样样本中的单件产品以缺陷的数量及其轻重程度划分等级，批等级以抽样样本中单件产品的品等数量划分。

5.2.1 缺陷划分

单件产品不符合本标准规定的技术要求，即构成缺陷。

按照产品不符合本标准和对产品的使用性能、外观的影响程度，缺陷分成三类：

a) 严重缺陷

严重降低产品的使用性能,严重影响产品外观的缺陷,称为严重缺陷。

b) 重缺陷

不严重降低产品的使用性能,不严重影响产品的外观,但较严重不符合标准规定的缺陷,称为重缺陷。

c) 轻缺陷

不符合标准的规定,但对产品的使用性能和外观影响较小的缺陷,称为轻缺陷。

5.2.2 质量缺陷判定依据

质量缺陷判定依据见表 11。

表 11

项目	序号	轻缺陷	重缺陷	严重缺陷
使用说明	1	商标不端正,明显歪斜;钉商标线与商标底色的色泽不相适宜;使用说明内容不规范。	使用说明内容不正确。	使用说明内容缺项。
外观及缝制质量	2	—	—	使用粘合衬部位脱胶、渗胶、起皱。
	3	熨烫不平服;有亮光。	轻微烫黄;变色。	变质;残破。
	4	表面有污渍;表面有长于 1 cm 的连根线头三根及以上。	有明显污渍,面料大于 2 cm^2;里料大于 4 cm^2;水花大于 4 cm^2。	有严重污渍,污渍大于 30 cm^2。
	5	缝制不平服,松紧不适宜;底边不圆顺;包缝后缝份小于 0.8 cm;毛、脱、漏小于 1 cm。	有明显拆痕;毛、脱、漏大于等于 1 cm;表面部位布边针眼外露。	毛、脱、漏大于 2 cm。
	6	领子部位有 1 个单跳针,其余部位 30 cm 内有两个单跳针。	连续跳针或 30 cm 内有两处以上单跳针;四、五线包缝有跳针;锁眼缺线或断线 0.5 cm 以上。	链式针迹跳线。
	7	缉明线宽窄不一致。	—	—
	8	锁眼、钉扣、各个封结不牢固;眼位距离不均匀,互差大于 0.3 cm;扣与眼或四合扣上、下扣互差大于 0.3 cm。	眼位距离不均匀,互差大于 0.6 cm;扣与眼或四合扣上、下扣互差大于 0.6 cm。	—
	9	领子面、里松紧不适宜,表面不平服;领尖长短或驳头宽窄互差大于 0.3 cm。	领子面、里松紧明显不适宜。除领子部位以外其余部位 30 cm 内有两处以上单跳针或连续跳针。	链式线迹跳线。
	10	领窝不平服、起皱;绱领子(以肩缝对比)偏差大于 0.6 cm。	领窝明显不平服、起皱;绱领子(以肩缝对比)偏差大于1.0 cm。	—
	11	绱袖不圆顺;前后不适宜;吃势不均匀;两袖前后不一致,互差大于 1 cm。	—	—

表 11(续)

项目	序号	轻缺陷	重缺陷	严重缺陷
外观及缝制质量	12	袖缝不顺直,两袖长短互差大于 0.8 cm;两袖口大小互差大于 0.4 cm(双层)。	—	—
	13	门襟长于里襟 0.5 cm～1.0 cm;里襟长于门襟 0.5 cm;门、里襟止口处反吐;门襟不顺直。	门襟长于里襟 1.0 cm 以上;里襟长于门襟 0.5 cm 以上。	—
	14	肩缝不顺直、不平服;两肩宽窄不一致,互差大于 0.5 cm。	—	—
	15	口袋、袋盖不圆顺;袋盖及贴袋大小不适宜;开袋豁口及嵌线宽窄互差大于 0.3 cm;袋位前后、高低互差大于 0.5 cm。	袋口封结不牢固;毛茬;袋口无垫袋布。	—
	16	装拉链不平服,露牙不一致。	装拉链明显不平服。	—
	17	—	拉链或缝制部位经洗涤试验后起拱。	缝制部位经洗涤试验后破损。
规格允许偏差	18	规格超过本标准规定 50%以内。	规格超过本标准规定 50%及以上。	规格超过本标准规定 100%及以上。
辅料	19	线、衬等辅料的色泽与面料不相适应。钉扣线与扣的色泽不相适宜。	—	纽扣、金属扣(包括附件等)脱落;金属件锈蚀;上述配件在洗涤试验后出现脱落或锈蚀。
纬斜	20	超过本标准规定 50%及以内。	超过本标准规定 50%以上。	—
对条对格	21	超过本标准规定 50%及以内。	超过本标准规定 50%以上。	—
图案	22	—	—	面料倒顺毛,全身顺向不一致;特殊图案顺向不一致。
色差	23	面料或里料色差不符合本标准规定半级;里布影响色差低于 3 级。	面料或里料色差不符合本标准规定半级以上。	—
疵点	24	2、3 号部位超过本标准规定。	1 号部位超过本标准规定。	—
针距	25	低于本标准规定 2 针以内(含 2 针)。	低于本标准规定 2 针以上。	—

注 1:以上各缺陷按序号逐项累计计算。

注 2:本表未涉及的缺陷可根据标准规定,参照规则相似缺陷酌情判定。

注 3:丢工为重缺陷,缺件为严重缺陷。

注 4:明显——不影响整体效果,但能感觉到疵点的存在,目视时容易辨认出。

5.3 **抽样规定**

外观质量检验抽样数量按产品批量：

500件(套)及以下抽验10件(套)。

500件(套)以上至1 000件(套)[含1 000件(套)]抽验20件(套)。

1 000件(套)以上抽验30件(套)。

理化性能检验抽样根据试验需要，一般不少于4件(套)。

5.4 **判定规则**

5.4.1 单件(样本)判定

优等品：严重缺陷数=0	重缺陷数=0	轻缺陷数≤4
一等品：严重缺陷数=0	重缺陷数=0	轻缺陷数≤6或
严重缺陷数=0	重缺陷数≤1	轻缺陷数≤3
合格品：严重缺陷数=0	重缺陷数=0	轻缺陷数≤8或
严重缺陷数=0	重缺陷数≤1	轻缺陷数≤6

5.4.2 批量判定

优等品批：外观检验样本中的优等品数≥90%，一等品和合格品数≤10%(不含不合格品)，各项理化性能测试均达到优等品指标要求。

一等品批：外观检验样本中的一等品以上的产品数≥90%，合格品数≤10%(不含不合格品)，各项理化性能测试均达到一等品指标要求。

合格品批：合格品产品数≥90%，不合格品数≤10%(不含严重缺陷不合格品)。各项理化性能测试均达到合格品指标要求。

当外观缝制质量判定和理化性能判定不一致时，执行低等级判定。

5.4.3 抽验中各批量判定数符合上述规定为等级品出厂。

5.4.4 抽验中各批量判定数不符合本标准规定时，应进行第二次抽验，抽验数量应增加一倍；如仍不符合本标准规定，应全部整修或降等。

6 标志、包装、运输和贮存

成品的标志、包装、运输和贮存按FZ/T 80002执行。

附 录 A
(规范性附录)
缝子纰裂程度试验方法

A.1 原理

在垂直于服装(或缝制样)接缝的方向上施加一定的负荷,接缝处脱开,测量其脱开的最大距离。

A.2 仪器和工具

A.2.1 织物强力机,夹钳距离可调至10.0 cm,夹钳无载荷时移动速度可调至5.0 cm/min,预加张力(重锤)为2 N,夹钳对试样的有效夹持面积为2.5 cm×2.5 cm。

A.2.2 裁样剪刀。

A.2.3 钢直尺,分度值为1 mm。

A.3 试验环境

调湿和试验用标准大气,温度(20±2)℃,相对湿度(65±4)%。

A.4 试样要求与准备

A.4.1 试样尺寸:5.0 cm×20.0 cm,其直向中心线应与缝迹垂直。

A.4.2 试样数量:从成品服装的每个取样部位(或缝制样)上各截取三块。

A.4.3 试样预处理:在温度(20±2)℃及相对湿度61%~69%的标准大气中,试样吸湿调湿平衡。

A.5 试验步骤

A.5.1 将强力机的两个夹钳分开至10.0 cm±0.1 cm,两个夹钳边缘应相互平行且垂直于移动方向。

A.5.2 将试样固定在夹钳中间(试样下端先挂上2 N的预加负荷钳,再拧紧下夹钳),使试样直向中心线与夹钳边缘相互垂直。

A.5.3 以5.0 cm/min的速度逐渐增加至规定的负荷(见表A.1)时,停止夹钳的移动,然后在试样上垂直量取其接缝脱开的最大距离,见图A.1,测量值精确至0.05 cm。若试验中出现纱线从试样中滑脱现象,则测试结果记录为滑脱。若试验中出现试样断裂、试样撕破或缝线断裂现象,则在试验记录中予以描述。

表 A.1

<table>
<tr><th colspan="3">试样名称</th><th>试验规定负荷/N</th></tr>
<tr><td rowspan="3">服装面料</td><td rowspan="2">丝绸</td><td>52 g/m² 以上织物</td><td>67±1.5</td></tr>
<tr><td>52 g/m² 及以下织物或
67 g/m² 以上的缎类织物</td><td>45±1.0</td></tr>
<tr><td colspan="2">其他纺织织物</td><td>100±2.0</td></tr>
<tr><td colspan="3">服装里料</td><td>70±1.5</td></tr>
</table>

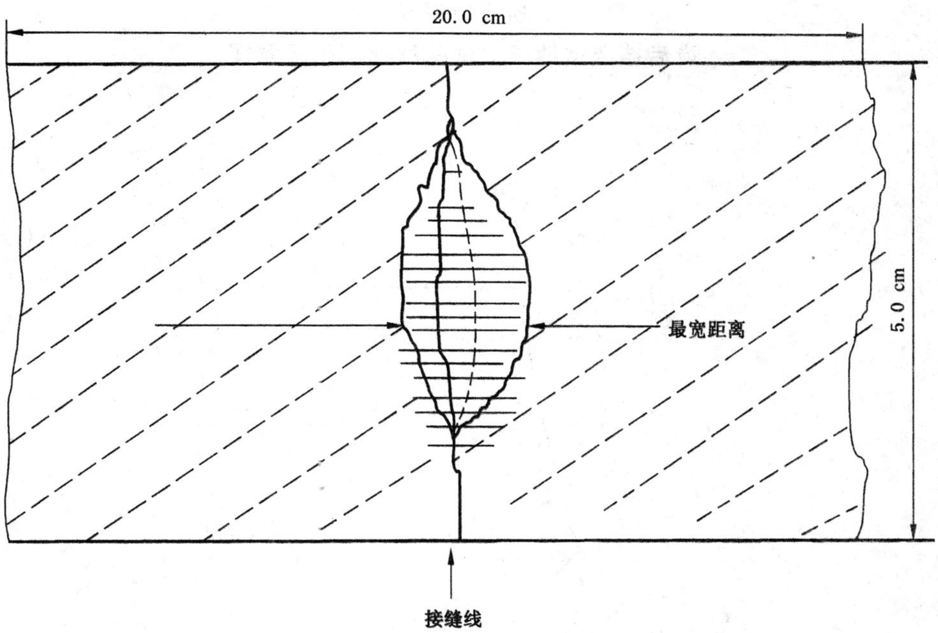

图 A.1

A.6 试验结果

分别计算每部位各试样测试结果的算术平均值，计算结果按 GB/T 8170 修约至 0.1 cm。若三块试样中仅有一块出现滑脱，则计算另两块试样的平均值，若三块试样中有两块或三块出现滑脱，则结果为滑脱。

若试样出现织物断裂、织物撕破或缝线断裂，则结果为织物断裂、织物撕破或缝线断裂。

附 录 B
（规范性附录）
裤后裆缝接缝强力试验取样部位示意图

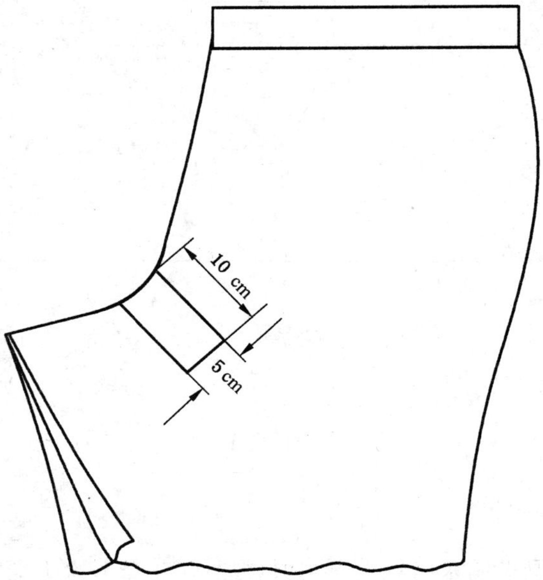

横向取样

图 B.1

ICS 59.080.30
W 63

FZ

中华人民共和国纺织行业标准

FZ/T 73025—2006

婴幼儿针织服饰

Knitted garment and adornment for infant

2006-11-03 发布 2007-04-01 实施

中华人民共和国国家发展和改革委员会 发布

前　言

本标准根据婴幼儿针织服饰产品的特点，按照美国试验与材料协会标准 ASTM D 4234—2001《女式成人与儿童针织晨衣、睡衣、睡裤、睡袍、女衬裙和内衣织物的标准性能规格》、GB 18401—2003《国家纺织产品基本安全技术规范》起草，本标准与 ASTM D 4234—2001 一致性程度为非等效。

本标准由中国纺织工业协会提出。

本标准由全国纺织品标准化技术委员会针织品分会归口。

本标准主要起草单位：国家针织产品质量监督检验中心、宁波市纤维检验所、上海仪华服饰有限公司、汕头市金发妇幼用品有限公司。

本标准主要起草人：刘凤荣、王新丽、石东亮、阮勇、汪惠琪、林若文、郭少华。

本标准首次发布。

婴幼儿针织服饰

1 范围

本标准规定了婴幼儿针织服饰产品的术语和定义、号型规格、要求、试验方法、判定规则、产品使用说明、包装、运输和贮存。

本标准适用于鉴定针织面料加工制成的婴幼儿针织服饰产品，包括内衣(套)、外衣、睡衣、连身装、袜子、脚套、帽子、围兜、肚围、手套、睡袋、包巾、床上用品等。

2 规范性引用文件

下列文件中的条款通过本标准的引用而成为本标准的条款。凡是注日期的引用文件，其随后所有的修改单(不包括勘误的内容)或修订版均不适用于本标准，然而，鼓励根据本标准达成协议的各方研究是否可使用这些文件的最新版本。凡是不注日期的引用文件，其最新版本适用于本标准。

GB 250 评定变色用灰色样卡(GB 250—1995,idt ISO 105-A02:1993)

GB 251 评定沾色用灰色样卡(GB 251—1995,idt ISO 105-A03:1993)

GB/T 1335.3 服装号型 儿童

GB/T 2910 纺织品 二组分纤维混纺产品定量化学分析方法(GB/T 2910—1997,eqv ISO 1833:1977)

GB/T 2911 纺织品 三组分纤维混纺产品定量化学分析方法(GB/T 2911—1997,eqv ISO 5088:1976)

GB/T 2912.1 纺织品 甲醛的测定 第1部分:游离水解的甲醛(水萃取法)

GB/T 3920 纺织品 色牢度试验 耐摩擦色牢度(GB/T 3920—1997,eqv ISO 105-X12:1993)

GB/T 3921.1 纺织品 色牢度试验 耐洗色牢度:试验1(GB/T 3921.1—1997,eqv ISO 105-C01:1989)

GB/T 3922 纺织品耐汗渍色牢度试验方法(GB/T 3922—1995,eqv ISO 105-E04:1994)

GB/T 3923.1 纺织品 织物拉伸性能 第1部分:断裂强力和断裂伸长率的测定 条样法

GB/T 4856 针棉织品包装

GB 5296.4 消费品使用说明 纺织品和服装使用说明

GB/T 5713 纺织品 色牢度试验 耐水色牢度(GB/T 5713—1997,eqv ISO 105-E01:1994)

GB/T 6411 棉针织内衣规格尺寸系列

GB/T 7573 纺织品 水萃取液pH值的测定(GB/T 7573—2002,ISO 3071:1980,MOD)

GB/T 8170 数值修约规则

GB/T 8629 纺织品 试验用家庭洗涤和干燥程序(GB/T 8629—2001,eqv ISO 6330:2000)

GB/T 8878 棉针织内衣

GB/T 17592 纺织品 禁用偶氮染料的测定

GB 18401—2003 国家纺织产品基本安全技术规范

GB/T 18886 纺织品 色牢度试验 耐唾液色牢度

FZ/T 01053 纺织品 纤维含量的标识

FZ/T 01057.1~01057.11 纺织纤维鉴别试验方法

FZ/T 01095 纺织品 氨纶产品纤维含量的试验方法

3 术语、定义和号型

3.1 术语和定义

下列术语和定义适用于本标准。

3.1.1

婴幼儿针织服饰

年龄在36个月以内或身高104 cm及以下的婴幼儿使用的针织用品。

3.2 产品号型及规格

3.2.1 婴幼儿针织服饰(内衣、外衣、连身装、睡衣等)号型按GB/T 6411或GB/T 1335.3执行。

3.2.2 其他产品标注主要部位规格,参照相应标准或由生产企业自行设计。

4 要求

婴幼儿针织服饰产品的要求分为内在质量和外观质量两个方面。内在质量包括纤维含量、甲醛含量、pH值、异味、可分解芳香胺染料、水洗尺寸变化率、缝纫强力、染色牢度(耐唾液、耐水、耐洗、耐汗渍、耐摩擦、印花产品耐洗、印花产品耐摩擦)等项指标。外观质量包括表面疵点、规格尺寸偏差、本身尺寸差异、使用附属材料及缝制规定等项指标。

4.1 分等规定

4.1.1 婴幼儿针织服饰产品的质量等级分为优等品、一等品两个品等。

4.1.2 婴幼儿针织服饰产品内在质量按批评等,外观质量按件评等,两者结合以最低等级定等。

4.2 内在质量要求

4.2.1 内在质量要求见表1。

表1 内在质量要求

项目			优等品	一等品
纤维含量(净干含量)/(%)			按FZ/T 01053规定执行	
甲醛含量/(mg/kg)			≤20	
pH值			4.0~7.5	
异味			无	
可分解芳香胺染料			未检出	
水洗尺寸变化率/(%)		直向	−5.0~+1.0	−6.0~+2.0
		横向	−5.0~+1.0	−7.0~+2.0
缝纫强力/N ≥		衣带	40	30
		纽扣		
染色牢度/级	耐唾液(变色、沾色) ≥		4	4
	耐水(变色、沾色) ≥		4	3—4
	耐洗(变色、沾色) ≥		3—4	3
	耐酸、碱汗渍(变色、沾色) ≥		4	3—4
	耐干摩擦 ≥		4	4
	耐湿摩擦 ≥		3—4(深3)	3(深2—3)
	印花产品耐洗(变色、沾色) ≥		3—4	3
	印花产品耐摩擦 ≥	干摩	4	4
		湿摩	3—4(深3)	3(深2—3)
注:色别分档 >1/12标准深度为深色,≤1/12标准深度为浅色。				

4.2.2 当织物中一种纤维的标注含量在10%及以下时，其实际含量不得少于其本身标注含量值的70%，当同时有两种或两种以上纤维标注含量在10%及以下时，其中性能较好的纤维其实际含量不得少于本身标注含量值的70%。

4.2.3 花边、镶嵌、补花等起装饰作用的辅料内在质量不考核，拼接部分面料除外。

4.2.4 组合包装的产品，若使用面料相同，内在质量检验只选做一种有代表性产品即可。

4.2.5 外衣产品分面料、里料时，内在质量考核项目除水洗尺寸变化率、缝纫强力，其他项目分别考核。

4.2.6 水洗尺寸变化率只考核成衣(内衣、外衣、睡衣、连身装)，其他用品不考核。

4.2.7 弹力产品横向水洗尺寸变化率不考核。

4.2.8 内在质量各项指标以检验结果最低一项作为该批产品的评等依据。

4.3 外观质量要求

4.3.1 外观质量评等按表面疵点、规格尺寸偏差、本身尺寸差异、使用附属材料及缝制规定的评等来决定。在同一件产品上存在不同品等的外观疵点时，按最低品等疵点评定。

4.3.2 表面疵点评等规定见表2。在同一件产品上只允许有两个同等级的极限表面疵点，超过者降一个等级。

表2 表面疵点评等规定

序号	疵点名称	优等品	一等品
1	色差(不低于)	主料之间4级、主辅料之间3—4级	
2	缝纫曲折高低(不大于)	明线部位0.2 cm	明线部位0.5 cm
3	缝纫油污线	领襟部位不允许，其他部位轻微者允许	
4	修疤、油棉飞花	不允许	
5	扣眼互差	扣与眼互差不大于0.2 cm	扣与眼互差不大于0.5 cm
6	印花缺花、套版不正、印花搭色、起毛不匀	不允许	不明显者允许
注1：未列入表内的疵点按GB/T 8878中表面疵点评等规定执行。 注2：表面疵点程度按《针织物表面疵点彩色样照》执行。			

4.3.3 规格尺寸偏差见表3。

表3 规格尺寸偏差

单位为厘米

类别	优等品	一等品
长度方向	±1.0	±1.5
宽度方向	±1.0	±1.0
注：除成衣外其他产品规格尺寸偏差按协议或工艺要求执行。		

4.3.3.1 成衣测量部位示例见图1～图6。

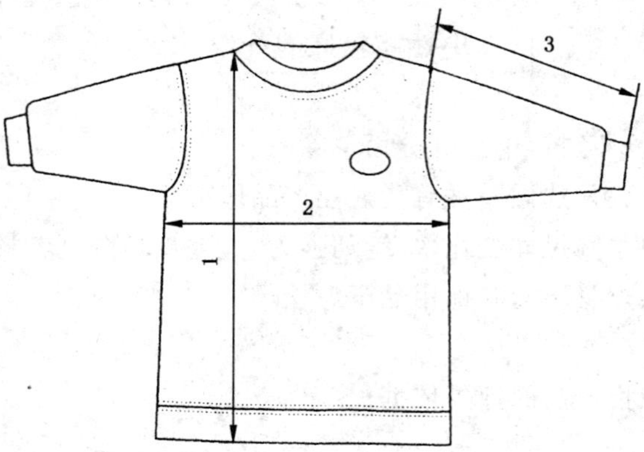

1——衣长；
2——胸宽；
3——袖长。

图 1　小儿圆领衫

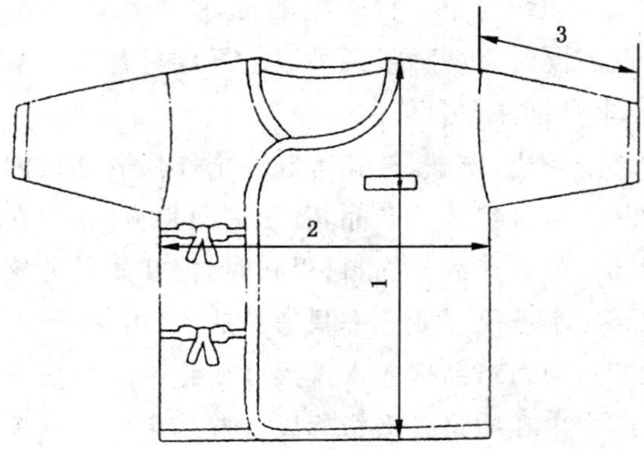

1——衣长；
2——胸宽；
3——袖长。

图 2　小儿斜衿衫

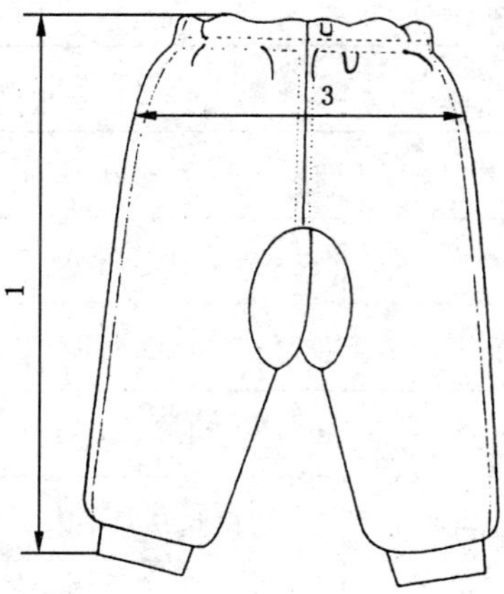

1——裤长；
3——腰宽。

图 3　小儿开裆裤

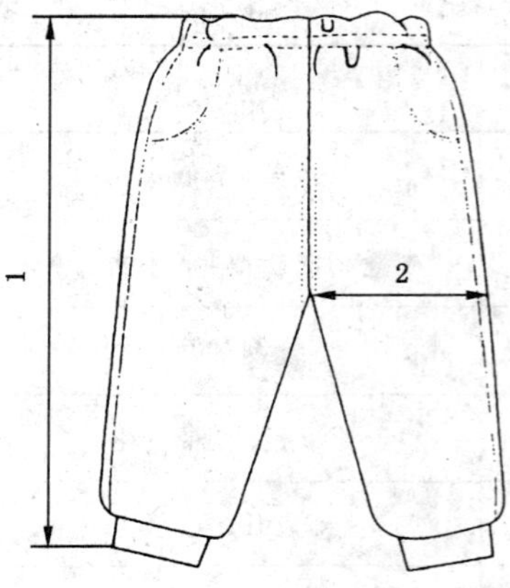

1——裤长；
2——横裆。

图 4　小儿长裤

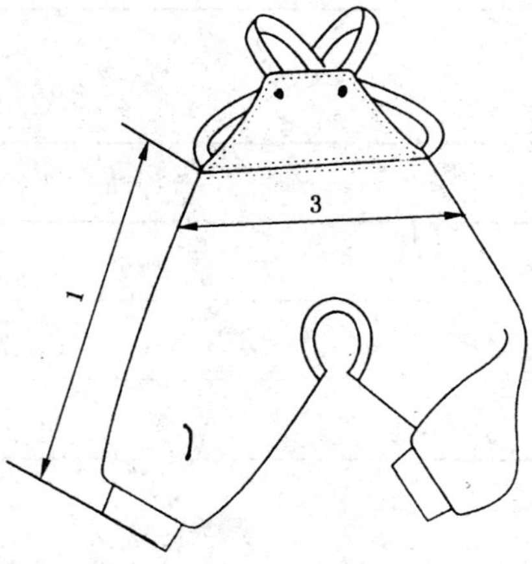

1——裤长；
3——腰宽。

图 5　小儿背带裤

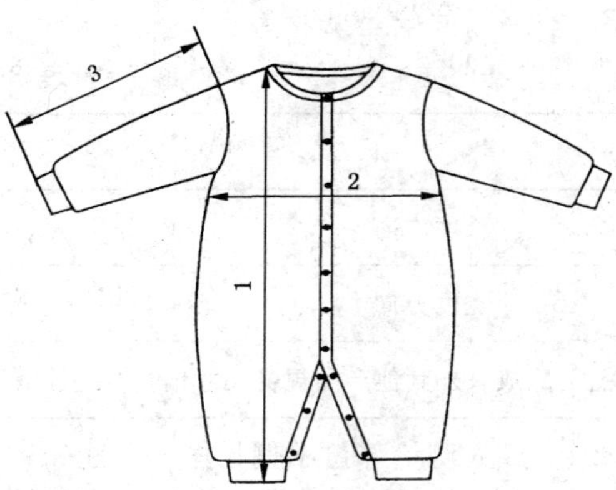

1——衣长；
2——胸宽；
3——袖长。

图 6　小儿连身装

4.3.3.2 成衣测量部位规定见表4。

表4 成衣测量部位规定

类别	序号	部位	测量规定
上衣	1	衣长	由肩缝最高处垂直量到底边,连身衣由肩缝最高处直量到裤口边
	2	胸宽	由袖窿缝与肋缝的交点向下2 cm处横量
	3	袖长	平袖式由肩缝与袖窿缝的交点量到袖口边,插肩式由后领中间量到袖口边
裤子	1	裤长	后腰宽的1/4处向下直量到裤口边
	2	横裆	裤身相对折,从裆角处横量
	3	腰宽	腰边向下5 cm处横量
注:未规定产品的规格及测量部位按产品工艺要求执行。			

4.3.4 本身尺寸差异:优等品≤0.5 cm,一等品≤1.0 cm。

4.3.5 使用附属材料及缝制规定

4.3.5.1 原材料规定

4.3.5.1.1 按有关纺织面料的标准选用适合婴幼儿的面料。

4.3.5.1.2 使用衬布应与面料水洗尺寸变化率相适宜,使洗后产品不起皱、不变形。

4.3.5.1.3 带图案面料以主图为主,全身顺相一致。

4.3.5.2 缝线规定

4.3.5.2.1 绣花产品花型不走型、不起皱,帽子绣花产品绣花后不影响帽身弹性。

4.3.5.2.2 使用与面料性能颜色相似的绣花线(装饰线除外)。钉扣线应与扣的色泽相适应。

4.3.5.3 附件规定

采用适合面料颜色的纽扣(装饰扣除外)、拉链及金属附件,无残损;拉链光滑、咬合良好;洗涤、熨烫不变型、不变色、不生锈。

4.3.5.4 缝制规定

4.3.5.4.1 产品领型端正、门襟平直。

4.3.5.4.2 内衣产品对于热割的商标、洗涤标要钉在衣服外面,不刺激皮肤。

4.3.5.4.3 小儿内衣、连脚裤线头应修清。

4.3.5.5 针迹密度规定

4.3.5.5.1 针迹密度规定见表5。

表5 针迹密度规定

单位为针迹数每2厘米

机种	平缝机	四线包缝机	双针绷缝机	平双针机压条机	三针机	宽紧带机	包缝卷边机	捏缝机
针迹数 不低于	8	8	7	8	9	7	7	8

4.3.5.5.2 测量针迹密度以一个缝纫过程的中间处计量。

4.3.5.5.3 锁眼机针迹密度按角计量,每厘米长度8针~9针,两端各打套结2针~3针。

4.3.5.5.4 包缝机缝边宽度不低于0.5 cm。

4.3.5.5.5 各部位缝制不能错工、丢工。

5 试验方法

5.1 抽样数量

5.1.1 外观质量按批随机采样1%~3%,但至少不得少于20件。

5.1.2 内在质量按批随机采样成衣4件~5件,满足试验要求。

5.2 外观质量检验条件

按 GB/T 8878 规定执行。

5.3 试样准备和试验条件

按 GB/T 8878 规定执行。

5.4 试验项目

5.4.1 水洗尺寸变化率试验

按 GB/T 8878 规定执行。

5.4.2 纤维含量试验

按 GB/T 2910、GB/T 2911、FZ/T 01057.1～01057.11、FZ/T 01095 等标准规定执行。

5.4.3 甲醛含量试验

按 GB/T 2912.1 规定执行。

5.4.4 pH 值试验

按 GB/T 7573 规定执行。

5.4.5 异味试验

按 GB 18401—2003 中 6.7 执行。

5.4.6 可分解芳香胺染料试验

按 GB/T 17592 规定执行。

5.4.7 缝纫强力试验

5.4.7.1 缝纫强力试验按 GB/T 3923.1 规定执行。结果取最低值。试验取样方法如下：

5.4.7.2 衣带部位取样：在带子与衣服缝合部位(包括全部衣带部位，边缘部位无法取样衣带除外)，以缝合线为中心线左右各剪取 115 mm，以带子缝合线的中心点剪取宽 50 mm 的试样，钳口夹距为 100 mm±1 mm，拉伸速度 100 mm/min，逐一进行试验，取样见图 7。

5.4.7.3 纽扣部位取样：将衣、裤门襟纽扣自然系好(包括全部纽扣，边缘部位无法取样纽扣除外)，以纽扣为中心点，与门襟平行方向为宽度剪取试样 50mm；与门襟垂直方向为长度剪取 230 mm 的试样，钳口夹距为 100 mm±1 mm，拉伸速度 100 mm/min，逐一进行试验，取样见图 8。

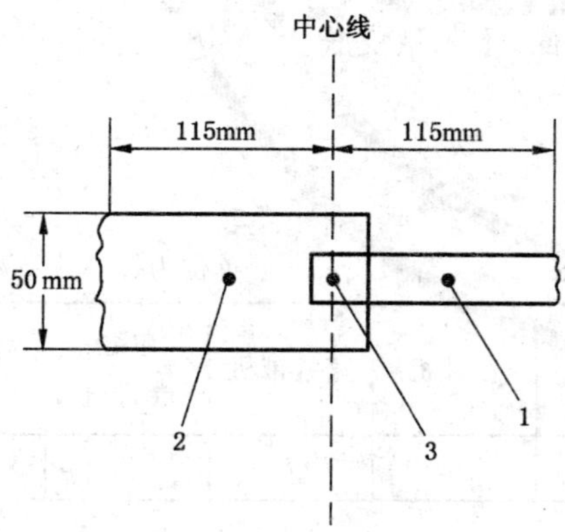

1——带子；
2——衣服面料；
3——缝合线。

图 7

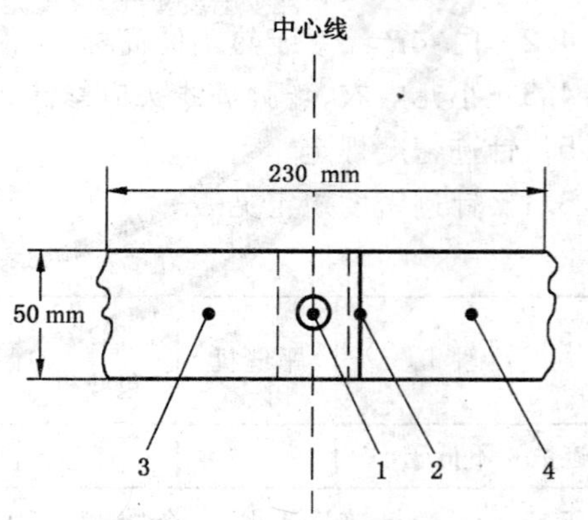

1——纽扣；
2——衣、裤门襟；
3、4——衣服面料。

图 8

5.4.8 耐水色牢度试验

按 GB/T 5713 规定执行。

5.4.9　**耐洗(含印花)色牢度试验**

按 GB/T 3921.1 规定执行。

5.4.10　**耐汗渍色牢度试验**

按 GB/T 3922 规定执行。

5.4.11　**耐摩擦(含印花)色牢度试验**

按 GB/T 3920 规定执行(只做直向)。

5.4.12　**耐唾液色牢度试验**

按 GB/T 18886 规定执行。

5.4.13　**色牢度评级**

按 GB 250、GB 251 评定。

6　判定规则

6.1　外观质量

6.1.1　外观质量按批计算不符品等率。不符品等率在 5.0%及以内者,判定该批产品合格,不符品等率在 5.0%以上者,判该批不合格。

6.1.2　内包装标志差错按件计算,不允许有外包装差错。

6.2　内在质量

6.2.1　水洗尺寸变化率以全部试样的算术平均值作为检验结果,合格者判定该批产品合格,不合格者判定该批产品不合格。若同时存在收缩与倒涨试验结果时,以收缩(或倒涨)的两件试样的算术平均值作为检验结果,合格者判定该批产品合格,不合格者判定该批产品不合格。

6.2.2　纤维含量、甲醛含量、pH 值、异味、缝纫强力、耐水色牢度、耐洗(含印花)色牢度、耐汗渍色牢度、耐摩擦(含印花)色牢度、耐唾液色牢度检验结果合格者判定该批产品合格,不合格者判定该批产品不合格。

6.2.3　可分解芳香胺染料检验结果未检出者判定该批产品合格,检出者判定该批产品不合格。

6.2.4　严重影响外观及服用性能的产品不允许。

6.3　复验

6.3.1　任何一方对所检验的结果有异议时,在规定期限内对所有异议的项目,均可要求复验。

6.3.2　提请复验时,必须保留提请复验数量的全部。

6.3.3　复验时检验数量为初验时数量,复验结果按 6.1、6.2 规定判定,以复验结果为准。

7　产品使用说明、包装、运输和贮存

7.1　使用说明按 GB 5296.4 和 GB 18401—2003 规定执行。

7.2　婴幼儿服饰品应在使用说明上标明“婴幼儿用品”字样。

7.3　产品包装按 GB/T 4856 或协议执行。

7.4　产品运输应防潮、防火、防污染。

7.5　产品应放在阴凉、通风、干燥、清洁库房内,并防蛀、防霉。

ICS 61.020
Y 76

FZ

中华人民共和国纺织行业标准

FZ/T 81014—2008

婴幼儿服装

Infant's wear

2008-04-23 发布　　2008-10-01 实施

中华人民共和国国家发展和改革委员会　发布

前　言

本标准的4.1为强制性条文。4.11中的耐干摩擦色牢度、耐水色牢度、耐汗渍色牢度、耐唾液色牢度的合格品要求，以及甲醛含量、pH值、可分解芳香胺染料、异味、可萃取重金属含量为强制性条文。

本标准在制定过程中参照了国际生态纺织品研究与检验协会的Oeko-Tex Standard 100《生态纺织品　通用及特殊技术条件》。

本标准的附录A是规范性附录。

本标准由中国纺织工业协会提出。

本标准由全国服装标准化技术委员会(SAC/TC 219)归口。

本标准主要起草单位：上海市服装研究所、福建省纤维检验所、北京市毛麻丝织品质检站、泉州格林服装有限公司、北京派克兰帝有限责任公司、上海雅多服饰有限公司、红黄蓝集团有限公司。

本标准主要起草人：许鉴、杨瑜榕、王志勇、闫玉疆、沈卫平、罗杰凡、郑雅芳、叶显东、黄颖。

本标准由全国服装标准化技术委员会负责解释。

本标准首次发布。

婴幼儿服装

1 范围

本标准规定了婴幼儿服装产品的术语和定义、号型规格、要求、检验(试验)方法、检验分类规则以及标志、包装、运输和贮存等技术特征。

本标准适用于以纺织机织物为主要原料生产的婴幼儿服装及套件。婴幼儿服饰产品可参照本标准执行。

2 规范性引用文件

下列文件中的条款通过本标准的引用而成为本标准的条款。凡是注日期的引用文件，其随后所有的修改单(不包括勘误的内容)或修订版均不适用于本标准，然而，鼓励根据本标准达成协议的各方研究是否可使用这些文件的最新版本。凡是不注日期的引用文件，其最新版本适用于本标准。

GB 250 评定变色用灰色样卡

GB 251 评定沾色用灰色样卡

GB/T 1335.3 服装号型 儿童

GB/T 2910 纺织品 二组分纤维混纺产品定量化学分析方法

GB/T 2911 纺织品 三组分纤维混纺产品定量化学分析方法

GB/T 2912.1 纺织品 甲醛的测定 第1部分:游离水解的甲醛(水萃取法)

GB/T 3920 纺织品 色牢度试验 耐摩擦色牢度

GB/T 3921.1 纺织品 色牢度试验 耐洗色牢度:试验1

GB/T 3921.3 纺织品 色牢度试验 耐洗色牢度:试验3

GB/T 3922 纺织品耐汗渍色牢度试验方法

GB/T 3923.1 纺织品 织物拉伸性能 第1部分:断裂强力和断裂伸长率的测定 条样法

GB/T 4841.3 染料染色标准深度色卡 2/1、1/3、1/6、1/12、1/25

GB 5296.4 消费品使用说明 纺织品和服装使用说明

GB/T 5713 纺织品 色牢度试验 耐水色牢度

GB/T 7573 纺织品 水萃取液 pH 值的测定

GB/T 8629 纺织品 试验用家庭洗涤和干燥程序

GB/T 8630 纺织品 洗涤和干燥后尺寸变化的测定

GB/T 15557 服装术语

GB/T 17592 纺织品 禁用偶氮染料的测定

GB/T 17593.1 纺织品 重金属的测定 第1部分:原子吸收分光光度法

GB/T 17593.4 纺织品 重金属的测定 第4部分:砷、汞 原子荧光分光光度法

GB 18383 絮用纤维制品通用技术要求

GB 18401 国家纺织产品基本安全技术规范

GB/T 18886 纺织品 色牢度试验 耐唾液色牢度

FZ/T 01026 纺织品 四组分纤维混纺产品定量化学分析方法

FZ/T 01053 纺织品 纤维含量的标识

FZ/T 01057(所有部分) 纺织纤维鉴别试验方法

FZ/T 01095 纺织品 氨纶产品纤维含量的试验方法

FZ/T 30003 棉麻混纺产品定量分析方法 显微镜法

FZ/T 80002 服装标志、包装、运输和贮存

FZ/T 80004 服装成品出厂检验规则

3 术语和定义

GB/T 15557 中确立的以及下列术语和定义适用于本标准。

3.1

婴幼儿服装 infant's wear

年龄在 24 个月及以内的婴幼儿使用的服装。

3.2

附件 annex

附着在婴幼儿服装上起联结、装饰、说明作用的部件。

4 要求

4.1 使用说明

使用说明按 GB 5296.4 和 GB 18401 的规定执行，在产品标识上注明不可干洗。

4.2 号型规格

4.2.1 婴幼儿服装号型设置按 GB/T 1335.3 的规定执行。

4.2.2 婴幼儿服装主要部位规格按 GB/T 1335.3 的有关规定自行设计。

4.3 原材料

4.3.1 面料

按有关纺织面料标准选用达到婴幼儿服装合格品质量要求的面料。

4.3.2 里料

采用与所用面料性能、色泽相适合的里料，特殊需要除外。

4.3.3 填充物

采用具有一定保暖性的天然纤维、化学纤维或动物毛皮，填充物絮片应符合 GB 18383 的要求。

4.3.4 辅料

4.3.4.1 衬布

采用适合所用面料的衬布，其收缩率应与面料相适宜。

4.3.4.2 缝线、绳带、松紧带

采用适合所用面料质量的缝线、绳带、松紧带(装饰线、带除外)。钉扣线应与扣的色泽相适宜。

4.3.4.3 钮扣、拉链及金属附件

采用适合所用面料的钮扣(装饰扣除外)、拉链及金属附件。钮扣、装饰扣、拉链及金属附件应无毛刺、无可触及性锐利边缘、无可触及性锐利尖端及其他残疵，且洗涤和熨烫后不变形、不变色、不生锈，拉链的拉头不可脱卸。

注：可触及性锐利边缘及尖端是在正常穿着条件下，成品上可能对人体皮肤产生伤害的锐利边缘和尖端。

4.3.4.4 钉商标

钉商标线应与商标底色相适宜。

4.4 经纬纱向

4.4.1 领面、后身、袖子的允斜程度不大于 3%，前身底边不倒翘。

4.4.2 色织格料纬斜不大于 3%。

4.5 对条对格

4.5.1 面料有明显条、格在 1.0 cm 及以上的按表 1 规定。

表 1

部　位	对条对格规定	备　注
前　身	条料对条，格料对横，互差不大于 0.3 cm。	格子大小不一致，以前身三分之一上部为准。
袋、袋盖与前身	条料对条，格料对横，互差不大于 0.3 cm。	格子大小不一致，以袋前部的中心为准。
领　角	条格左右对称，互差不大于 0.3 cm。	阴阳条格以明显条格为主。
袖　子	两袖左右顺直，条格对称，以袖山为准，互差不大于 0.5 cm。	—
裤侧缝	侧缝袋口下 10 cm 处格料对横，互差不大于 0.5 cm。	—
前后裆缝	条格对称，格料对横，互差不大于 0.4 cm。	—
注：特殊设计除外。		

4.5.2　倒顺毛(绒)、阴阳格原料，全身顺向一致(长毛原料，全身上下顺向一致)。

4.5.3　特殊图案面料以主图为准，全身顺向一致。

4.6　色差

4.6.1　成品的领面、袋与大身、裤侧缝色差高于 4 级，其他表面部位不低于 4 级。

4.6.2　套装中上装与裤子的色差不低于 4 级。

4.7　外观疵点

成品各部位的疵点允许存在程度按表 2 规定。各部位划分见图 1。每个独立部位只允许疵点一处，未列入本标准的疵点按其形态，参照表 2 相似疵点执行。

表 2

疵点名称	各部位允许存在程度		
	1 号部位	2 号部位	3 号部位
粗于二倍粗纱 3 根	不允许	长度 1 cm～3 cm	长度 3 cm～6 cm
粗于三倍粗纱 4 根	不允许	不允许	长度小于 2.5 cm
经　缩	不允许	不明显	长度小于 4 cm，宽度小于 1 cm
颗粒状粗纱	不允许	不允许	不影响外观
色　档	不允许	不影响外观	轻　微
斑疵(油、锈、色斑)	不允许	不影响外观	不大于 0.2 cm^2

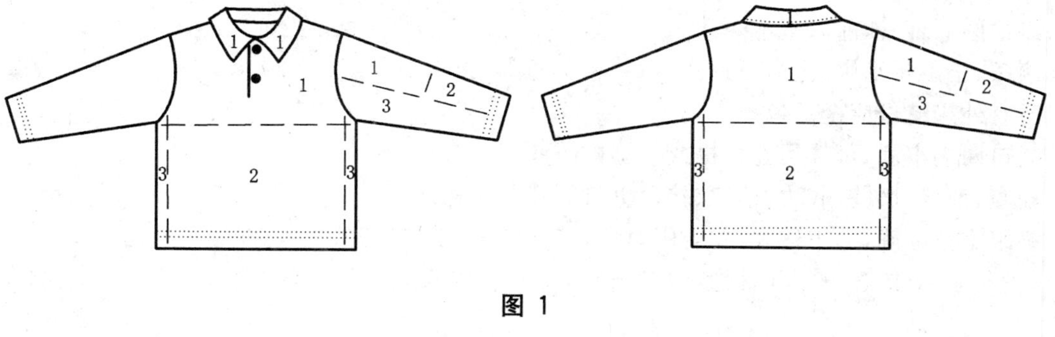

图 1

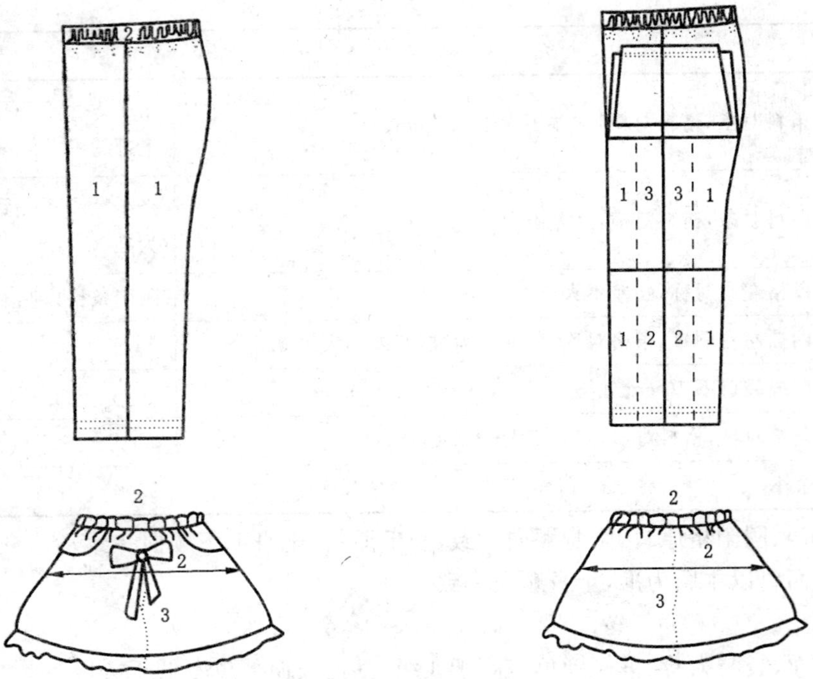

图 1(续)

4.8 缝制

4.8.1 针距密度按表 3 规定。

表 3

<table>
<tr><th colspan="2">项　　目</th><th>针　距　密　度</th><th>备　　注</th></tr>
<tr><td colspan="2">明暗线</td><td>3 cm 10 针～14 针</td><td>特殊需要除外</td></tr>
<tr><td colspan="2">包缝线</td><td>3 cm 不少于 9 针</td><td>—</td></tr>
<tr><td colspan="2">手工针</td><td>3 cm 不少于 7 针</td><td>肩缝、袖窿、领子 3 cm 不少于 9 针</td></tr>
<tr><td colspan="2">三角针</td><td>3 cm 不少于 5 针</td><td>以单面计算</td></tr>
<tr><td rowspan="2">锁　眼</td><td>细线</td><td>1 cm 不少于 12 针</td><td>—</td></tr>
<tr><td>粗线</td><td>1 cm 不少于 9 针</td><td>—</td></tr>
<tr><td rowspan="2">钉　扣</td><td>细线</td><td>每孔不少于 8 根线</td><td rowspan="2">缠脚线高度与止口厚度相适应</td></tr>
<tr><td>粗线</td><td>每孔不少于 4 根线</td></tr>
</table>

4.8.2 各部位的缝份不小于 0.8 cm。缝制线路顺直、整齐、平服、牢固，起落针处应有回针。

4.8.3 绱领端正，领子平服，领面松紧适宜。

4.8.4 绱袖圆顺，两袖前后基本一致。

4.8.5 滚条、压条要平服，宽窄一致。

4.8.6 所有外露缝份应全部包缝。

4.8.7 袋口两端牢固，可采用套结机或平缝机回针。

4.8.8 袖窿、袖缝、摆缝、底边、袖口、挂面里口等部位要叠针。

4.8.9 锁眼定位准确，大小适宜，扣与眼对位，整齐牢固。钮脚高低适宜，线结不外露。

4.8.10 商标位置端正，耐久性标签内容清晰、正确。内衣成品的商标、耐久性标签应缝制在衣服外表面。

4.8.11 成品各部位缝纫线迹 30 cm 内不得有两处单跳和连续跳针，链式线迹不允许跳针。

4.8.12 成品中不得残留金属针。

4.8.13 领口、帽边不允许使用绳带。成品上的绳带外露长度不得超过 14 cm。

4.8.14 印花部位不允许含有可掉落粉末和颗粒；绣花或手工缝制装饰物不允许有闪光片和颗粒状珠子或可触及性锐利边缘及尖端的物质。

4.8.15 婴幼儿套头衫领圈展开(周长)尺寸不小于 52 cm。

4.9 规格允许偏差

成品主要部位规格允许偏差按表 4 规定。

表 4

单位为厘米

部位名称		允许偏差
衣长		±1.0
胸围		±1.5
领大		±0.6
总肩宽		±0.6
袖长	装袖	±0.6
	连肩袖	±1.0
裤(裙)长		±1.0
腰围		±0.7

4.10 整烫

4.10.1 各部位熨烫平服，整洁，无烫黄、水渍、亮光。

4.10.2 使用粘合衬部位不允许脱胶、渗胶及起皱。

4.11 理化性能

理化性能要求按表 5 规定。

表 5

项目			技术要求		
			优等品	一等品	合格品
水洗尺寸变化率/%	胸围		≥−2.5	≥−3.0	≥−3.5
	衣长				
	裤(裙)长				
色牢度/级	耐洗(变色、沾色)		≥4	≥3—4	≥3
	耐唾液(变色、沾色)		≥4	≥4	≥4
	耐汗渍(变色、沾色)		≥4	≥3—4	≥3—4
	耐水(变色、沾色)		≥4	≥3—4	≥3—4
	耐摩擦	干摩	≥4	≥4	≥4
		湿摩	≥4	≥3—4	≥3
衣带缝纫强力/N			≥70		
钮扣等不可拆卸附件拉力			不脱落		
可萃取重金属含量/(mg/kg)	汞		≤0.02		
	铬		≤1.0		
	铅		≤0.2		

表 5（续）

<table>
<tr><td colspan="2" rowspan="2">项　　目</td><td colspan="3">技　术　要　求</td></tr>
<tr><td>优等品</td><td>一等品</td><td>合格品</td></tr>
<tr><td rowspan="2">可萃取重金属含量/(mg/kg)</td><td>砷</td><td colspan="3">≤0.2</td></tr>
<tr><td>铜</td><td colspan="3">≤25.0</td></tr>
<tr><td colspan="2">纤维含量偏差/%</td><td colspan="3">按 FZ/T 01053 规定执行</td></tr>
<tr><td colspan="2">甲醛含量/(mg/kg)</td><td colspan="3">≤20</td></tr>
<tr><td colspan="2">pH 值</td><td colspan="3">4.0～7.5</td></tr>
<tr><td colspan="2">可分解芳香胺染料</td><td colspan="3">禁　用</td></tr>
<tr><td colspan="2">异　味</td><td colspan="3">无</td></tr>
<tr><td colspan="5">注 1：按 GB/T 4841.3 标准规定，颜色大于 1/12 染料染色标准深度色卡为深色，颜色小于等于 1/12 染料染色标准深度为浅色。深色合格品的耐湿摩擦色牢度可降低半级。
注 2：在还原条件下染料中不允许分解出的芳香胺清单见 GB 18401。</td></tr>
</table>

5　检验(试验)方法

5.1　检验工具

5.1.1　钢卷尺。

5.1.2　验针机。

5.1.3　评定变色用灰色样卡(GB 250)。

5.1.4　评定沾色用灰色样卡(GB 251)。

5.1.5　1/12 染料染色标准深度色卡(GB/T 4841.3)。

5.1.6　男女单、棉服装及男女儿童单服装外观疵点样照。

5.2　成品规格的测定

5.2.1　成品的主要部位规格按 4.2.2 规定。

5.2.2　成品主要部位规格的测量方法按表 6 和图 2 规定，允许偏差按 4.9 规定。

表 6

<table>
<tr><td>序　号</td><td colspan="2">部 位 名 称</td><td>测　量　方　法</td></tr>
<tr><td>1</td><td colspan="2">衣　长</td><td>由前身襟肩缝最高点垂直量至底边，或由后领中垂直量至底边。</td></tr>
<tr><td>2</td><td colspan="2">胸　围</td><td>扣上钮扣(或合上拉链)，前后身摊平，沿袖窿底缝水平横量(周围计算)。</td></tr>
<tr><td>3</td><td colspan="2">领　大</td><td>领子摊平横量，立领量上口、其他领量下口(搭门除外)。</td></tr>
<tr><td>4</td><td colspan="2">总　肩　宽</td><td>由肩袖缝的交叉点摊平横量。</td></tr>
<tr><td rowspan="2">5</td><td rowspan="2">袖　长</td><td>绱　袖</td><td>由肩袖缝的交叉点量至袖口边。</td></tr>
<tr><td>连肩袖</td><td>由后领中沿肩袖缝交叉点量至袖口边。</td></tr>
<tr><td>6</td><td colspan="2">腰　围</td><td>扣上裤钩(钮扣)，沿腰宽中间横量(周围计算)。</td></tr>
<tr><td rowspan="2">7</td><td colspan="2">裤　长</td><td>由腰上口沿侧缝摊平垂直量至脚口。</td></tr>
<tr><td colspan="2">裙　长</td><td>由腰上口沿侧缝摊平垂直量至裙子底边。</td></tr>
<tr><td>8</td><td colspan="2">领圈展开尺寸</td><td>测量领圈(弹性领圈撑开;有固定物需解除后)的最大周长。</td></tr>
</table>

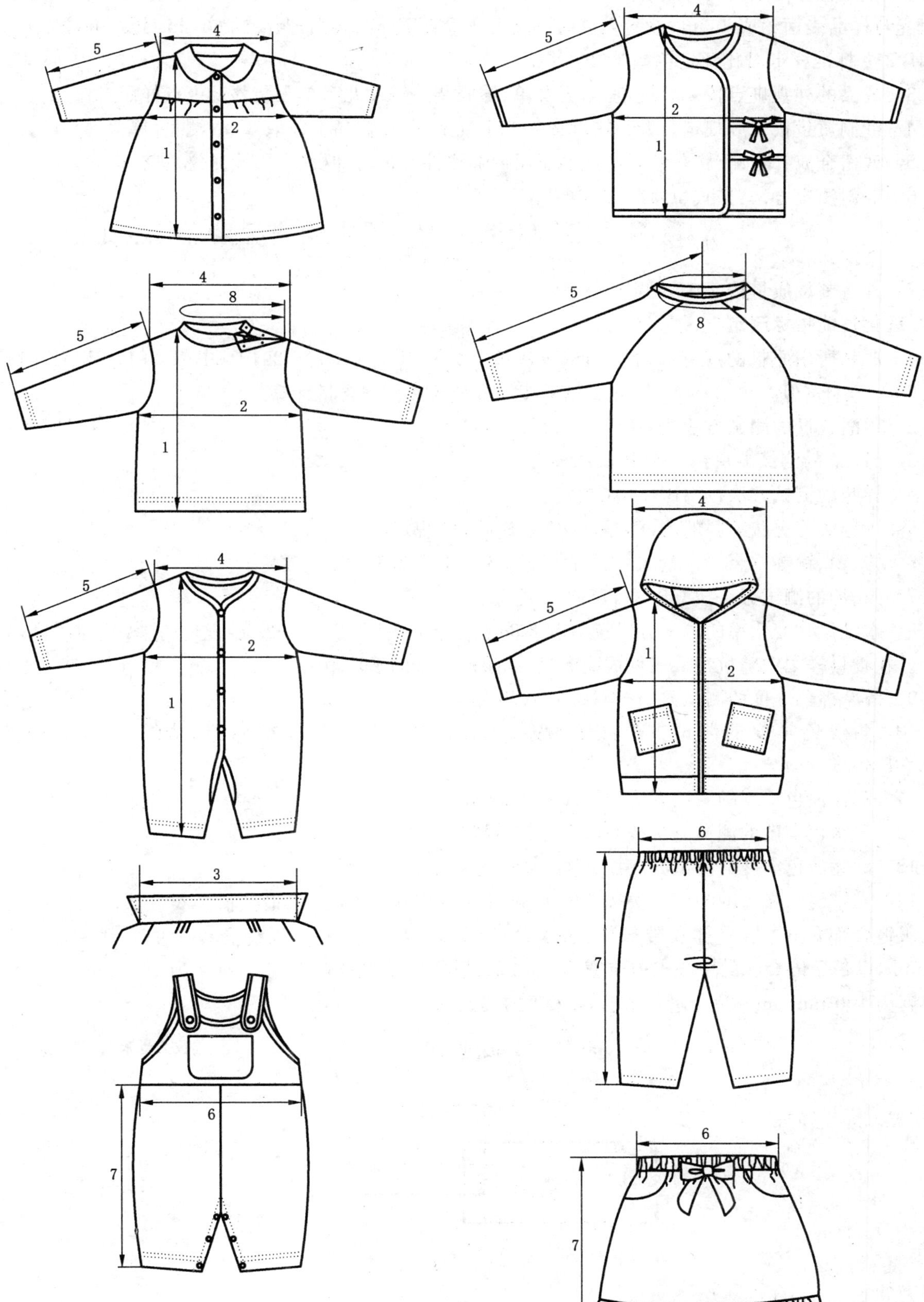

图 2

5.3 外观测定

5.3.1 成品的对条对格按 4.5 规定。

5.3.2 成品色差测定时，样品被测部位应与纱向一致，采用北空光照射，或用 600 lx 及以上等效光源。入射光与样品表面约成 45°角，检验人员的视线大致垂直于样品表面，距离约 60 cm 目测，并按 4.6 规定与 GB 250 标准样卡对比评定色差等级。

5.3.3 成品的外观疵点按 4.7 规定，与男女单、棉服装及男女儿童单服装外观疵点样照对比。

5.3.4 缝制质量按 4.8 规定。针距密度按 4.8.1 规定，并在成品上任取 3 cm 测量(厚薄部位除外)。

5.3.5 残留金属针检测：将包装好的成品正反两面逐件通过验针机(金属检测仪)进行检测。

5.3.6 纬斜测定方法：按式(1)计算纬斜率。

$$纬斜率(\%)=\frac{纬纱(条格)倾斜与水平最大距离}{衣片宽}\times 100 \quad \cdots\cdots(1)$$

5.3.7 外观整烫质量按 4.10 规定。

5.4 理化性能指标测定

5.4.1 成品所用原料的成分和含量测试方法按 FZ/T 01057、GB/T 2910、GB/T 2911、FZ/T 01026、FZ/T 01095、FZ/T 30003 等规定，测试结果按结合公定回潮率含量计算。

5.4.2 甲醛含量的测试方法按 GB/T 2912.1 规定。

5.4.3 pH 值的测试方法按 GB/T 7573 规定。

5.4.4 异味的测试方法按 GB 18401 规定。

5.4.5 可分解芳香胺染料的测试方法按 GB/T 17592 规定。

5.4.6 铬、铅、铜等重金属含量的测试方法按 GB/T 17593.1—2006 规定。

5.4.7 汞、砷的测试方法按 GB/T 17593.4 规定。

5.4.8 水洗尺寸变化率的测试方法按 GB/T 8630 规定，采用 GB/T 8629 中规定的 4A 程序洗涤，悬挂晾干。在批量样本中随机抽取三件成品测试，结果取三件的平均值。

5.4.9 耐摩擦色牢度的测试方法按 GB/T 3920 规定。

5.4.10 耐洗色牢度的测试方法按 GB/T 3921.3 规定执行，丝绸、锦纶、粘纤、毛织物等产品按GB/T 3921.1 规定。

5.4.11 耐汗渍色牢度的测试方法按 GB/T 3922 规定。

5.4.12 耐水色牢度的测试方法按 GB/T 5713 规定。

5.4.13 耐唾液色牢度的测试方法按 GB/T 18886 规定。

5.4.14 衣带缝纫强力的测试方法按 GB/T 3923.1 规定执行，结果取最低值。衣带部位取样：在带子与衣服缝合部位(包括全部衣带部位，边缘部位无法取样带除外)，以缝合线为中心线左右各剪取 115 mm，以带子缝合线的中心点剪取宽 50 mm 的试样，样品数量 5 块，钳口夹距为 100 mm±1 mm，拉伸速度为 100 mm/min，逐个进行试验，取样见图 3。

单位为毫米

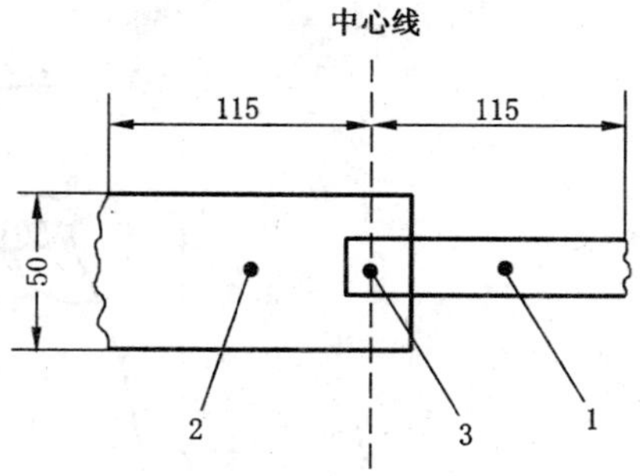

1——带子；

2——衣服面料；

3——缝合线。

图 3

5.4.15 钮扣等不可拆卸附件拉力的测试方法按附录A规定。

6 检验规则

6.1 检验分类

成品检验分为出厂检验和型式检验。

6.1.1 出厂检验项目按第4章规定,4.11除外。成品出厂检验规则按FZ/T 80004规定。

6.1.2 型式检验项目按第4章规定。

6.2 质量等级划分规则

成品质量等级划分以缺陷是否存在及其轻重程度为依据。抽样样本中的单件成品以缺陷的数量及其轻重程度划分等级,批等级以抽样样本中单件成品的品等数量划分。

6.2.1 缺陷划分

单件成品不符合本标准所规定的技术要求,即构成缺陷。

按照成品不符合标准和对产品的性能、外观的影响程度,缺陷分成三类:

a) 严重缺陷

严重降低成品的使用性能,严重影响成品外观的缺陷,称为严重缺陷。

b) 重缺陷

不严重降低产品的使用性能,不严重影响产品的外观,但较严重不符合标准规定的缺陷,称为重缺陷。

c) 轻缺陷

不符合标准的规定,但对成品的使用性能和外观影响较小的缺陷,称为轻缺陷。

6.2.2 质量缺陷判定依据

质量缺陷判定依据见表7。

表7

项目	序号	轻缺陷	重缺陷	严重缺陷
外观及缝制质量	1	商标不端正,明显歪斜;钉商标线与面料色泽不适应;内衣产品的耐久性标签钉在衣服内侧。	使用说明内容不准确。	使用说明内容缺项。
	2	—	—	有残留金属针。
	3	—	—	绳带外露长度大于14 cm;领口或帽边使用绳带。
	4	熨烫不平服;有亮光。	轻微烫黄、变色。	变质、残破。
	5	表面有死线头长1.0 cm、纱毛长1.5 cm,2根以上;有轻度污渍,污渍小于等于2.0 cm²,水花小于等于4.0 cm²。	有明显污渍。污渍大于2.0 cm²,水花大于4.0 cm²。	有严重污渍,污渍大于30.0 cm²。
	6	领型左右不一致,折叠不端正,互差0.6 cm以上(两肩对比,门里襟对比);领窝、门襟轻微起兜,不平挺;底领外露,胸袋、袖头不平服、不端正。	领窝、门襟严重起兜。	—
	7	里料针眼外露(布边)小于3.0 cm。	面料针眼外露(布边)小于1.0 cm;里料针眼外露(布边)大于等于3.0 cm。	—

表 7（续）

项　目	序　号	轻　缺　陷	重　缺　陷	严重缺陷
外观及缝制质量	8	领子不平服，领面松紧不适宜；豁口重叠。	—	—
	9	口袋歪斜；不平服；缉线明显宽窄；左右口袋高低大于 0.4 cm；前后大于 0.6 cm。	—	—
	10	袖头：左右不对称；止口反吐；宽窄大于 0.3 cm；长短大于 0.6 cm。	—	—
	11	袖开叉长短大于 0.5 cm。	—	—
	12	绱袖：不圆顺；吃势不均匀；袖窿不平服。	—	—
	13	肩、袖窿、袖缝、侧缝、合缝不均匀；倒向不一致；两肩大小互差大于 0.5 cm。	两肩大小互差大于 1.0 cm。	—
	14	十字缝：互差大于 0.7 cm。	—	—
	15	底边：宽窄不一致；不顺直；轻度倒翘。	底边严重倒翘。	—
	16	裤侧袋口明显不平服、不顺直；袋口大小互差大于 0.5 cm；侧袋上口高低，互差大于 0.5 cm。	—	—
	17	裤后袋不圆顺、不方正、不平服；袋盖里明显反吐；嵌线宽窄大于 0.3 cm；袋盖小于袋口 0.3 cm 以上。	袋口明显毛。	—
	18	两裤腿长短不一致，互差大于 0.5 cm；裤脚口左右大小不一致，互差大于 0.4 cm。	两裤腿长短不一致，互差大于 1.0 cm；裤脚口左右大小不一致，互差大于 0.6 cm。	—
	19	省道：不顺直；尖部起兜；有长短；前后不一致，左右不对称，互差大于 1.0 cm；串带不对称，互差大于 0.7 cm。	串带钉得不牢（一端掀起）。	—
	20	缝制线路不顺直；宽窄不均匀；不平服；接线处明显双轨大于 1.0 cm；起落针处没有回针；30 cm 有二处单跳和连续跳针；上下线轻度松紧不适宜。	毛、脱、漏小于 2.0 cm；上下线松紧严重不适宜，影响牢度。	毛、脱、漏大于等于 2.0 cm；链式线路跳线、断线。
	21	领子止口不顺直；反吐；领尖长短不一致，互差 0.3 cm～0.5 cm；绱领不平服；绱领偏斜 0.6 cm～0.9 cm。	领角长短互差大于 0.5 cm；绱领偏斜大于等于 1.0 cm；绱领严重不平服。1 号部位有接线、跳线；领角毛出。	—
	22	压领线：宽窄不一致，下炕；反面线距大于 0.4 cm 或上炕。	—	—
	23	门、里襟不顺直、不平服；长短互差 0.4 cm～0.6 cm；两袖长短互差 0.6 cm～0.8 cm。	门、里襟有拆痕、长短互差大于等于 0.7 cm；两袖长短互差大于等于 0.9 cm。	—

表 7（续）

项　目	序　号	轻　缺　陷	重　缺　陷	严　重　缺　陷
外观及缝制质量	24	裤门里襟长短，互差大于 0.3 cm；门襟止口明显反吐；门袢缝合明显松紧不平。	—	—
	25	裤小裆、后裆缝明显不圆顺、不平服；封结不整齐，裤底不平；后缝单线。	各部位封结不牢固；后缝平拉断线。	—
	26	锁眼偏斜，扣与眼位互差大于 0.3 cm。	锁眼跳线、开线；扣掉落。	—
	27	—	—	套头衫领圈展开（周长）尺寸小于 52 cm。
	28	—	—	印花部位含有可掉落粉末或颗粒。
	29	—	—	绣花或手工缝制装饰物有闪光片或颗粒状珠子或可触及性锐利边缘及尖端的物质。
色差	30	表面部位色差不符合本标准规定 1 级及以内。	表面部位色差超过本标准规定 1 级以上。	—
辅料	31	缝纫线、绳、带的色泽、色调与面料不相适应；钉扣线与扣的色泽不适应。	—	—
疵点	32	2、3 号部位超本标准规定。	1 号部位超本标准规定。	—
对条对格	33	对条、对格，纬斜超过本标准规定 50% 及其以内。	对条、对格，纬斜超过本标准规定 50% 以上。	面料倒顺毛，全身顺向不一致；特殊图案顺向不一致。
针距	34	低于本标准规定 2 针以内（含 2 针）。	低于本标准规定 2 针以上。	—
规格允许偏差	35	规格偏差超过本标准规定 50% 以内。	规格偏差超过本标准规定 50% 及以上。	规格偏差超过本标准规定 100% 及以上。
锁眼	36	锁眼间距互差大于等于 0.5 cm；偏斜大于等于 0.3 cm；纱线绽出。	跳线，开线，毛漏。	—
钮扣及金属附件	37	扣与眼位互差大于等于 0.3 cm（包括金属扣）；钉扣不牢。	扣与眼位互差大于等于 0.6 cm（包括金属扣）。	有毛刺；有可触及性锐利边缘或尖端；钮扣、金属扣脱落；金属件锈蚀。
拉链	38	拉链明显不平服、不顺直。	拉链宽窄互差大于 0.5 cm。	拉链缺齿，拉链锁头脱落；拉链头可脱卸。

注 1：以上各缺陷按序号逐项累计计算。

注 2：本表未涉及的缺陷可参照相似缺陷酌情判定。

注 3：凡属丢工、少序、错序，均为重缺陷。缺件为严重缺陷。

注 4：理化性能一项不合格，即为该抽验批不合格。

6.3 **抽样规定**

抽样数量按产品批量：

500件(条)[含500件(条)]以下抽验10件(条)。

500件(条)以上至1 000件(条)[含1 000件(条)]抽验20件(条)。

1 000件(条)以上抽验30件(条)。

理化性能抽样按项目抽6件(条)。

6.4 **判定规则**

6.4.1 单件(样本)判定

优等品：严重缺陷数=0　重缺陷数=0　轻缺陷数≤4

一等品：严重缺陷数=0　重缺陷数=0　轻缺陷数≤7　或

严重缺陷数=0　重缺陷数≤1　轻缺陷数≤3

合格品：严重缺陷数=0　重缺陷数=0　轻缺陷数≤10　或

严重缺陷数=0　重缺陷数≤1　轻缺陷数≤6

6.4.2 批量判定

优等品批：外观样本中的优等品数≥90%，一等品、合格品数≤10%(不含不合格品)。理化性能测试达到优等品指标要求。

一等品批：外观样本中的一等品以上的产品数≥90%，合格品数≤10%(不含不合格品)。理化性能测试达到一等品指标要求。

合格品批：外观样本中的合格品以上产品数≥90%，不合格品数≤10%(不含严重缺陷不合格品)。理化性能测试达到合格品指标要求。

当外观缝制质量判定与理化性能判定不一致时，执行低等级判定。

6.4.3 抽验中各批量判定数符合本标准规定，为判定合格的等级品批出厂。

6.4.4 抽验中各批量判定数不符合本标准规定时，应进行第二次抽验。抽验数量增加一倍，如仍不符合本标准规定，应全部整修或降等。

7 标志、包装、运输和贮存

标志、包装、运输和贮存按FZ/T 80002执行。

附 录 A
（规范性附录）
附件抗拉强力试验方法

A.1 原理

在垂直和平行于婴幼儿服装附件主轴的方向上，在一定时间内施加一定的负荷，来验证婴幼儿服装的附件的抗拉强力是否满足规定的要求。当附件由固定在婴幼儿服装的两部分构成时，两部分都要测试。

A.2 施加的负荷

对附件施加的负荷为 70 N±2 N。

A.3 设备测量范围

测量范围 0 N～200 N 的拉力测试仪。要求拉力测试仪具有显示整个试验过程拉力数值的能力，精度为±2 N。

A.4 试样准备

A.4.1 随机取婴幼儿服装成品三件，去掉服装的包装。
A.4.2 将婴幼儿服装置于相对湿度为 65%±5%，温度为 20℃±2℃的标准大气中调湿，并在这一温湿度条件下，进行试验。

A.5 试验步骤

A.5.1 用拉力测试仪的下夹钳夹住附件与婴幼儿服装联结处的面料，使附件平面垂直于拉力测试仪的上夹钳。如图 A.1。

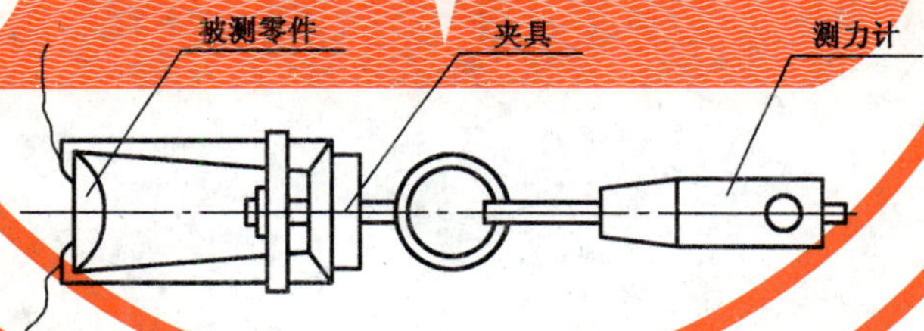

图 A.1

A.5.2 上夹钳夹住被测附件，注意夹持时不得引起被测附件明显变形、破碎等不良现象。
A.5.3 沿着与被测附件主轴平行的方向，在 5 s 内均匀施加 70 N±2 N 的负荷，并保持 10 s；更换上夹钳，沿着与被测附件垂直的方向，在 5 s 内均匀施加 70 N±2 N 的负荷，并保持 10 s。如发现下述情况时，则该数据作废：

——附件从上夹钳中滑落，但未从下层面料被拉掉；

——附件从上夹钳中滑落并破碎。

A.5.4 分别记录两个方向测得的拉力，精确至 1 N。
A.5.5 按 A.5.1～A.5.4 步骤测试所抽取的三件婴幼儿服装上的所有钮扣等不可拆卸附件。

A.6 判定

当婴幼儿服装所有附件的抗拉强力均不低于 70 N±2 N 时，判定该件婴幼儿服装合格；否则为不合格。